固体物理与计算材料导论

齐卫宏　编著

·长 沙·

内容提要

编者结合自己多年的教学和科研积累，编写了本书。本书分为两个部分，第一部分是固体物理，第二部分是计算材料。两部分内容既互相独立又互相联系。主要内容包括晶体结构、晶体的结合力、晶格振动与热学性能、自由电子理论、能带理论、低维固体、计算材料学概论、原子间相互作用势、分子动力学模拟、蒙特卡洛方法简介、电子结构计算、计算材料学的新进展。另外在附录部分讲述了量子力学基础、Materials Explorer 软件的使用，以及给出了部分习题解答。本书将固体物理和计算材料作为一个整体来讲述，可以作为材料科学与工程专业相关课程的教材，适合本科生和研究生使用。

前言

PREFACE

固体物理是材料物理专业的一门重要的基础课，是衔接大学物理、高等数学等基础课程与材料科学等相关专业课程的关键课程。通过固体物理课程的学习，学生能够比较顺利地从基础理论学习过渡到专业学习。计算材料是材料研究的三大方法之一，近二十年来发展非常迅速。随着计算材料的研究方法得到广泛应用，材料设计才成为可能。固体物理是计算材料的基础，计算材料是固体物理的应用之一。

目前，国内材料专业的"固体物理和计算材料"的教学存在以下问题：①固体物理的教学和计算材料的教学被割裂开，即固体物理是固体物理，计算材料是计算材料，没有将固体物理和计算材料的教学内容结合起来；②教材不完善，目前采用的固体物理教材比较偏重于物理理论，计算材料教材也趋于理论化，不适合学时少的教学。

针对这一现状，我们编写了本书，其目的是将固体物理的教学和计算材料的教学结合起来，将固体物理部分作为必修课，计算材料部分作为选修课。其涵盖两门课程的核心内容。固体物理以原子和电子为基础来讲述，主要内容有晶体结构、晶体的结合力、晶格振动与热学性能、自由电子理论、能带理论、低维固体。计算材料的主要内容有计算材料学概论、原子间相互作用势、分子动力学模拟、蒙特卡洛方法简介、电子结构计算、计算材料学的新进展，也是以原子和电子为基础来讲述的，与固体物理部分相呼应。在编写过程中，特别注意基本概念、物理思想的讲述，一些理解比较困难的内容给出了示意图，力求使本书思路清晰，主线分明，易于学生学习。为了帮助读者更好地理解本书的内容，我们还在附录中添加了量子力学基础、计算软件 Materials Explorer 的使用方法以及部分习题的详细解答等内容。

在本书的编写过程中，我们参考了许多的同类教科书以及网络资料，在此向作者们表示感谢！本书的编写还得到了西北工业大学教务处、西北工业大学材料学院、中南大学出版社的大力支持，在此对它们的支持致以诚挚的谢意！

由于编者水平有限，且时间仓促，错误之处在所难免，请读者朋友不吝指正。

编　者

2020 年 10 月

目录

PREFACE

第一篇 固体物理

第二篇 计算材料

第一篇　固体物理

固体是由大量微观粒子(原子、离子、分子等)组成的，固体的性质与组成固体的微观粒子种类有关，但更主要的是与这些粒子的结合方式、空间排列方式、相互作用力类型等有关。固体物理研究的不是单个原子的性质，而是大量原子组成在一起形成固体后所表现出来的集体性质。

自然界中的固体，按其构成原子的空间排列特点大致可以分为晶体、非晶体和准晶体。固体的研究首先是从晶体开始的，在自然界的矿物中，晶态物质占98%以上，人类最早研究和使用的材料也大都是晶态物质。

固体物理学侧重于运用微观结构和微观世界的基本规律，特别是采用量子物理的基本规律来解释宏观的物质性质，简言之，固体物理就是用物理学的方法来研究固体的结构与物理性能之间的关系。固体物理的研究范围可以用表0－1来说明，若将材料、结构、形状和性能看成四个集合，那么固体物理相当于这些集合的乘积。由此可见，固体物理的研究范围相当广泛。

表0－1　固体物理的研究范围

{A}材料	{B}结构	{C}形状	{D}性能
金属	晶体	块体	电学
半导体	非晶体	表面	光学
绝缘体	……	界面	热学
超导体		纳米微粒	力学
磁性材料		……	……
……			
固体物理＝{A}×{B}×{C}×{D}			

固体物理是物理学发展比较晚的分支。1912 年，晶体 X 射线衍射现象的发现或许可以作为固体物理的开端。固体物理是连接微观原子和宏观世界的一座桥梁，因此，固体物理不仅在物理、化学、材料、计算机、电子、冶金等学科研究中非常重要，而且还是现代工业的理论基础。对于材料专业的学生来说，固体物理是连接大学物理、高等数学等基础课程和材料专业课程的纽带，学好了“固体物理与计算材料”这门课程，才能使大学阶段或研究生阶段学习的课程成为一个整体。

固体物理的著作和教材很多，其中一本著名的教材是 Kittel 的 *Introduction to Solid State Physics*，从 1958 年的第 1 版，到现在已经出了第 8 版。该书最大的特点就是全面讲述了固体物理的相关知识，而且每个版本都加入了固体物理的最新进展；另外一本国际著名的固体物理教材是 Aschcroft 和 Mermin 合著的 *Solid State Physics*，该书以一种全新的结构来讲述固体物理，侧重固体电子理论，被很多物理专业的研究生采用。国内著名的固体物理教材有黄昆和韩汝琦编著的《固体物理学》，它是从事固体物理、材料科学、微电子等相关研究人员的必读书籍。

本书固体物理部分主要是介绍固体物理的基础内容，包括晶体结构、晶体的结合力、晶格振动与热学性能、自由电子理论和能带理论，即本书第 1 章到第 5 章的内容，这些内容是固体物理的核心。近二三十年，低维固体的相关理论发展迅速（在本书第 6 章做了简要介绍）。本篇的特点是侧重于基本物理概念的解释以及固体物理知识在材料科学中的应用。

本课程的预修课程是大学物理、高等数学。在此建议初学者，对于教材中的公式推导，一定要自己动手推一推；对于教材中的习题，尽可能自己做一做。特别要强调的是，固体物理是材料学科所有专业课程的基础，掌握固体物理基础知识，将为深入学习其他专业课程打下良好的基础。

第 1 章　晶体结构

1.1　晶体与空间点阵

1.1.1　晶体

晶体是在恒定的环境中由原子“堆砌”而形成的。如常见的天然石英晶体(图 1－1)，它是在一定压力下的硅酸盐热水溶液中经过漫长的地质过程形成的。

图 1－1　天然石英晶体

晶体一般具有规则的几何外形、解理性、各向异性以及固定的熔点等宏观物理特性，而非晶体则没有这样的宏观特性。由于生长条件不同，同一种晶体，其外形可能是不一样的，因此，外形不是晶体的特征因素。在晶体外形中，不受外界条件影响的特征规律是晶面角守恒。图 1－2 为石英晶体的外形图，a、b 面的夹角总是 141°47′，b、c 面的夹角总是 120°，a、c 面的夹角总是 113°8′，这个普遍的规律被称为晶面角守恒定律，即同种晶体，其两个对应晶面(或晶棱)间的夹角恒定不变。我们可以通过测定晶面夹角的大小来判定晶体的类型。

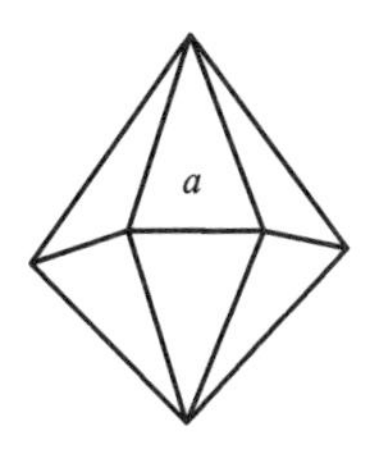

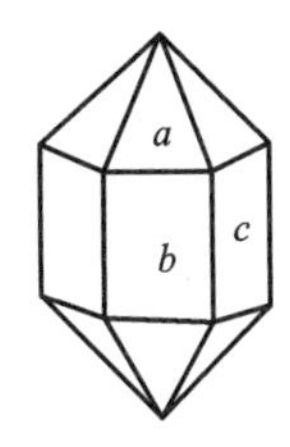

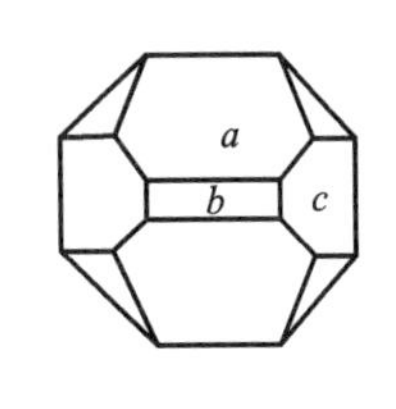

图 1－2　不同外形的石英晶体

晶体的一个重要特征就是组成晶体的原子(离子或分子)在空间排列上都是具有严格周期性的，这种整体性的有序现象被称为长程有序。若整块晶体的原子都是规则地、周期性地排列，或者说是按某种结构贯穿整块晶体，则这样的晶体称为单晶体。若整块材料由大量的微小单晶体(晶粒)随机堆砌而成，则材料为多晶体。多晶体中的晶粒可以小到纳米级(纳米晶)，也可以大到肉眼可见的程度。

实际晶体的尺寸是有限的，其表面和内部有一定的差异，而且晶体内部还有一定的缺陷。我们这里讨论的理想单晶体，是完整而尺寸无限的单晶体，它是实际晶体的近似模型。

1.1.2 空间点阵

晶体可以用空间点阵来描述。空间点阵理论是19世纪法国科学家布拉菲(A. Bravais)提出来的。根据空间点阵理论，组成晶体的最小结构单元是基元，基元可以是单个原子，也可以是包含多个原子的原子集团。理想晶体可以看成是由基元在空间内以一定的方式做周期性无限排列而构成的。

把基元抽象成几何点，这种点称为阵点。如果将晶体中所有基元抽象成阵点，这些阵点在空间有规则的周期性无限分布，阵点排列的总体称为空间点阵，有时也称为布拉菲点阵、布拉菲格子或者空间格子；阵点有时也称为格点。

晶体、基元和空间点阵的关系如图1－3所示。它们的关系为：

晶体＝空间点阵＋基元

同一元素，若原子在空间的排列不同，则形成不同的晶体结构。如碳元素，可以形成石墨、金刚石、石墨烯等结构，这几种材料的性能差异非常大，如图1－4所示。石墨烯是单层或者多层(一般小于10层)的石墨。

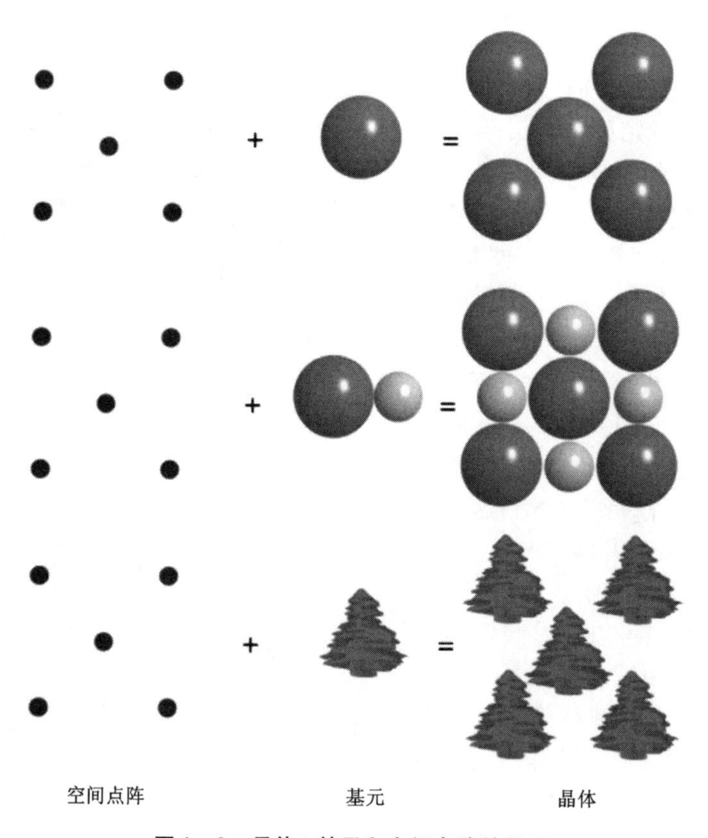

图1－3 晶体、基元和空间点阵的关系

空间点阵根据阵点在晶胞中的位置可以分为简单点阵(P)、面心点阵(F)、体心点阵(I)和底心点阵(C，或A，或B)；根据点阵参数的特征可以分为七大晶系(表1－1)；根据选取晶胞的不同可以分为14种布拉菲点阵。这里需要分清楚晶胞和原胞的区别，原胞中只有一个阵

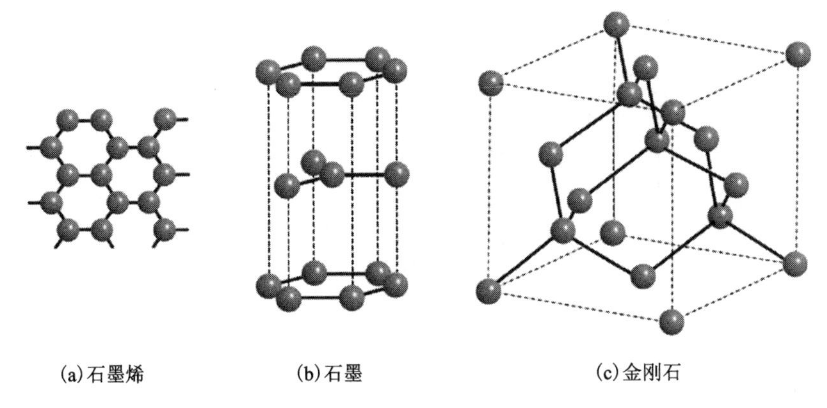

(a)石墨烯　(b)石墨　(c)金刚石

图1-4　碳元素所形成的不同晶体结构

点，晶胞中可以有多个阵点。

表1-1　空间点阵的分类

晶系名称	轴矢相对关系	惯用原胞名称	图示
三斜晶系	$a \neq b \neq c$ $\alpha \neq \beta \neq \gamma$	简单三斜	
单斜晶系	$a \neq b \neq c$ $\alpha = \gamma = 90° \neq \beta$	简单单斜 底心单斜	
正交晶系	$a \neq b \neq c$ $\alpha = \gamma = \beta = 90°$	简单正交 底心正交 体心正交 面心正交	
三方晶系	$a = b = c$ $\alpha = \beta = \gamma \neq 90°$	简单三方	
四方晶系	$a = b \neq c$ $\alpha = \beta = \gamma = 90°$	简单四方 体心四方	

续表 1 - 1

晶系名称	轴矢相对关系	惯用原胞名称	图示
六方晶系	$a = b \neq c$ $\alpha = \beta = 90°$ $\gamma = 120°$	简单六方	
立方晶系	$a = b = c$ $\alpha = \beta = \gamma = 90°$	简单立方 体心立方 底心立方	

七大晶系是可以相互演化的，如图 1 - 5 所示。立方晶系沿某一轴伸长形成四方晶系，再沿另一轴伸长形成正交晶系；挤压正交晶系的一组对面，可以变成单斜晶系；再挤压另一组对面，单斜晶系变成三斜晶系。再回到四方晶系，挤压 c 轴向的一对棱，使其上表面的一内角变成 120°，将三个这样的挤压体拼在一起，形成六方晶系。均匀地挤压立方晶系相交于一顶点的三条棱，并使它们之间的夹角相等且大于 60°，立方晶系就变成了三方晶系。

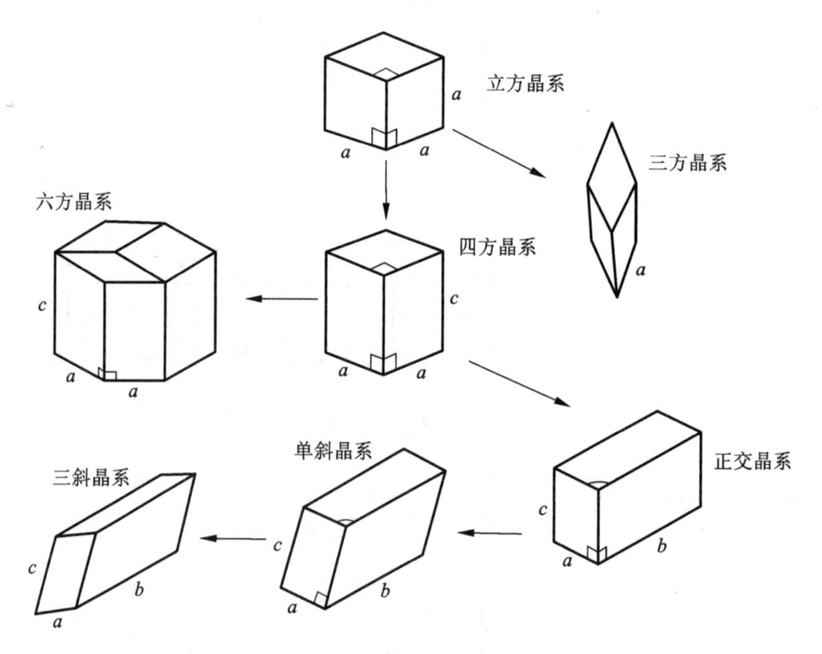

图 1 - 5　七大晶系的演化过程

1.2　常见的晶体结构

1.2.1　金属单质

常温常压下，大多数金属单质呈面心立方(face-centered cubic，简称 FCC)、体心立方(body-centered cubic，简称 BCC)或者密排六方结构(hexagonal close-packed，简称 HCP)。FCC 晶胞中有四个格点，BCC 晶胞中有两个格点。在固体物理中，常常要用到原胞，原胞中只含有一个格点，FCC 晶胞和原胞的关系如图 1－6 所示，BCC 晶胞和原胞的关系如图 1－7 所示。

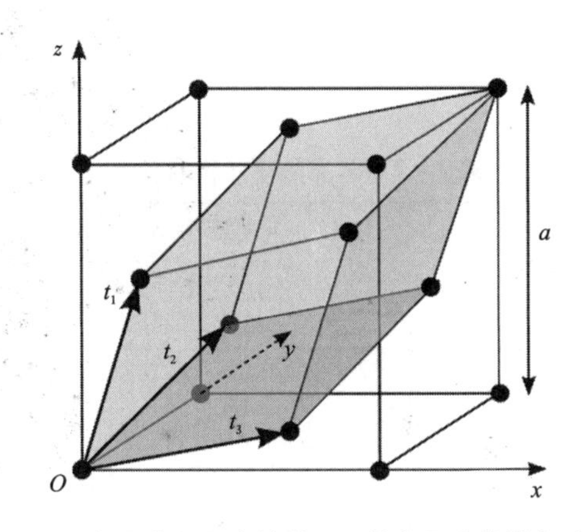

图 1－6　面心立方晶胞和原胞的关系，其中原胞的基矢为 t_1、t_2 和 t_3

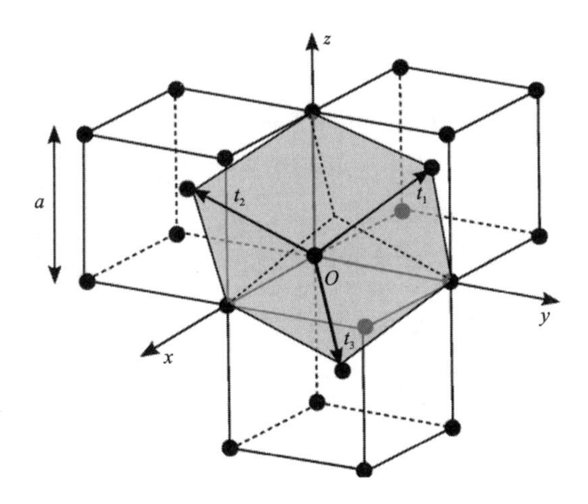

图 1－7　体心立方晶胞和原胞的关系，其中原胞的基矢为 t_1、t_2 和 t_3

FCC 和 HCP 都属于密堆结构，图 1－8 为原子形成 FCC 结构和 HCP 结构的示意图，FCC 可以看作密堆原子面按照 ABCABC……方式堆垛而成，HCP 可以看作是由密堆原子面按照 ABAB……方式堆垛而成的。

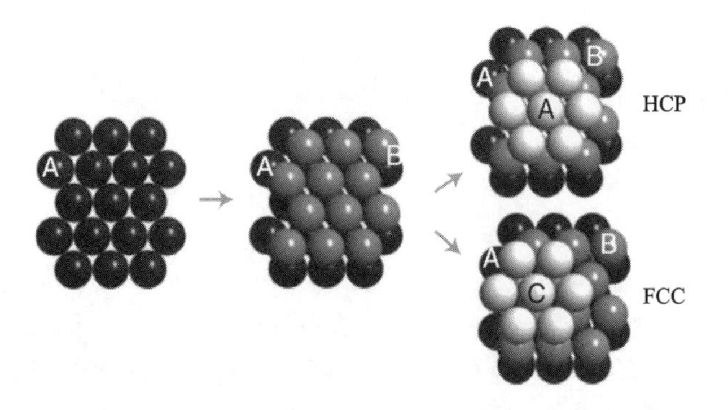

图1-8 原子形成 HCP 结构和 FCC 结构示意图

常见晶体结构的参数如表1-2所示。各种单质元素的晶体结构及晶格常数如表1-3所示。

表1-2 常见晶体结构的参数

晶体结构	晶胞内原子数 n	r 与 a 的关系	配位数 CN	致密度 η
体心立方(BCC)	2	$r=\frac{\sqrt{3}a}{4}$	8	0.68
面心立方(FCC)	4	$r=\frac{\sqrt{2}a}{4}$	12	0.74
密排六方结构(HCP)	6	$r=\frac{1}{2}a$ ($c=1.633a$)	12	0.74

1.2.2 氯化钠结构

氯化钠(NaCl)晶体是由 Na^+ 和 Cl^- 相间排列而成。NaCl 的空间点阵是面心立方结构，也可以看成 Na^+ 和 Cl^- 各组成一个面心立方，相互嵌套而成，如图1-9所示。在一个 NaCl 晶胞中，原子的位置为：

Na：$(0, 0, 0)$；$(\frac{1}{2}, \frac{1}{2}, 0)$；

$(\frac{1}{2}, 0, \frac{1}{2})$；$(0, \frac{1}{2}, \frac{1}{2})$

Cl：$(\frac{1}{2}, \frac{1}{2}, \frac{1}{2})$；$(0, 0, \frac{1}{2})$；

$(0, \frac{1}{2}, 0)$；$(\frac{1}{2}, 0, 0)$

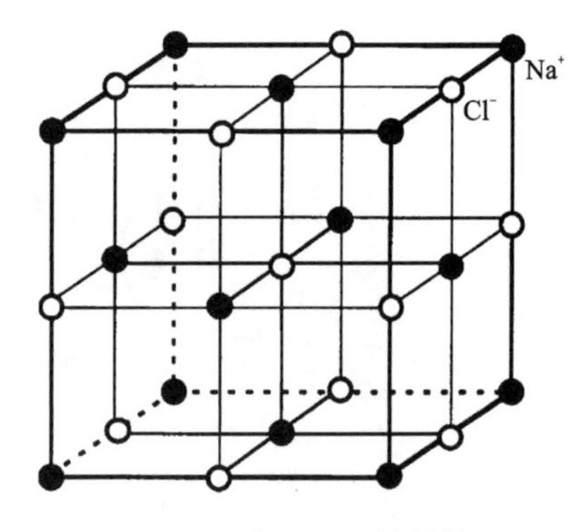

图1-9 NaCl 晶体结构

常见的具有 NaCl 结构的晶体及其晶格常数如表1-4所示。

表 1－3 各种单质元素的晶体结构及晶格常数

（除特别以单位K注明的温度数据外，其他均为室温下的数据）

← 晶体结构 →

← 晶格常数a，单位 Å →

← 晶格常数c，单位 Å →

Li$_{78K}$ BCC 3.491	Be HCP 2.27 3.59											B rhomb	C diamond 3.567	N$_{20K}$ cubic 5.66 (N$_2$)	O complex (O$_2$)	F —	Ne$_{4K}$ FCC 4.46
Na$_{5K}$ BCC 4.225	Mg HCP 3.21 5.21											Al FCC 4.05	Si diamond 5.430	P complex	S complex	Cl complex (Cl$_2$)	Ar$_{4K}$ FCC 5.31
K$_{5K}$ BCC 5.225	Ca FCC 5.58	Sc HCP 3.31 5.27	Ti HCP 2.95 4.68	V BCC 3.03	Cr BCC 2.88	Mn cubic complex	Fe BCC 2.87	Co HCP 2.51 4.07	Ni FCC 3.52	Cu FCC 3.61	Zn HCP 2.66 4.95	Ga complex	Ge diamond 5.658	As rhomb	Se hex chains	Br complex (Br$_2$)	Kr$_{4K}$ FCC 5.64
Rb$_{5K}$ BCC 5.585	Sr FCC 6.08	Y HCP 3.65 5.73	Zr HCP 3.23 5.15	Nb BCC 3.30	Mo BCC 3.15	Tc HCP 2.74 4.40	Ru HCP 2.71 4.28	Rh FCC 3.80	Pd FCC 3.89	Ag FCC 4.09	Cd HCP 2.98 5.62	In tetr 3.25 4.95	Sn(α) diamond 6.49	Sb rhomb	Te hex chains	I complex (I$_2$)	Xe$_{4K}$ FCC 5.64
Cs$_{5K}$ BCC 6.045	Ba BCC 5.02	La hex 3.77 ABAC	Hf HCP 3.19 5.05	Ta BCC 3.30	W BCC 3.16	Re HCP 2.76 4.46	Os HCP 2.74 4.32	Ir FCC 3.84	Pt FCC 3.92	Au FCC 4.08	Hg rhomb	Tl HCP 3.46 5.52	Pb FCC 4.95	Bi rhomb	Po sc 3.34	At —	Rn —
Fr —	Ra —	Ac FCC 5.31		Ce FCC 5.16	Pr hex 3.67 ABAC	Nd hex 3.66	Pm —	Sm complex	Eu BCC 4.58	Gd HCP 3.63 5.78	Tb HCP 3.60 5.70	Dy HCP 3.59 5.65	Ho HCP 3.58 5.62	Er HCP 3.56 5.59	Tm HCP 3.54 5.56	Yb FCC 5.48	Lu HCP 3.50 5.55
				Th FCC 5.08	Pa tetr 3.92 3.24	U complex	Np complex	Pu complex	Am hex 3.64 ABAC	Cm —	Bk —	Cf —	Es —	Fm —	Md —	No —	Lr —

表 1-4 常见的具有 NaCl 结构的晶体及其晶格常数

晶体	晶格常数 a/Å	晶体	晶格常数 a/Å	晶体	晶格常数 a/Å
LiF	4.02	LiCl	5.13	LiBr	5.50
LiI	6.00	NaF	4.62	NaCl	5.64
NaBr	5.97	NaI	6.47	KF	5.35
KCl	6.29	KBr	6.60	KI	7.07
RbF	5.64	RbCl	6.58	RbBr	6.85
RbI	7.34	CaF	6.01	AgF	4.92
AgCl	5.55	AgBr	5.77	MgO	4.21
MgS	5.20	MgSe	5.45	CaO	4.81
CaS	5.69	CaSe	5.91	CaTe	6.84
SrO	6.16	SrS	6.12	SrSe	6.00
SrTe	6.00	BaO	6.62	BaS	6.39
BaSe	5.60	BaTe	6.99		

1.2.3 氯化铯结构

氯化铯(CsCl)结构可以看成是由简单立方点阵加上 CsCl 分子的基元组成，如图 1-10 所示。常见的具有 CsCl 结构的晶体及其晶格常数如表 1-5 所示。

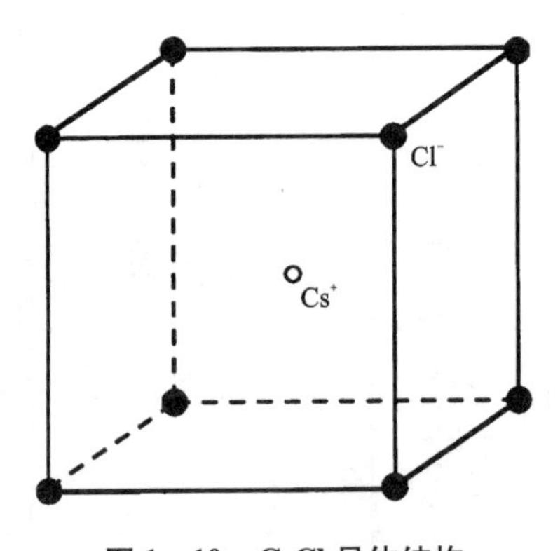

图 1-10 CsCl 晶体结构

表 1-5 常见的具有 CsCl 结构的晶体及其晶格常数

晶体	晶格常数 a/Å	晶体	晶格常数 a/Å	晶体	晶格常数 a/Å
CsCl	4.12	CsBr	4.29	CsI	4.57
TiCl	3.84	TiBr	3.97	TiI	4.20

1.2.4　金刚石及闪锌矿结构

金刚石结构相当于是由两个面心立方晶胞嵌套而成，即这两个晶胞沿体对角线方向相互平移四分之一的体对角线长度。金刚石结构的每个晶胞中含有 8 个碳原子。金刚石结构的空间点阵是面心立方，每一个基元含有两个不等同的碳原子。如图 1 -11 所示，常见的具有金刚石结构的晶体及其晶格常数如表 1 -6 所示。

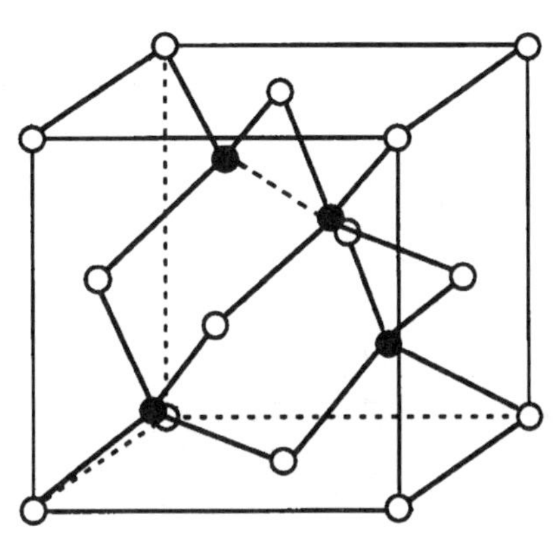

图 1 -11　金刚石晶体结构

表 1 -6　常见的具有金刚石结构的晶体及其晶格常数

晶体	晶格常数 a/Å	晶体	晶格常数 a/Å
C(金刚石)	3.56	Si	5.43
Sn	6.46	Ge	5.65

闪锌矿结构又称为立方硫化锌结构(α -ZnS)，它具有和金刚石类似的结构，只是基元由两类不同的原子组成，即金刚石结构中的两类不等同的碳原子分别被 S 原子和 Zn 原子替换，则形成闪锌矿。常见的具有闪锌矿结构的晶体及其晶格常数如表 1 -7 所示。

表 1 -7　常见的具有闪锌矿结构的晶体及其晶格常数

晶体	晶格常数 a/Å	晶体	晶格常数 a/Å	晶体	晶格常数 a/Å
CuF	4.26	CuCl	5.41	CuBr	5.69
BeS	4.86	BeSe	5.13	BeTe	6.09
ZnS	5.7	ZnSe	5.67	ZnTe	6.09
CdS	5.82	CdTe	6.48	GaP	5.45
GaAs	5.65	GaSb	6.12	InP	5.87
InAs	6.04	SiC	4.35	CBN	3.62

1.2.5 钙钛矿结构

$BaTiO_3$、$CaTiO_3$、$SrTiO_3$等晶体具有相同的结构，称为钙钛矿结构。以 $BaTiO_3$为例，其结构如图 1－12 所示，在立方体顶角上的是 Ba，体心上的是 Ti，面心上为三组 O，且三组 O 周围的情况不同。整个晶格是由 Ba、Ti 和三组 O 组成的简单立方晶格嵌套而成。

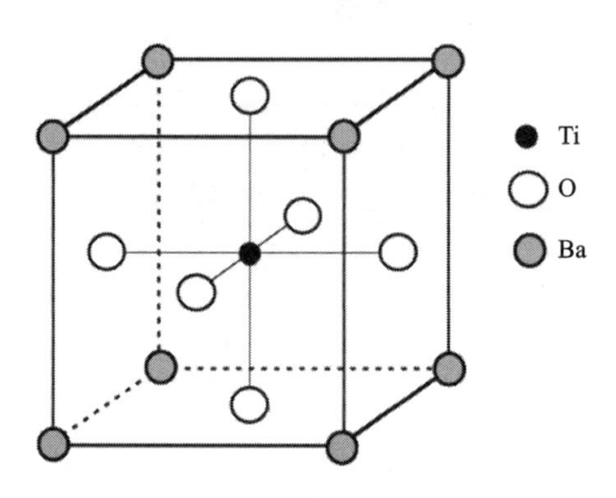

图 1－12 钙钛矿结构(以 $BaTiO_3$ 为例)

1.3 倒易点阵与布里渊区

晶体的结构可以用空间点阵来描述，对晶体进行衍射分析时，可得到衍射花样，衍射花样记录了倒易空间的信息。倒易空间中的一个点与空间点阵中一组平行的晶面相对应。每一个空间点阵都有一个倒易点阵与之对应。若假设空间点阵的初级原胞基矢为 $\boldsymbol{a}_1$、$\boldsymbol{a}_2$、$\boldsymbol{a}_3$，则可以定义三个新矢量

$$\begin{aligned}\boldsymbol{b}_1 &= 2\pi\frac{\boldsymbol{a}_2\times\boldsymbol{a}_3}{\boldsymbol{a}_1\cdot(\boldsymbol{a}_2\times\boldsymbol{a}_3)}\\ \boldsymbol{b}_2 &= 2\pi\frac{\boldsymbol{a}_3\times\boldsymbol{a}_1}{\boldsymbol{a}_1\cdot(\boldsymbol{a}_2\times\boldsymbol{a}_3)}\\ \boldsymbol{b}_3 &= 2\pi\frac{\boldsymbol{a}_1\times\boldsymbol{a}_2}{\boldsymbol{a}_1\cdot(\boldsymbol{a}_2\times\boldsymbol{a}_3)}\end{aligned}\tag{1-1}$$

式中：$\boldsymbol{b}_1$、$\boldsymbol{b}_2$、$\boldsymbol{b}_3$称为倒易基矢量。

图 1－13 表示了四种空间点阵和相应的倒易点阵的对应关系，即：简单点阵↔简单点阵、面心点阵↔体心点阵、体心点阵↔面心点阵、底心点阵↔底心点阵。

在倒易空间中，取一倒易格点为原点，作所有倒易格矢的垂直平分面，这些平面将倒易空间分成许多包围原点的多面体，其中离原点最近的多面体区域称为第一布里渊区，离原点次近的多面体与第一布里渊区表面之间的区域称为第二布里渊区，以此类推可得第三、第四布里渊区等。

根据定义，第一布里渊区实际上是倒易空间的魏格纳－塞茨(W－S)原胞，它的形状是围绕原点对称的，其余布里渊区的各部分也都是以原点为中心成对称分布的。可以证明，每

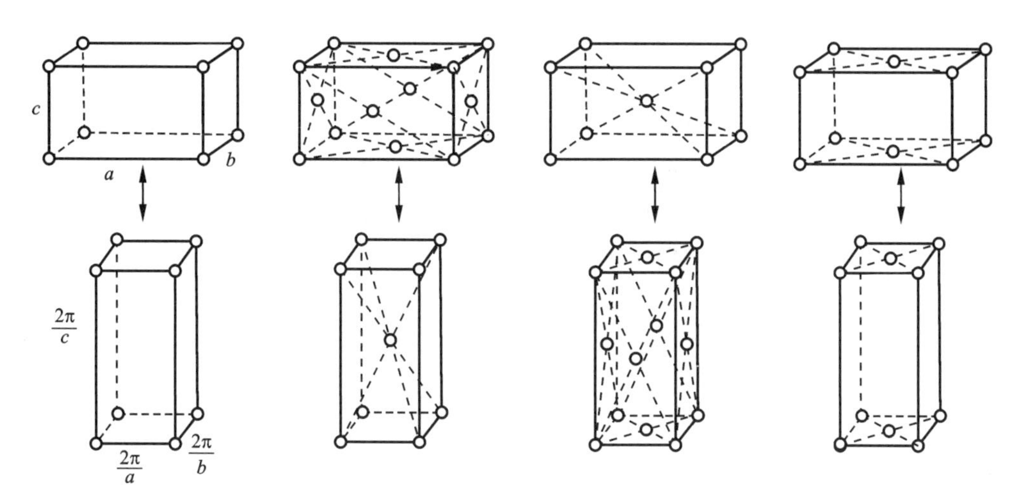

图1－13　四种空间点阵和相应的倒易点阵

个布里渊区的体积都相等，且等于倒格子原胞的体积，也就是每个倒易格点所占的体积。下面举例说明第一布里渊区。

1. 二维正方晶格的布里渊区

二维晶格的基矢为

$$\boldsymbol{a}_1 = a\boldsymbol{i},\ \boldsymbol{a}_2 = a\boldsymbol{j} \qquad (1-2)$$

式中：a 为晶格常数；$\boldsymbol{i}$、$\boldsymbol{j}$ 为单位矢量。可以求得其倒易矢量为

$$\boldsymbol{b}_1 = \frac{2\pi}{a}\boldsymbol{i},\ \boldsymbol{b}_2 = \frac{2\pi}{a}\boldsymbol{j} \qquad (1-3)$$

于是倒易矢量可以表示为

$$\boldsymbol{G} = \frac{2\pi}{a}(h_1\boldsymbol{i} + h_2\boldsymbol{j}) \qquad (1-4)$$

式中：h_1、h_2 为整数。显然，由 $\boldsymbol{G}$ 决定的倒易点阵也是二维正方格子，晶格常数为$\frac{2\pi}{a}$。

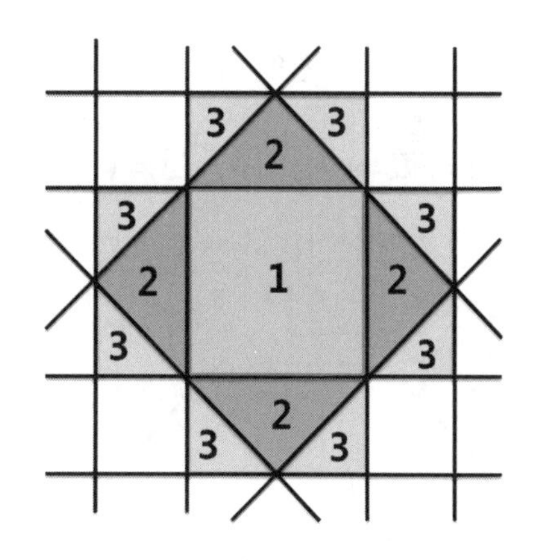

图1－14　二维正方晶格的前三个布里渊区

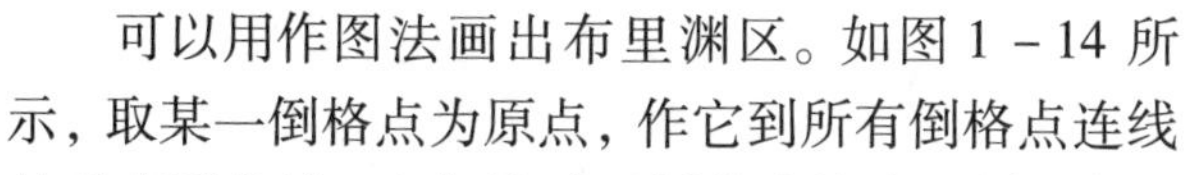

可以用作图法画出布里渊区。如图1－14所示，取某一倒格点为原点，作它到所有倒格点连线的垂直平分线，它们将平面划分成许多区域，包围原点最近的封闭区域就是第一布里渊区，其他各区可以按照以下的方法判定：各区的面积相同，同一区的各部分至少有一点相连，以保证区域的封闭性；从原点出发穿过$(n-1)$条平分线后才能进入第 n 区。

2. 面心立方的第一布里渊区

面心立方空间点阵，其基矢可以表示为

$$\boldsymbol{a}_1 = \frac{a}{2}(\boldsymbol{j}+\boldsymbol{k}),\ \boldsymbol{a}_2 = \frac{a}{2}(\boldsymbol{k}+\boldsymbol{i}),\ \boldsymbol{a}_3 = \frac{a}{2}(\boldsymbol{i}+\boldsymbol{j}) \qquad (1-5)$$

同样，可以根据式(1－1)求出其倒易空间的基矢为

$$\boldsymbol{b}_1=\frac{2\pi}{a}(-\boldsymbol{i}+\boldsymbol{j}+\boldsymbol{k}),\ \boldsymbol{b}_2=\frac{2\pi}{a}(\boldsymbol{i}-\boldsymbol{j}+\boldsymbol{k}),\ \boldsymbol{b}_3=\frac{2\pi}{a}(\boldsymbol{i}+\boldsymbol{j}-\boldsymbol{k}) \tag{1-6}$$

在倒易空间任意取一倒格点作为原点，共有8个最近邻，做出8个垂直平分面，围成一个八面体，但它的6个顶角却被对应于6个次近邻的垂直平分面截去，于是第一布里渊区的形状是一个十四面体，如图1－15所示。图1－15中标出了一些对称点和对称轴的常用符号，以$\frac{2\pi}{a}$为单位，$\Gamma=(0,0,0)$，$X=(0,1,0)$，$L=(\frac{1}{2},\frac{1}{2},\frac{1}{2})$，$W=(\frac{1}{2},1,0)$，$K=(\frac{3}{4},\frac{3}{4},0)$，$U=(\frac{1}{4},1,\frac{1}{4})$。

3. 体心立方的第一布里渊区

体心立方的初级原胞的基矢可以表示为

$$\boldsymbol{a}_1=\frac{a}{2}(-\boldsymbol{i}+\boldsymbol{j}+\boldsymbol{k}),\ \boldsymbol{a}_2=\frac{a}{2}(\boldsymbol{i}-\boldsymbol{j}+\boldsymbol{k}),\ \boldsymbol{a}_3=\frac{a}{2}(\boldsymbol{i}+\boldsymbol{j}-\boldsymbol{k}) \tag{1-7}$$

则可求出其倒易基矢为

$$\boldsymbol{b}_1=\frac{2\pi}{a}(\boldsymbol{j}+\boldsymbol{k}),\ \boldsymbol{b}_2=\frac{2\pi}{a}(\boldsymbol{k}+\boldsymbol{i}),\ \boldsymbol{b}_3=\frac{2\pi}{a}(\boldsymbol{i}+\boldsymbol{j}) \tag{1-8}$$

在倒易空间中，任一倒格点有12个最近邻倒格点，我们可做出12个垂直平分面，因为没有受到来自次近邻倒格点的垂直平分面的切割，所以第一布里渊区的形状就是十二面体，如图1－16所示。图1－16中还标出了一些对称点和对称轴的常用符号，以$\frac{2\pi}{a}$为单位，$\Gamma=(0,0,0)$，$H=(0,1,0)$，$N=(\frac{1}{2},\frac{1}{2},0)$，$P=(\frac{1}{2},\frac{1}{2},\frac{1}{2})$。

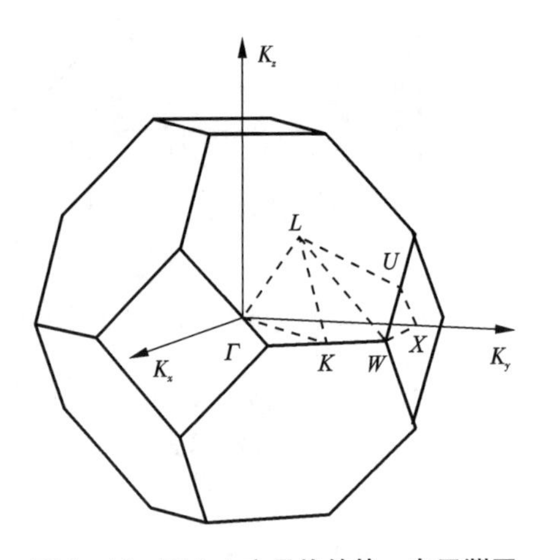

图1－15　面心立方晶格的第一布里渊区

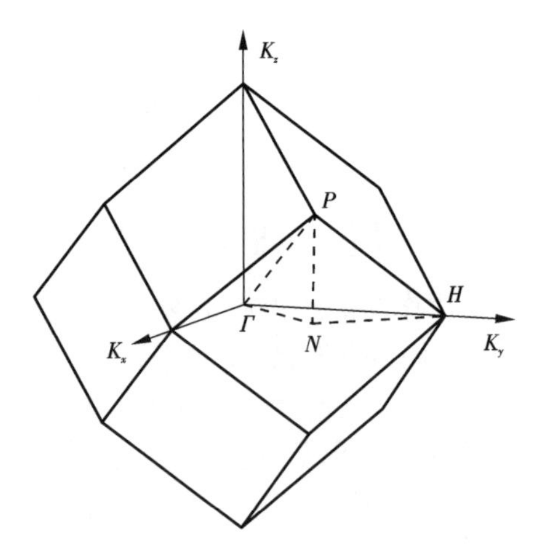

图1－16　体心立方晶格的第一布里渊区

思考与练习

1. 何为空间点阵？为什么立方晶系没有底心点阵？

2. 晶体结构与空间点阵、基元有何关系？金刚石属于哪一种空间点阵？NaCl 和钛酸钡又属于哪一种空间点阵呢？

3. 倒易点阵与空间点阵有何关系？倒易点阵的倒易点阵是什么？

4. 晶体中原子排列的紧密程度可以用什么物理量来描述？

5. 晶体中有哪几种密堆积？密堆积的配位数是多少？

6. 若二维点阵的点阵矢量为

$$\boldsymbol{R} = m\boldsymbol{a}_1 + n\boldsymbol{a}_2$$

其倒易点阵矢量也是一个二维矢量

$$\boldsymbol{G} = m'\boldsymbol{b}_1 + n'\boldsymbol{b}_2$$

求二维点阵基矢常用下式

$$\boldsymbol{a}_i \cdot \boldsymbol{b}_j = 2\pi\delta_{ij}$$

当 $i=j$ 时，$\delta_{ij}=1$；当 $i\neq j$ 时，$\delta_{ij}=0$。利用这些知识求图 1－17 中三种二维空间点阵的倒易点阵。

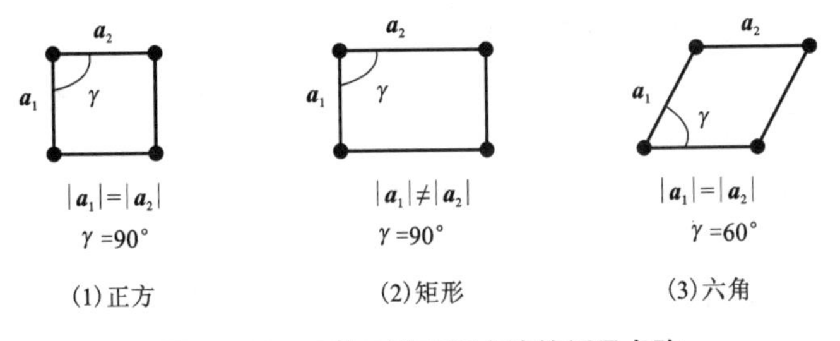

图 1－17　三种二维空间点阵的倒易点阵

7. 锗硅半导体具有金刚石结构，设其晶格常数为 a

(1)画出(1 1 0)面二维格子的原胞，并给出它的基矢；

(2)试画出二维格子的第一、二布里渊区。

第 2 章　晶体的结合力

2.1　电负性

原子结合成晶体时，原子的外层电子重新分布，外层电子的不同分布产生了不同结合类型的结合力。原来是中性的原子能够结合成晶体，除了外界的压力和温度等条件的作用外，主要取决于原子最外层电子的作用。所有晶体的结合类型都是与原子的电性有关，或者说与原子得失电子的能力有关。

原子电负性是原子得失电子能力的一种量度。电负性有不同的定义，常用的定义是由 R. S. Mulliken提出的

$$\text{电负性} = \text{常数} \times (\text{电离能} + \text{亲和能})$$

此处常数一般取 0.18，选 0.18 是为了使 Li 的电负性为 1。

原子电离能指基态原子失去一个价电子所必需的能量，用于衡量原子对价电子束缚的强弱，取决于原子的结构。原子亲和能指一个处于基态的中性气态原子获得一个电子成为负离子所释放的能量，用于衡量原子捕获外来电子的能力。电离能越大，表明原子失去电子变成负离子的倾向越小。

电负性是原子电离能和亲和能的综合表现，电负性大的原子，容易获得电子；电负性小的原子，易于失去电子。固体的许多物理化学性质都与其组成元素的电负性有关。表 2－1 列出了常见元素的电负性值。

由于元素电负性的差异以及不同电负性元素的组合，晶体内原子间的相互作用力可以分为不同类型。晶体中原子（分子或者离子）间的作用力也称为键。按照结合力分类，晶体可以分为五类，相应的键也可以分为五类，即离子晶体（离子键）、共价晶体（共价键）、金属晶体（金属键）、分子晶体（分子键）、氢键晶体（氢键），另外还有混合键晶体（晶体中包含两种或两种以上的键）。

表 2-1 常见元素的电负性值

H 2.1																
Li 1.0	Be 1.5											B 2.0	C 2.5	N 3.0	O 3.5	F 4.0
Na 0.9	Mg 1.2											Al 1.5	Si 1.8	P 2.1	S 2.5	Cl 3.0
K 0.8	Ca 1.0	Sc 1.3	Ti 1.5	V 1.6	Cr 1.6	Mn 1.5	Fe 1.8	Co 1.8	Ni 1.8	Cu 1.9	Zn 1.6	Ga 1.6	Ge 1.8	As 2.0	Se 2.4	Br 2.8
Rb 0.8	Sr 1.0	Y 1.2	Zr 1.4	Nb 1.6	Mo 1.8	Tc 1.9	Ru 2.2	Rh 2.2	Pd 2.2	Ag 1.9	Cd 1.7	In 1.7	Sn 1.8	Sb 1.9	Te 2.1	I 2.5
Cs 0.7	Ba 0.9	La 1.1	Hf 1.3	Ta 1.5	W 1.7	Re 1.9	Os 2.2	Ir 2.2	Pt 2.2	Au 2.4	Hg 1.9	Tl 1.8	Pb 1.8	Bi 1.9	Po 2.0	At 2.2
Fr 0.7	Ra 0.9	Ac 1.1														

2.2 结合力的普遍性质

原子能够结合成固体，主要是因为原子间存在相互作用力，即结合力。原子间的结合力随着原子间距的变化而变化。结合力包括引力和斥力。引力的主要来源是不同原子的异性电荷之间的库仑引力，是一种长程力；斥力则主要是原子相互靠近时，不同原子的电子云重叠所引起的斥力，或者说由于泡利不相容原理引起的斥力，另外还有同性电荷之间的斥力。关于原子间的相互作用可以借助双原子模型来理解。图 2-1 为原子间的相互作用势和作用力的示意图，在 r_0处，引力和斥力平衡，体系能量最低；而在 r_m处，引力最大。

若原子间的作用势为 $u(r)$，则相互作用力 $f(r)$为

$$f(r) = -\frac{\partial u(r)}{\partial r} \tag{2-1}$$

显然，力是势能的负梯度。当 $r=r_0$时，$f(r_0)=0$，即

$$f(r_0) = -\left.\frac{\partial u(r)}{\partial r}\right|_{r=r_0} =0 \tag{2-2}$$

此时能量最低。

在 $r=r_m$处，有

$$\left.\frac{\partial f(r)}{\partial r}\right|_{r=r_m} = -\left.\frac{\partial u(r)}{\partial r^2}\right|_{r=r_m} =0 \tag{2-3}$$

此时引力最大。

设晶体中有 N 个原子，任意两个原子 i 和 j 之间的距离为 r_{ij}，其相互作用能为 $u(r_{ij})$，若

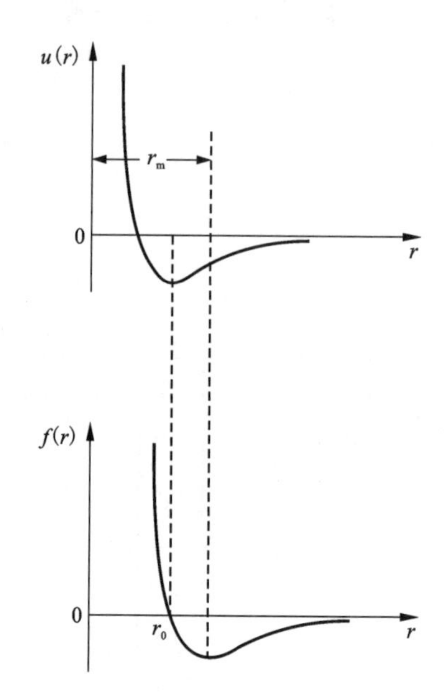

图 2 -1　原子间的相互作用势和作用力

只考虑两两相互作用，则 N 个原子晶体的总结合能可以写为

$$U = \frac{1}{2}\sum_{i=1}^{N}\sum_{\substack{j=1\\ j\neq i}}^{N} u(r_{ij}) \tag{2-4}$$

利用式(2 -4)进行计算的关键是要知道 $u(r_{ij})$ 的具体形式，它容易在离子晶体和分子晶体中实现，而且计算结果还不错。但对于共价晶体和金属来说，由于价电子状态发生了很大的变化，故不宜用简单的模型来计算。在 2. 4 节我们将对晶体结合能的计算进行具体讨论。常见元素的结合能如表 2 -2 所示。

有了总结合能的表达式，我们可以进一步求出一些重要的物理量。

在平衡位置，有

$$\left|\frac{\partial U(r)}{\partial r}\right|_{r=r_0} = 0 \tag{2-5}$$

利用式(2 -5)可解出 r_0，得到晶格常数。另外，还可以求得压强(P)、压缩系数(k)、弹性模量(K)等物理量：

$$P = -\frac{\partial U}{\partial V} \tag{2-6}$$

$$k = -\frac{1}{V_0}\left(\frac{\partial V}{\partial P}\right)_T \tag{2-7}$$

$$K = \frac{1}{k} = V_0\left(\frac{\partial^2 U}{\partial V^2}\right)_{V_0} \tag{2-8}$$

室温下各元素的体积弹性模量和压缩率如表 2 -3 所示。

表 2－2　常见元素的结合能

（定义为在一个大气压力和绝对零度下由固体分解为处于电子基态的独立中性原子所需要的能量）

kJ/mol
eV/原子
kcal/mol

Li 158 1.63 37.7	Be 320 3.32 76.5											B 561 5.81 134	C 711 7.37 170	N 474 4.92 113.4	O 251 2.60 60.03	F 81.0 0.84 19.37	Ne 1.92 0.020 0.46
Na 107 1.113 25.67	Mg 145 1.51 34.7											Al 327 3.39 78.1	Si 446 4.63 106.7	P 331 3.43 79.16	S 275 2.85 65.75	Cl 135 1.40 32.2	Ar 7.74 0.080 1.85
K 90.1 0.934 21.54	Ca 178 1.84 42.5	Sc 376 3.90 89.9	Ti 468 4.85 11.8	V 512 5.31 122.4	Cr 395 4.10 94.5	Mn 282 2.92 67.4	Fe 413 4.28 98.7	Co 424 4.38 101.3	Ni 428 4.44 102.4	Cu 336 3.49 80.4	Zn 130 1.35 31.04	Ga 217 2.81 64.8	Ge 372 3.85 88.8	As 285.3 2.96 68.2	Se 237 2.46 56.7	Br 118 1.22 28.18	Kr 11.2 0.116 2.68
Rb 82.2 0.852 19.62	Sr 166 1.72 39.7	Y 422 4.37 100.8	Zr 603 6.25 144.2	Nb 730 7.57 174.5	Mo 658 6.82 157.2	Tc 661 6.85 158	Ru 650 6.74 155.4	Rh 554 5.75 132.5	Pd 376 3.89 89.8	Ag 284 2.95 68.0	Cd 112 1.16 26.73	In 243 2.52 58.1	Sn 303 3.14 72.4	Sb 265 2.75 63.4	Te 211 2.19 50.34	I 107 1.11 25.62	Xe 15.9 0.16 3.80
Cs 77.6 0.804 18.54	Ba 183 1.90 43.7	La 431 4.47 103.1	Hf 627 6.44 148.4	Ta 782 8.10 186.9	W 859 8.90 205.2	Re 775 8.03 185.2	Os 788 8.18 188.4	Ir 670 6.94 160.1	Pt 564 5.84 134.7	Au 368 3.81 87.96	Hg 65 0.67 15.5	Tl 182 1.88 43.4	Pb 196 2.03 46.78	Bi 210 2.18 50.2	Po 144 1.50 34.5	At	Rn 19.5 0.202 4.66
Fr	Ra 130 1.66 38.2	Ac 410 4.25 98															
				Ce 417 4.32 99.7	Pr 357 3.70 85.3	Nd 328 3.40 78.5	Pm	Sm 206 2.14 49.3	Eu 179 1.86 42.8	Gd 400 4.14 95.5	Tb 391 4.05 93.4	Dy 294 3.04 70.2	Ho 302 3.14 72.3	Er 317 3.29 75.8	Tm 233 2.42 55.8	Yb 154 1.60 37.1	Lu 428 4.43 102.2
				Th 598 6.20 142.9	Pa	U 536 5.55 128	Np 456 4.73 109	Pu 347 3.60 83.0	Am 264 2.73 63	Cm 385 3.99 92.1	Bk	Cf	Es	Fm	Md	No	Lr

表 2－3　室温下各元素的体积弹性模量和压缩率

体积弹性模量，单位：10^{11} N/m^2

压缩率，单位：10^{-11} m^2/N

Li 0.116 8.62	Be 1.003 0.997											B 1.78 0.562	C[d] 4.43 0.226	N[e] 0.012 80	O	F	Ne[d] 0.010 100
Na 0.068 14.7	Mg 0.354 2.82											Al 0.722 1.385	Si 0.998 1.012	P(b) 0.304 3.92	S(r) 0.178 5.62	Cl	Ar[a] 0.013 79
K 0.032 31	Ca 0.152 6.58	Sc 0.435 2.30	Ti 1.051 0.951	V 1.619 0.618	Cr 1.901 0.526	Mn 0.596 1.68	Fe 1.683 0.594	Co 1.914 0.522	Ni 1.86 0.538	Cu 1.37 0.73	Zn 0.598 1.67	Ga[b] 0.569 1.76	Ge 0.772 1.29	As 0.394 2.54	Se 0.091 11.0	Br	Kr[a] 0.018 56
Rb 0.031 32	Sr 0.116 8.62	Y 0.366 2.73	Zr 0.833 1.20	Nb 1.702 0.587	Mo 2.725 0.366	Tc (2.97) (0.34)	Ru 3.208 0.311	Rh 2.704 0.369	Pd 1.808 0.553	Ag 1.007 0.993	Cd 0.467 2.14	In 0.411 2.43	Sn(g) 1.11 0.901	Sb 0.383 2.61	Te 0.230 4.35	I	Xe
Cs 0.020 50	Ba 0.103 9.97	La 0.243 4.12	Hf 1.09 0.92	Ta 2.00 0.50	W 3.232 0.309	Re 3.72 0.269	Os (4.18) (0.24)	Ir 3.55 0.282	Pt 2.783 0.359	Au 1.732 0.577	Hg[c] 0.382 2.60	Tl 0.359 2.79	Pb 0.430 2.33	Bi 0.315 3.17	Po (0.26) (3.8)	At	Rn
Fr (0.020) (50)	Ra (0.132) (7.6)	Ac (0.25) (4)															
				Ce(γ) 0.239 4.18	Pr 0.306 3.27	Nd 0.327 3.06	Pm (0.35) (2.85)	Sm 0.294 3.40	Eu 0.147 6.80	Gd 0.383 2.61	Tb 0.399 2.51	Dy 0.384 2.60	Ho 0.397 2.52	Er 0.411 2.43	Tm 0.397 2.52	Yb 0.133 7.52	Lu 0.411 2.43
				Th 0.543 1.84	Pa (0.76) (1.3)	U 0.987 1.01	Np (0.68) (1.5)	Pu 0.54 1.9	Am	Cm	Bk	Cf	Es	Fm	Md	No	Lr

2.3　晶体的结合类型

2.3.1　离子键和离子晶体

离子之间的结合力称为离子键。当电离能较小的金属元素(如碱金属)的原子与电离能较大的非金属(如氯族)元素的原子接近时，前者释放出最外层电子成为正离子，而后者吸收电子成为满壳层的负离子，如图 2－2 所示。正负离子由于库仑作用力而靠近，当达到一定程度时，会引起电子云重叠从而产生斥力，当斥力和引力平衡时，形成稳定的离子键。离子晶体一般由周期表中左右两边电负性差异大的原子之间形成离子键结合而形成的。氯化钠是典型的离子晶体，如图 1－9 所示，Cl^- 和 Na^+ 交错地排列在晶体的格点上，且晶体呈电中性。

离子晶体的特点是熔点高，硬度大，膨胀系数小，在高温下具有良好的离子导电性。常见的 CsCl、LiF 等也是离子晶体。离子键的结合能的数量级达到数 eV/原子。

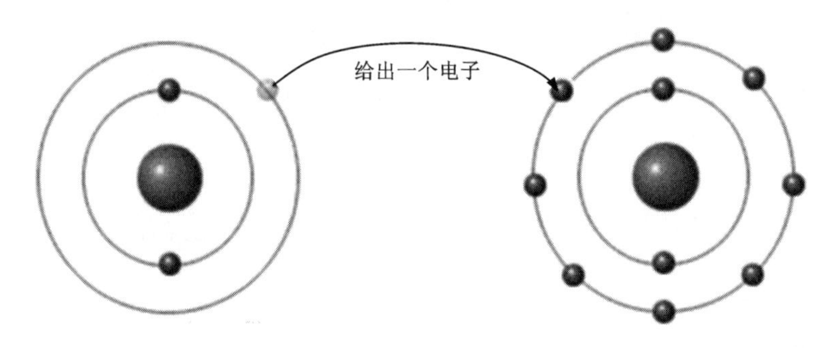

图 2－2　原子得失电子示意图

2.3.2　共价键和共价晶体

典型的共价键是氢气分子(H_2)中两个氢原子的结合。两个氢原子靠近到一定的距离时，两个价电子集中在两个原子核间运动，为两个原子核所共有，且两个电子的自旋方向相反。共价键形成示意图如图 2－3 所示，共价键是两原子之间一对自旋方向相反的共用电子对形成。

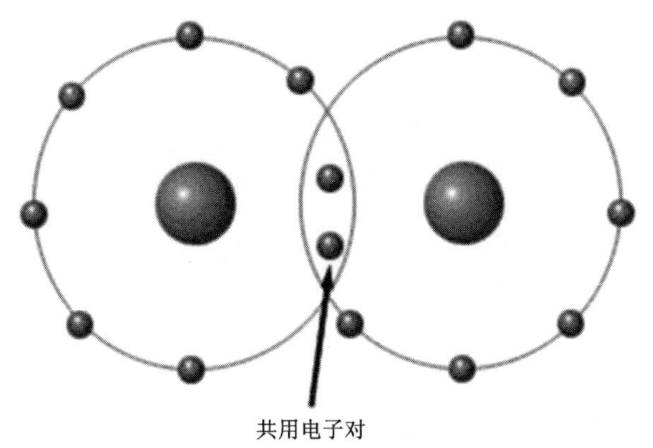

图 2－3　共价键形成示意图

共价晶体一般由电负性接近且较大的原子或者同种原子形成。典型的共价键晶体是金刚石，其结构如图1－11所示。每一个碳原子与周围的四个碳原子组成正四面体结构，如图2－4所示，每两个键之间的夹角是109.5°，因此，共价键具有方向性和饱和性。

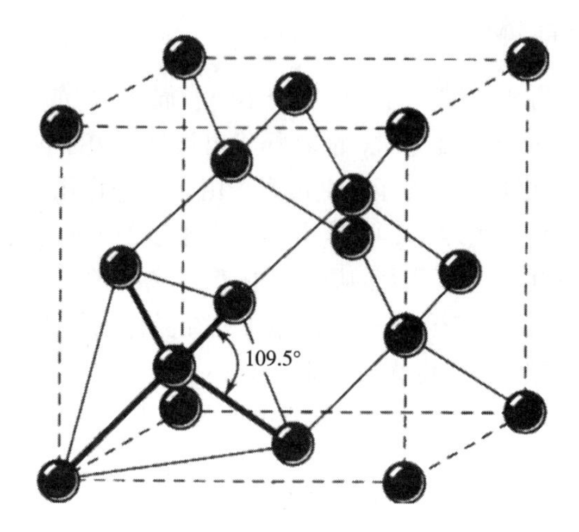

图2－4 共价键的方向性和饱和性

共价晶体的特点是硬度大，脆性大，熔点高，低温下导电性差，为绝缘体或者半导体，如果掺杂其他原子，可以提高导电性。常见的共价晶体 Si 和 Ge 也具有金刚石结构。共价键的结合能的数量级达到数 eV/原子。

2.3.3 金属键和金属晶体

金属键是由电负性小的金属形成的。电负性小的元素易失去电子，当大量电负性小的原子靠近时，各个原子给出自己的价电子而形成带正电的离子实，而原来属于各个原子的价电子不再束缚在原子上，而是在整个晶体中运动，为所有原子所共有。电子共有化是金属键的重要特征。因此可以认为金属晶体是由带正电的离子实“浸”在带负电的电子云中形成的（图2－5），金属晶体的结合力主要是离子实和电子云之间的库仑力。

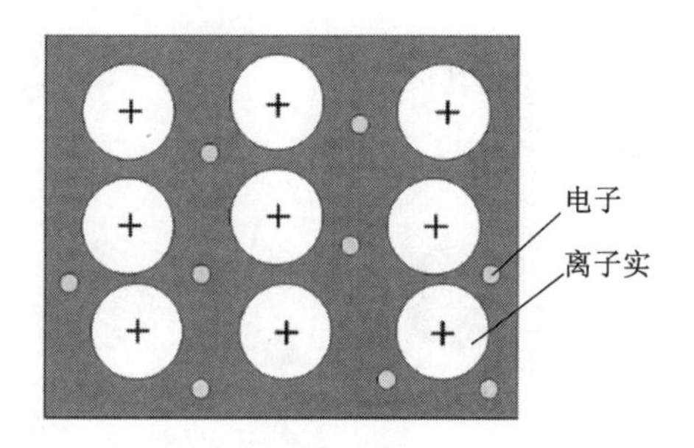

图2－5 金属键模型

金属晶体的特点是电导率和热导率高，密度大，延展性好，其原子一般是密集排列。如表2－2所示，金属键的结合能较大，其数量级约为1 eV/原子。

2.3.4　分子键和分子晶体

分子晶体靠范德瓦耳斯力(或者范德瓦耳斯键，即分子键)结合，这是一种电偶极矩之间的相互作用。分子分为极性分子和非极性分子，其相互作用可以分为：极性分子之间的作用；极性分子和非极性分子之间的作用；非极性分子之间的作用。极性分子之间靠固有电偶极矩间的相互作用力来结合。极性分子和非极性分子之间的作用力可以这样理解：极性分子产生一个电场，非极性分子在这个电场中会产生感应电场，也就是说非极性分子有感应偶极矩，这样便依靠极性分子的固有偶极矩和非极性分子的感应偶极矩之间的相互作用形成分子晶体。非极性分子之间的相互作用力可以这样理解：每一个非极性分子，在某一时刻其正负电荷中心不重合，形成一个瞬时偶极矩，非极性分子就是依靠这种瞬时偶极矩间的相互作用结合成晶体。

常温下是气态的物质如 Cl_2、SO_2、CO_2、HCl、O_2以及惰性气体如 He、Ne、Ar、Xe 等，在低温下它们是依靠范德瓦耳斯力结合而成。范德瓦耳斯力是分子偶极矩之间的相互作用力，如图 2-6 所示。

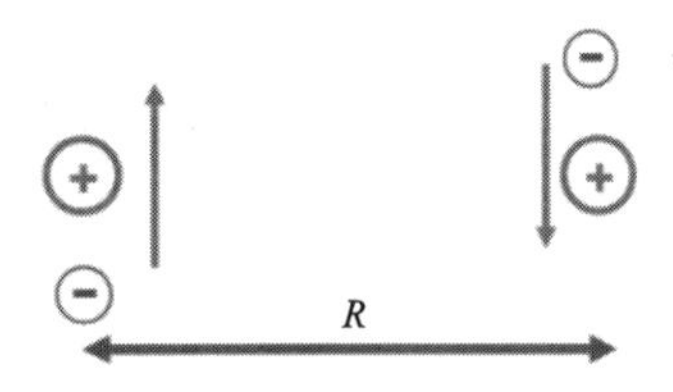

图 2-6　范德瓦耳斯力示意图

分子晶体的特点是熔点低，沸点低，容易压缩，一般为绝缘体。分子晶体的结构类型一般为密堆结构，其结合能小，数量级约为 0.1 eV/原子。

2.3.5　氢键和氢键晶体

氢原子与其他电负性很强的原子(如 F、O)形成共价键时，电子云偏向电负性大的原子，使氢原子的质子裸露在外，另一电负性大的原子对裸露的质子有库仑吸引作用，这个相互作用称为氢键。冰是典型的氢键晶体，如图 2-7 所示。

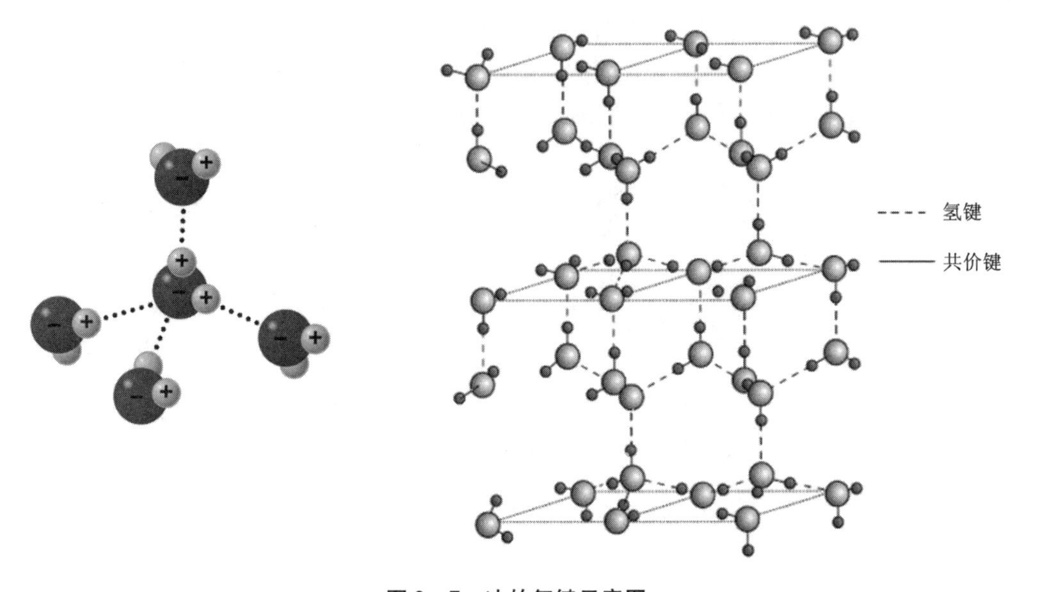

图 2-7　冰的氢键示意图

氢键在有机物中广泛存在且作用重大，特别是在一些高分子、蛋白质、DNA 中起着非常关键的作用。氢键晶体的特点是熔点和沸点介于离子晶体和分子晶体之间，密度小。氢键的结合能的数量级约为 0.1 eV/原子。

2.3.6 混合键和混合键晶体

对于很多晶体而言，原子之间的键不单纯是上述五种键之一，而是几种键并存，或者说，很多晶体存在混合键。石墨是典型的混合键晶体，如图 2－8 所示。每一层之内的原子是共价键结合，而层与层之间的原子则是分子键结合。由于每个碳原子除形成共价键外，还能提供用于导电的自由电子，因此，石墨晶体中还含有金属键。

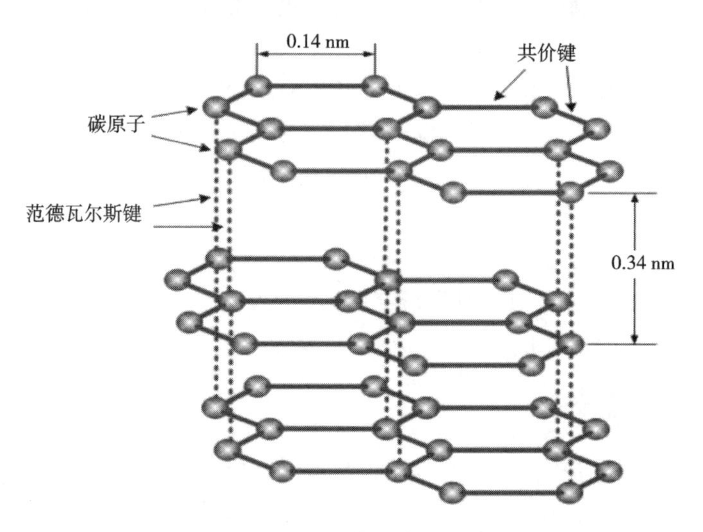

图 2－8 石墨晶体结合力示意图

金刚石和石墨是碳的两种同素异形体，近几十年来，还发现了碳的其他结构，如足球烯(C_{60})、碳纳米管、石墨烯等，这些材料具有不同于块体材料的奇异性质，是纳米材料研究的热点。

关于常见的这几种键，我们可以用图 2－9 来形象地表示。

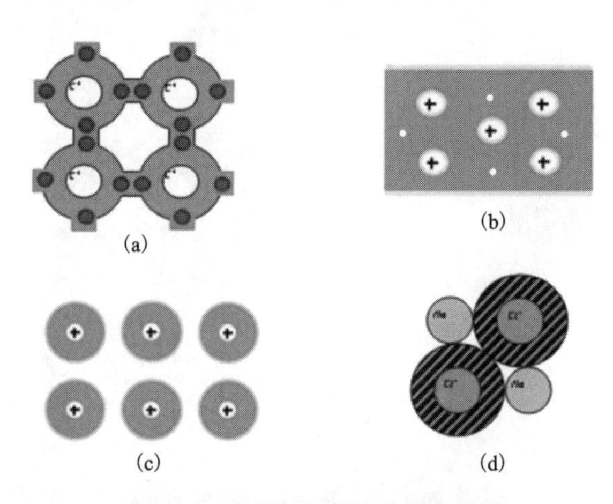

图 2－9 常见的几种晶体结合类型

2.4　晶体的结合能

2.4.1　离子晶体的结合能

对于典型的 NaCl 晶体，相距为 r_{ij}的两离子间的相互作用势可以表示为

$$u(r_{ij}) = \pm\frac{e^2}{4\pi\varepsilon_0 r_{ij}} + \frac{b}{r_{ij}^n} \tag{2-9}$$

式中：等号右边第一项是正负离子之间的库仑势，“+”号针对同号离子间的库仑势，“-”号针对异号离子间的库仑势。第二项是由于离子靠近使电子云重叠引起的斥力势。这里的 ε_0 为介电常数，b 和 n 为势参数。

将式(2-9)代入式(2-4)得

$$U = -\frac{N}{2}\left[\frac{e^2}{4\pi\varepsilon_0 R}\sum_j{}'\left(\pm\frac{1}{a_j}\right) - \frac{1}{R^n}\sum_j{}'\frac{b}{a_j^n}\right] \tag{2-10}$$

其中已令 $r_{ij} = \alpha_j R$，若再令

$$\mu = \sum_j{}' \pm\frac{1}{a_j} \tag{2-11}$$

$$B = \sum_j{}'\frac{b}{a_j^n} \tag{2-12}$$

可得

$$U(R) = -\frac{N}{2}\left(\frac{\mu e^2}{4\pi\varepsilon_0 R} - \frac{B}{R^n}\right) \tag{2-13}$$

式中：μ 为马德隆常数，它是仅与固体的几何结构有关的常数。由式(2-11)计算马德隆常数时，“+”号针对异号离子间的相互作用，“-”号针对同号离子间的相互作用。经计算，对于 NaCl 型结构，$\mu = 1.747558$；CsCl 结构，$\mu = 1.76267$；闪锌矿结构，$\mu = 1.6381$。

由平衡条件$\left(\frac{dU}{dR}\right) = 0$，可得

$$B = \frac{\mu e^2 R_0^{n-1}}{4\pi\varepsilon_0 n} \tag{2-14}$$

则结合能式(2-13)可以写为

$$|U(R_0)| = \frac{N\mu e^2}{8\pi\varepsilon_0 R_0}\left(1 - \frac{1}{n}\right) \tag{2-15}$$

将式(2-15)代入式(2-8)可得

$$K = \frac{\mu e^2}{72\pi\varepsilon_0 R_0^4}(n-1) \tag{2-16}$$

利用晶体 X 射线衍射分析测出 R_0，由实验测出晶体的体积弹性模量，我们可以通过式(2-16)求出参量 n，即

$$n = 1 + \frac{72\pi\varepsilon_0 R_0^4}{\mu e^2}K \tag{2-17}$$

表 2-4 列出了几种常见离子晶体的弹性模量 K 和参数 n。表 2-5 列出了部分离子晶体

的结合能计算值和实验值。

表 2－4　几种常见离子晶体的弹性模量 K 和参数 n

晶体	NaCl	NaBr	NaI	KCl	ZnS
n	7.90	8.41	8.33	9.62	5.4
$K/(10^{10}\mathrm{N}\cdot\mathrm{m}^{-2})$	2.41	1.96	1.45	2.0	7.76

表 2－5　部分离子晶体的结合能计算值和实验值

晶体	$U_{0实验}$ /$(\mathrm{kJ}\cdot\mathrm{mol}^{-1})$	$U_{0计算}$ /$(\mathrm{kJ}\cdot\mathrm{mol}^{-1})$	偏差 /%	晶体	$U_{0实验}$ /$(\mathrm{kJ}\cdot\mathrm{mol}^{-1})$	$U_{0计算}$ /$(\mathrm{kJ}\cdot\mathrm{mol}^{-1})$	偏差 /%
LiF	1038	1013	-2.4	LiCl	862	807	-6.4
LiBr	803	757	-5.7	LiI	732	695	-5.1
NaF	923	900	-2.5	NaCl	788	747	-5.2
NaBr	736	708	-3.8	NaI	673	655	-2.7
KF	820	791	-3.5	KCl	717	676	-5.7
KBr	673	646	-4.0	KI	617	605	-1.9
RbCl	887	650	-5.4	CsCl	659	613	-7.0
AgCl	915	837	-8.5	AgI	859	782	-9.0
CaF_2	2624	2601	-0.9	BaF_2	2342	2317	-1.1
MgO	3891	3753	-3.5				

2.4.2　共价晶体的结合能

共价晶体结合能的计算比离子晶体要复杂，需要借助量子力学的方法。近年来，利用密度泛函理论可以对共价晶体的结合能进行比较精确的计算，这部分内容可以参考本书第 11 章。典型的 C、Si、Ge 共价晶体结合能的计算结果如表 2－6 所示。

表 2－6　典型共价晶体的结合能、晶格常数和体积弹性模量

晶体	结合能/(eV/原子)		晶格常数/nm		体积弹性模量/$(10^{11}\mathrm{Pa})$	
	理论值	实验值	理论值	实验值	理论值	实验值
C	7.58	7.37	0.3602	0.3567	4.33	4.43
Si	4.67	4.63	0.5451	0.5429	0.98	0.99
Ge	4.02	3.85	0.5655	0.5652	0.73	0.77

2.4.3　金属晶体的结合能

如前所述，金属晶体可以看作由“电子云”及浸入其中的离子实构成，金属结合能的计算可以采用密度泛函理论，第11章对该理论有详细介绍。典型金属的结合能、晶格常数和体积弹性模量如表2－7所示。

表2－7　典型金属的结合能、晶格常数和体积弹性模量

晶体	结合能/(eV/原子)		晶格常数/nm		体积弹性模量/(10^{11} Pa)	
	实验值	理论值	实验值	理论值	实验值	理论值
Li	1.66	1.65	0.349	0.339	0.132	0.148
Be	3.32	4.00	0.319	0.314	1.15	1.35
Na	1.13	1.10	0.422	0.407	0.085	0.090
Mg	1.52	1.65	0.448	0.446	0.369	0.405
Al	3.32	3.84	0.402	0.402	0.880	0.801
K	0.94	0.90	0.531	0.503	0.025	0.060
Ca	1.82	2.23	0.557	0.529	0.040	0.044
Cu	3.50	4.20	0.360	0.359	0.142	0.158

2.4.4　分子晶体的结合能

分子晶体靠范德瓦耳斯力结合，其相互作用势可以表示为

$$u(r)=4\varepsilon\left[\left(\frac{\sigma}{r}\right)^{12}-\left(\frac{\sigma}{r}\right)^{6}\right] \tag{2－18}$$

这就是著名的雷纳德－琼斯(Lenard-Jones)势。势参数σ和ε分别是具有长度和能量的量纲。表2－8列出了几种惰性气体分子的雷纳德－琼斯势参数σ和ε的实验数据。

表2－8　几种惰性气体分子的雷纳德－琼斯势参数σ和ε的实验数据

	Ne	Ar	Kr	Xe
ε/eV	0.0031	0.0104	0.0140	0.0200
σ/Å	2.74	3.40	3.56	3.98

N个分子的相互作用势可以写为

$$U=\frac{N}{2}\sum_{j}{}'\left\{4\varepsilon\left[\left(\frac{\sigma}{r_{\alpha j}}\right)^{12}-\left(\frac{\sigma}{r_{\alpha j}}\right)^{6}\right]\right\} \tag{2－19}$$

式中：求和号$\sum$上加一撇表示求和时$j\neq\alpha$。

设R为最近邻分子间距，则有

$$r_{\alpha j}=\alpha_j R$$

$$U(R)=2N\varepsilon\left[A_{12}\left(\frac{\sigma}{R}\right)^{12}-A_6\left(\frac{\sigma}{R}\right)^{6}\right] \tag{2-20}$$

其中

$$A_{12}=\sum_j{}'\frac{1}{\alpha_j^{12}},\ A_6=\sum_j{}'\frac{1}{\alpha_j^{6}} \tag{2-21}$$

若晶体结构已知，可以具体求出 A_{12} 和 A_6，这类似于离子晶体中求马德隆常数。立方结构的 A_{12} 和 A_6 值如表 2-9 所示。

表 2-9 立方结构的 A_{12} 和 A_6

结构	简单立方	体心立方	面心立方
A_6	8.40	12.25	14.45
A_{12}	6.20	9.11	12.13

由平衡条件 $\left(\frac{\mathrm{d}U}{\mathrm{d}R}\right)=0$，可得

$$R_0=\sigma\left(\frac{2A_{12}}{A_6}\right)^{\frac{1}{6}} \tag{2-22}$$

将式(2-22)代入式(2-20)，可得平衡时总的相互作用势

$$|U_0|=\frac{N\varepsilon A_6^2}{2A_{12}} \tag{2-23}$$

将式(2-20)代入式(2-8)，还可以求出体积弹性模量。表 2-10 列出了惰性气体晶体的结合能、晶格常数和体积弹性模量。

表 2-10 惰性气体晶体的结合能、晶格常数和体积弹性模量

参数	Ne		Ar		Kr		Xe	
	理论值	实验值	理论值	实验值	理论值	实验值	理论值	实验值
晶格常数/Å	2.99	3.13	3.71	3.75	3.98	3.99	4.34	4.33
结合能/(eV/原子)	0.027	0.02	0.089	0.08	0.120	0.11	0.172	0.17
体积弹性模量/(10^9 Pa)	1.81	1.1	3.18	2.7	3.46	3.5	3.81	3.6

2.5 晶体结合的规律

元素周期表中左端的 Ⅰ 族元素 Li、Na、K、Rb、Cs 具有最小的电负性，它们的晶体是最典型的金属晶体，电负性小的元素对电子的束缚较弱，容易失去电子，因此在形成晶体时采用金属键结合。

Ⅳ族至Ⅵ族元素具有较强的电负性，它们对电子的束缚比较牢固，获取电子的能力较

强，这种情况适于共价结合。这些元素在共价结合时体现了 8 − N 定则，并且在它们的结构上有明显的反映。

Ⅳ族元素可形成典型的共价晶体。按 C、Si、Ge、Sn、Pb 的顺序，它们的电负性不断减弱。电负性最强的金刚石具有最强的共价键，是典型的绝缘体；电负性最弱的铅是金属，在中间的共价晶体硅、锗是典型的半导体；锡在边缘上，13℃以下的灰锡具有金刚石结构，是半导体；13℃以上则为具有金属性的白锡。这些元素的晶体表明，其电负性由强变弱时，其结合方式由强的共价结合逐渐减弱，以至于转变为金属性的结合，在电学性质上则表现为由绝缘体经过半导体过渡到金属导体。

按照 8 − N 定则，Ⅴ族元素的原子只能形成三个共价键。由于完全依靠每一个原子和三个近邻相结合的方式时不可能形成一个三维晶体结构，因而Ⅴ族元素晶体的结合具有复杂的性质，其中最典型的结构是砷、锑、铋所形成的层状晶体。晶体中原子首先通过共价键结合形成如图 2 − 10 所示的层状结构，它包含上下两层，每层的原子通过共价键与另一层中三个原子结合，这种层状结构再叠起来通过微弱的范德瓦耳斯力的作用结合成三维的晶体。P 和 N 则首先形成共价结合的分子，再由范德瓦耳斯力作用而结合成晶体。

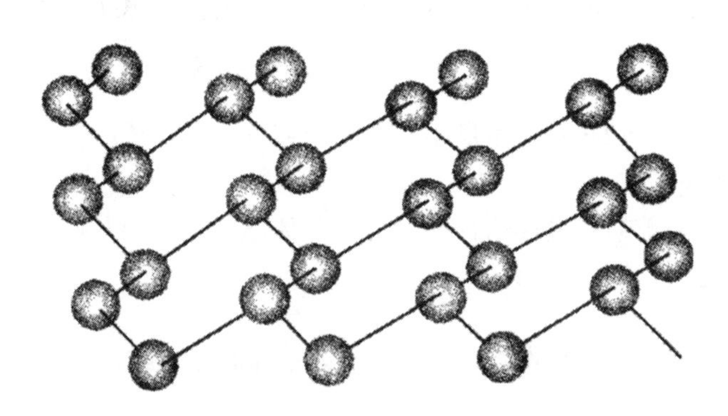

图 2 − 10　Ⅴ族元素砷、锑等结构

根据 8 − N 定则，Ⅵ族元素只能形成两个共价键，因此依靠共价键只能把原子连结成一个链结构，图 2 − 11 表示出 Se 和 Te 的以长链结构为基础的晶格，原子依靠共价键形成螺旋状长链，长链平行排列，靠范德瓦耳斯力的作用组成三维晶体。

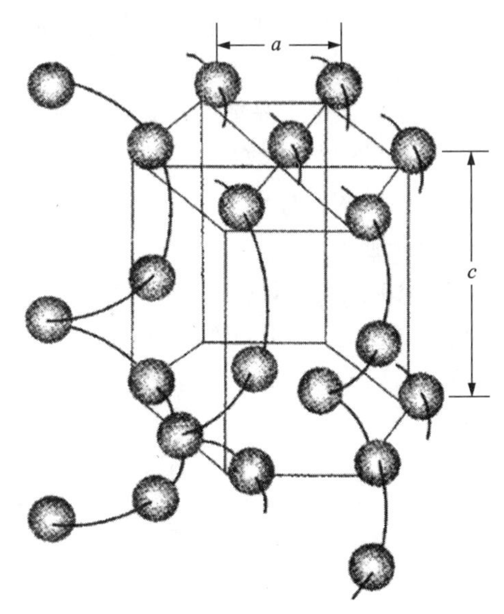

图 2 − 11　Se、Te 的结构

大多数晶体的结合不是靠单一的结合力。即使是典型的离子晶体，也含有一定的共价键成分，而共价晶体也含有一定的离子键成分。以 GaAs 为例，相邻的 Ga 和 As 所共有的价电子并不是对等地分配在 Ga 和 As 附近。由于 As 比 Ga 具有更大的电负性，成键的价电子将会更集中地分布在 As 原子附近。因此，共价化合物中，电负性弱的原子平均来说带有正电，电负性强的原子平均来说带负电。因此，Ⅲ～Ⅴ族和Ⅱ～Ⅵ族化合物半导体是以共价键为主兼有离子键的混合键型晶体。

思考与练习

1. 结合能、内能、原子间相互作用势有什么联系？

2. 原子的电负性是如何定义的？其物理意义是什么？在元素周期表中,原子的电负性是如何变化的？

3. 试分析石墨晶体的结合力类型。

4. 说明图 2－9 中的结合类型分别属于哪一种结合类型，为什么？

5. 在金刚石结构中，为什么要提出杂化轨道的概念？什么是 sp^3 杂化？

6. 相距为 r 的两个惰性气体原子，其相互作用势能

$$u(r)=4\varepsilon\left[\left(\frac{\sigma}{r}\right)^{12}-\left(\frac{\sigma}{r}\right)^{6}\right],$$

也称为雷纳德－琼斯(Lennard-Jones)势，其中 ε、σ 是雷纳德－琼斯参数，

(1)以$\frac{r}{\sigma}$为横坐标，$\frac{u(r)}{4\varepsilon}$为纵坐标，画出这种相互作用势的曲线；

(2)证明 $r=2^{1/6}\sigma\approx1.12\sigma$ 时势能最小，这时 $u(r)=-\varepsilon$；当 $r=\sigma$ 时，$u(r)=0$；说明 ε 与 σ 两个参数的物理意义。

7. 通常用雷纳德－琼斯势描述惰性气体分子晶体原子间的相互作用势，即

$$u(r)=4\varepsilon\left[\left(\frac{\sigma}{r}\right)^{12}-\left(\frac{\sigma}{r}\right)^{6}\right]$$

式中：ε、σ 称为雷纳德－琼斯参数。如果分子晶体是面心立方结构，而且只计及次次近邻原子的相互作用。

(1)推导热平衡时惰性气体分子晶体总的相互作用势能表达式；

(2)已知惰性气体 Kr(氪)晶体具有面心立方结构，雷纳德－琼斯参数 $\varepsilon=0.14$ eV，$\sigma=3.65$ Å，试求：

(a)1 mol Kr 分子晶体的结合能；

(b)晶体的晶格常数；

(c)晶体的体弹性模量；

(d)抗张强度。

8. 实验上测得 NaCl 晶体的相对密度为 2.16 g/cm^3，弹性模量为 2.41×10^{12} N/m^2，试求其结合能。(已经 NaCl 晶体结构的马德隆常数 $M=1.7476$，Na 和 Cl 的相对原子质量分别为 23 和 35.45。)

第 3 章　晶格振动与热学性能

晶体中的格点表示原子的平衡位置，晶格振动是指原子在平衡位置的振动。晶格振动的研究是从晶体的热学性质开始的，热运动在宏观上最直观的表现就是热容量，本章将从热容理论开始讨论。

3.1　比热

物体温度升高 1 K 时内能的增量称为该物体的热容，单位质量的热容称为比热。常用的比热有定压比热(C_P)和定容比热(C_V)，定压比热便于实验测定，而定容比热则便于理论计算，二者可以互相转换。定容比热定义如下

$$C_V = \left(\frac{\partial E}{\partial T}\right)_V \tag{3-1}$$

在不同温度下，金属的比热分为三个区域，如图 3－1 所示。在第 1 区，比热与温度 T 成正比；在第 2 区，比热与 T^3 成正比；在第 3 区，比热是一个常数。第 3 区的比热规律可以用经典理论杜隆－珀替定律解释。每个原子的平均能量为 $3k_BT$(k_B 为玻尔兹曼常数)。1 mol 物质原子数为 N_0，则总能量为 $3N_0k_BT$，其比热根据式(3－1)可知，为 $C_V = 3N_0k_B = 3R$，这里的 R 为气体常数，显然，C_V 为常数。第 1 区中比热与温度成正比，涉及电子对比热的贡献，这个问题将在 4.2 节中解释。第 2 区中比热与T^3成正比，与晶格振动有关，这正是本章要讨论的问题。

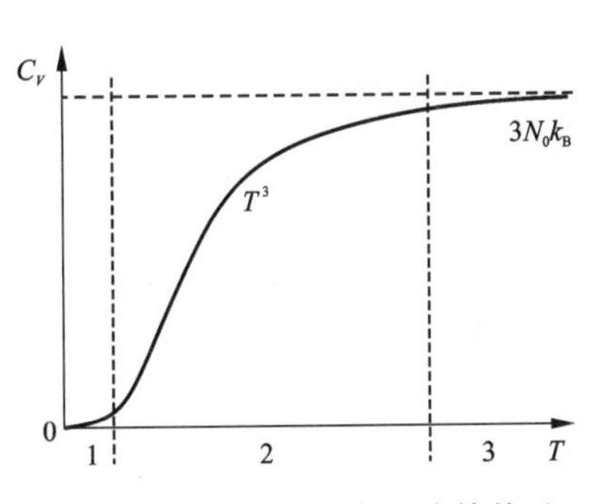

图 3－1　金属的比热与温度的关系

3.2　晶格中原子的热振动

设晶体由 N 个原子组成，原子振动时，相对于平衡位置的位移以(x_1，x_2，x_3)，(x_4，x_5，x_6)，…，(x_{3N-2}，x_{3N-1}，x_{3N})来表示，则其动能为

$$T = \frac{1}{2}\sum_{i=1}^{3N} m_i x_i^2$$

其中 $m_1 = m_2 = m_3 = \cdots = m_i$ 等。令 $q_i = \sqrt{m_i}\, x_i$，则

$$T = \frac{1}{2}\sum_{i=1}^{3N} q_i^2 \tag{3-2}$$

原子的振动势能也与坐标 q_i 有关，考虑到平衡位置的振动极其微小，则可将其展开为泰勒级数

$$V(q_1, q_2, \cdots, q_{3N}) = V_0 + \sum_{i=1}^{3N}\left(\frac{\partial V}{\partial q_i}\right)_0 q_i + \frac{1}{2}\sum_{i=1, j=1}^{3N3N} b_{ij}q_iq_j + \cdots$$

这里忽略高次小项。通过选择平衡点处势能为0，使 $V_0=0$。平衡点处势能最小，根据极值条件得 $\left(\frac{\partial V}{\partial q_i}\right)_0=0$，$b_{ij}=\left(\frac{\partial^2 V}{\partial q_i \partial q_j}\right)_0$。故有

$$V(q_1, q_2, \cdots, q_{3N}) = \frac{1}{2}\sum_{i=1, j=1}^{3N3N} b_{ij}q_iq_j \tag{3-3}$$

将拉格朗日函数($L=T-V$)代入拉格朗日方程，得

$$\frac{\mathrm{d}}{\mathrm{d}t}\left(\frac{\partial L}{\partial \dot{q}_k}\right) - \frac{\partial L}{\partial q_k}=0 \quad (k=1, 2, \cdots, 3N) \tag{3-4}$$

势能与速度$\dot{q}_k$ 无关，动能与坐标 q_i 无关，故有运动方程

$$\ddot{q}_k + \sum_{i}^{3N} b_{ik}q_i = 0 \quad (i = 1, \cdots, 3N) \tag{3-5}$$

式(3-5)是 $3N$ 个齐次线性微分方程，其特解

$$q_k = A_k \sin(\omega t + \alpha) \tag{3-6}$$

式(3-6)表明所有原子均绕原子平衡点做三维谐振动，并且振动频率相同、位相相同，但振幅不一定相同。将式(3-6)代入式(3-5)，可得

$$-\omega^2 A_k + \sum_{i}^{3N} b_{ik}A_i = 0$$

进一步可以写成

$$\sum_{i=1}^{3N}(b_{ik} - \omega^2\delta_{ik})A_i = 0 \quad (k=1, 2, \cdots, 3N) \tag{3-7}$$

这里 δ_{ik}为 δ 的函数，当 $i=k$ 时，$\delta_{ik}=1$；当 $i\neq k$ 时，$\delta_{ik}=0$。式(3-7)为 $3N$ 个含有 $3N$ 个未知量的齐次线性方程组，若它具有不全为零的非零解，则其系数行列式应等于零，即

$$\begin{vmatrix} b_{11}-\omega^2 & b_{12} & \cdots & b_{1(3N)} \\ b_{21} & b_{22}-\omega^2 & \cdots & b_{2(3N)} \\ \vdots & \vdots & & \vdots \\ b_{(3N)1} & b_{(3N)2} & \cdots & b_{(3N)(3N)}-\omega^2 \end{vmatrix} = 0 \tag{3-8}$$

只有当式(3-6)中的 ω 满足式(3-8)时，式(3-6)才是式(3-5)的一个特解。满足式(3-8)的特解有 $3N$ 个，即

$$q_k^{(l)} = A_k^{(l)} \sin(\omega_l t + \alpha_l) \quad (k=1, 2, \cdots, 3N) \tag{3-9}$$

式中：$l=1, 2, \cdots, 3N$。则 q_k 应该是 $3N$ 个 $q_k^{(l)}$ 的线性叠加，即

$$q_k = \sum_{l=1}^{3N} A_k^{(l)} \sin(\omega_l t + \alpha_l) \quad (k = 1, 2, \cdots, 3N) \tag{3-10}$$

令 $A_k^{(l)} = B_k^{(l)}Q_l^0$，即 Q_l^0 为所有 $A_k^{(l)}$ 的公因子，则式(3-10)可以进一步写为

$$q_k = \sum_{l=1}^{3N} B_k^{(l)}Q_l^0 \sin(\omega_l t + \alpha_l) \quad (k = 1, 2, \cdots, 3N) \tag{3-11}$$

定义 $Q_l = Q_l^0 \sin(\omega_l t + \alpha_l)$，这是一个简谐振动。式(3-11)可改写为

$$q_k = \sum_{l=1}^{3N} B_k^{(l)} Q_l \quad (k = 1, 2, \cdots, 3N) \tag{3-12}$$

通过式(3 - 12) 的变换，可得动能和势能分别为

$$T = \frac{1}{2}\sum_{l=1}^{3N} \dot{Q}_l^2$$

$$V = \frac{1}{2}\sum_{l=1}^{3N} \omega_l^2 Q_l^2$$

晶格振动的总能量可写为

$$E = \frac{1}{2}\sum_{l=1}^{3N} (\dot{Q}_l^2 + \omega_l^2 Q_l^2) \tag{3-13}$$

它由 $3N$ 项能量组成，每一项的能量为

$$\varepsilon_l = \frac{1}{2}(\dot{Q}_l^2 + \omega_l^2 Q_l^2) \tag{3-14}$$

式(3 - 14) 表示一个简谐振动的能量。因此，式(3 - 13) 表明晶格振动的总能量可表示为 $3N$ 个独立谐振子的能量之和，即 N 个原子尽管存在相互作用，但它可分解为 $3N$ 个独立谐振子。

根据量子力学知识，一个谐振子的能量 ε_l 为

$$\varepsilon_l = \left(n_l + \frac{1}{2}\right)h\nu_l \quad (n_l = 0, 1, 2, \cdots)$$

则 N 个原子组成的晶体，其晶格振动的总能量为

$$E = \sum_{l=1}^{3N}\left(n_l + \frac{1}{2}\right)h\nu_l \quad (n_l = 0, 1, 2, \cdots) \tag{3-15}$$

式(3 - 15) 说明晶格振动的能量是量子化的，它是以 $h\nu_l$ 为能量单元来增减的，晶格振动的“量子”称为声子。声子具有的能量为 $h\nu_l$(ν_l 为振动频率)。有了声子的概念，晶格振动与电子的相互作用就可看成是声子与电子的碰撞。

一般地，我们将晶体中所有原子共同参与的同一频率的简谐振动称为一种振动模式。一种振动模式称为一种声子，或者称为一种格波。声子不是一种真实的粒子，而是一种准粒子。声子是玻色子，服从玻色 - 爱因斯坦统计公式，可以证明，在一定的温度下，频率为 ν_l 的声子平均数为

$$n_l = \frac{1}{e^{\frac{h\nu_l}{k_B T}} - 1} \tag{3-16}$$

声子是晶格振动的能量量子，当电子或者光子与声子相互作用时，总是以 $h\nu_l$ 为单元来交换能量。声子的作用过程遵循能量守恒定律和准动量守恒定律。声子可以通过热激发产生，在相互作用的过程中，声子数不守恒。

3.3　晶体的热力学函数

晶体的热力学性能可以在自由能的基础上进行讨论。晶格的自由能为 $F = F_1 + F_2$，其中，$F_1 = U(V)$ 只与晶体的体积有关，是 $T = 0$ K 时的结合能；F_2 与晶格的振动有关。根据统计物理理论，有

$$F_2 = -k_B T \ln Z \tag{3-17}$$

这里 Z 为配分函数，其定义为

$$Z = \prod_{i=1}^{3N} Z_i = \prod_{i=1}^{3N} \frac{e^{-\frac{1}{2}\frac{h\nu_i}{k_B T}}}{1 - e^{-\frac{h\nu_i}{k_B T}}} \tag{3-18}$$

将式(3-18)代入式(3-17)，得

$$F_2 = -k_B T \sum_{i=1}^{3N} \left[-\frac{1}{2}\frac{h\nu_i}{k_B T} - \ln(1 - e^{-\frac{h\nu_i}{k_B T}}) \right] \tag{3-19}$$

总的自由能为

$$\begin{aligned} F = F_1 + F_2 &= U + \sum_{i=1}^{3N} \left[\frac{1}{2}h\nu_i + k_B T \ln(1 - e^{-\frac{h\nu_i}{k_B T}}) \right] \\ &= U + \frac{1}{2}\sum_{i=1}^{3N} (h\nu_i) + k_B T \sum_{i=1}^{3N} \ln(1 - e^{-\frac{h\nu_i}{k_B T}}) \end{aligned} \tag{3-20}$$

由于熵为

$$S = -\left(\frac{\partial F}{\partial T}\right)_V$$

晶体的内能为

$$E = F + TS = F - T\left(\frac{\partial F}{\partial T}\right) = U + \frac{1}{2}\sum_{i=1}^{3N} (h\nu_i) + k_B T \sum_{i=1}^{3N} \frac{\frac{h\nu_i}{k_B T}}{e^{-\frac{h\nu_i}{k_B T}} - 1} \tag{3-21}$$

则晶体的比热为

$$C_V = \left(\frac{\partial E}{\partial T}\right)_V = k \sum_{i=1}^{3N} \frac{\left(\frac{h\nu_i}{k_B T}\right)^2 e^{\frac{h\nu_i}{k_B T}}}{(e^{\frac{h\nu_i}{k_B T}} - 1)^2} \tag{3-22}$$

高温时，$\frac{h\nu_i}{k_B T} \ll 1$，令$\frac{h\nu_i}{k_B T} = x$，利用展开式$\frac{x}{e^x - 1} = 1 - \frac{x}{2} + \frac{x^2}{12} - \cdots$，则有

$$C_V = 3Nk_B\left[1 - \frac{1}{36N}\sum_{i=1}^{3N}\left(\frac{h\nu_i}{k_B T}\right)^2 + \cdots\right] \tag{3-23}$$

随着温度的增加，C_V 趋于 $3Nk_B$。若 $N = N_0$（N_0 为阿伏加德罗常数），则 $C_V = 3N_0 k_B = 3R$，这正是杜隆－珀替定律给出的结果。

低温下，$\frac{h\nu_i}{k_B T} \gg 1$，比热可写为

$$C_V = k_B \sum_{i=1}^{3N} \left(\frac{h\nu_i}{k_B T}\right)^2 e^{-\frac{h\nu_i}{k_B T}} \tag{3-24}$$

则 C_V 随着温度的降低而迅速减小，当 $T \to 0$ K 时，$C_V \to 0$。

若振动能级很密集，则可认为 ν_i 是连续的，由式(3-21)和式(3-22)可得

$$E = U + k_B T \int_0^{\nu_m} \left(\frac{1}{2} + \frac{1}{e^{\frac{h\nu}{k_B T}} - 1}\right)\left(\frac{h\nu}{k_B T}\right) g(\nu)\,d\nu \tag{3-25}$$

$$C_V = k_B \int_0^{\nu_m} \left(\frac{h\nu}{k_B T}\right)^2 \frac{e^{\frac{h\nu}{k_B T}}}{\left(e^{\frac{h\nu}{k_B T}} - 1\right)^2} g(\nu)\,d\nu \tag{3-26}$$

这里的 $g(\nu)$ 是频率分布函数。由于独立振动数为 $3N$，故有

$$\int_0^{\nu_m} g(\nu)\,d\nu = 3N \tag{3-27}$$

式中：ν_m 为最高频率。式(3-26)、式(3-27)表明，要计算 C_V，其关键在于求频率分布函数 $g(\nu)$。

3.4　爱因斯坦模型

爱因斯坦假定：所有原子均以相同频率 ν（选在红外光区，即高频区）振动，即 $\nu_1 = \nu_2 = \cdots = \nu_{3N} = \nu$。故式(3-21)和式(3-22)可转化为

$$E = U + 3Nk_B T\left(\frac{1}{2}\frac{h\nu}{k_B T} + \frac{\frac{h\nu}{k_B T}}{e^{\frac{h\nu}{k_B T}} - 1}\right) \tag{3-28}$$

$$C_V = 3Nk_B\left(\frac{h\nu}{k_B T}\right)^2 \frac{e^{\frac{h\nu}{k_B T}}}{\left(e^{\frac{h\nu}{k_B T}} - 1\right)^2} \tag{3-29}$$

令 $\Theta_E = h\nu/k$，Θ_E 为爱因斯坦温度，则

$$E = U + 3Nk_B T\left(\frac{1}{2}\frac{\Theta_E}{T} + \frac{\frac{\Theta_E}{T}}{e^{\frac{\Theta_E}{T}} - 1}\right) \tag{3-30}$$

$$C_V = 3Nk_B\left(\frac{\Theta_E}{T}\right)^2 \frac{e^{\frac{\Theta_E}{T}}}{\left(e^{\frac{\Theta_E}{T}} - 1\right)^2} = 3Nk_B \cdot f_E\left(\frac{\Theta_E}{T}\right) \tag{3-31}$$

其中

$$f_E\left(\frac{\Theta_E}{T}\right) = \left(\frac{\Theta_E}{T}\right)^2 \frac{e^{\frac{\Theta_E}{T}}}{\left(e^{\frac{\Theta_E}{T}} - 1\right)^2} \tag{3-32}$$

式(3-32)为爱因斯坦比热函数。

当温度很高时，$\frac{h\nu}{k_B T} \ll 1$，或者 $\frac{\Theta_E}{T} \ll 1$，由式(3-31)可得

$$C_V = 3Nk_B$$

当 $N = N_0$ 时，$C_V = 3R$，这与杜隆-珀替定律给出的结果一致。

当温度很低时，$\frac{\Theta_E}{T} \gg 1$，由式(3-31)可得

$$C_V = 3Nk_B\left(\frac{\Theta_E}{T}\right)^2 e^{-\frac{\Theta_E}{T}} \tag{3-33}$$

图 3-2 所示为金刚石比热的实验值与

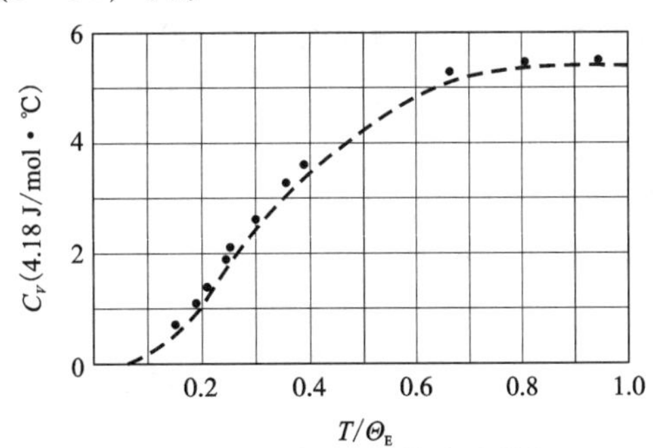

图 3-2　金刚石比热的实验值与爱因斯坦模型的计算值比较

爱因斯坦模型的计算值比较，可以看出，爱因斯坦模型虽然简单，但其计算结果与金刚石比热的实验值非常接近、定性符合得很好。

实验表明，温度较低时，比热与 T^3 成正比，而式(3－33)给出的比热以指数方式趋于零，比 T^3 变化更快。究其原因，主要是因为爱因斯坦模型假定所有原子以相同的频率振动。根据爱因斯坦温度的定义可以估算出爱因斯坦频率大约为 10^{13} Hz，这相当于光学频率。也就是说，爱因斯坦模型忽略了低频振动，实际上，对于很多固体来说，在低温下低频振动对比热的贡献很明显。

3.5 德拜模型

德拜认为低频振动对比热的贡献很大，不能忽略，他给出两个假设：①低频振动波长较大，可将晶体看成各向同性的连续介质，晶格振动表现为连续介质中的弹性波；②在 $\nu \to \nu + \mathrm{d}\nu$ 时独立弹性波的数目等于此频率范围内独立振动数 $g(\nu)\mathrm{d}\nu$。根据德拜模型，可以求出晶体的 C_V。

3.5.1 频率分布函数的计算

对于一个边长为 L 的立方晶体，根据德拜的假设，可将它看成连续介质。在该晶体中传播的任一弹性波中均含有一个纵波、两个横波。这两类波的波动方程可以写为

$$\left.\begin{aligned} &\text{纵波波动方程：}\nabla^2\varphi_l = \frac{1}{c_l^2}\frac{\partial^2\varphi_l}{\partial t^2} \\ &\text{横波波动方程：}\nabla^2\varphi_t = \frac{1}{c_t^2}\frac{\partial^2\varphi_t}{\partial t^2} \end{aligned}\right\} \tag{3-34}$$

式中：c_l、c_t 分别为纵波和横波的波速；下标 l、t 表示该物理量分别是针对纵波和横波的。式(3－34)的两个方程形式相同，根据数学物理方程中给出的解法，可用分离变量法求解此类方程。

设

$$\varphi(x,\ y,\ z,\ t) = X(x)Y(y)Z(z)f(t) \tag{3-35}$$

将式(3－35)代入式(3－34)，并利用边界条件

$$x=0 \text{ 或 } L \text{ 时，} \varphi = 0$$
$$y=0 \text{ 或 } L \text{ 时，} \varphi = 0$$
$$z=0 \text{ 或 } L \text{ 时，} \varphi = 0$$

$\varphi=0$ 说明在边界上的振动为零，可得

$$\begin{aligned} \varphi_l &= A_l\sin(n_x\pi x/L)\sin(n_y\pi y/L)\sin(n_z\pi z/L)\sin(2\pi\nu_l t) \\ \varphi_t &= A_t\sin(n_x\pi x/L)\sin(n_y\pi y/L)\sin(n_z\pi z/L)\sin(2\pi\nu_t t) \end{aligned} \tag{3-36}$$

式中：A_l、A_t 表示振幅；ν_l、ν_t 表示频率；n_x、n_y、$n_z = 1,\ 2,\ 3,\ \cdots$，为正整数。

将式(3－36)代入式(3－34)，可得 n_x、n_y、n_z 之间的关系为

$$\left.\begin{aligned} n_x^2 + n_y^2 + n_z^2 &= \frac{4L^2\nu_l^2}{c_l^2} \\ n_x^2 + n_y^2 + n_z^2 &= \frac{4L^2\nu_t^2}{c_t^2} \end{aligned}\right\} \tag{3-37}$$

显然，每一组(n_x, n_y, n_z)的取值对应一个独立振动方式，对应给定的ν_l或ν_t有多少组(n_x, n_y, n_z)可能取值，意味着给定的频率对应多少个振动方式。

式(3-37)可以看作球面方程，其球半径$R=2L\nu/c$［以(n_x, n_y, n_z)为坐标］。R与频率相对应。球面上(第Ⅰ卦限)的一个正整数点代表一个振动方式，正整数点的数目即为频率ν对应的独立振动方式数。频率为$\nu \to \nu + d\nu$时的振动方式数应为$R \to R + dR$球壳内正整数点数，$R + dR = 2L(\nu + d\nu)/t$。球壳内每一单位体积($n_x$、$n_y$、$n_z$要求为正整数)包含一个点，故$\nu \to \nu + d\nu$时的正整数点数(独立振动方式数)为：

$$g(\nu)d\nu = \frac{1}{8} \cdot 4\pi R^2 dR = 4\pi \frac{V}{c^3}\nu^2 d\nu \tag{3-38}$$

式中：$\frac{1}{8}$指的是球壳在第Ⅰ卦限的部分，$V=L^3$是晶体体积。

纵向振动方式数为

$$g_l(\nu)d\nu = 4\pi V \frac{1}{c_l^3}\nu^2 d\nu$$

横向振动方式数为

$$g_t(\nu)d\nu = 4\pi V \frac{2}{c_t^3}\nu^2 d\nu$$

这里考虑了两个方向的横波。

因此，总振动方式数为

$$g(\nu)d\nu = 4\pi V\left(\frac{1}{c_l^3} + \frac{2}{c_t^3}\right)\nu^2 d\nu = B\nu^2 d\nu \tag{3-39}$$

其中

$$B = 4\pi V\left(\frac{1}{c_l^3} + \frac{2}{c_t^3}\right) \tag{3-40}$$

式中：B是常数，由弹性波的纵波波速和横波波速决定。

为了使振动数与晶体的自由度数相等，德拜引入了一个频率上限ν_D，即最高振动频率，使

$$\int_0^{\nu_D} g(\nu)d\nu = 3N \tag{3-41}$$

将式(3-39)代入式(3-41)，可得

$$\int_0^{\nu_D} B\nu^2 d\nu = 3N$$

可求得

$$B = \frac{9N}{\nu_D^3} \tag{3-42}$$

因此式(3-39)可写为

$$g(\nu)d\nu = \frac{9N}{\nu_D^3}\nu^2 d\nu \tag{3-43}$$

3.5.2　能量与比热的计算

将式(3-43)代入式(3-25)和式(3-26)，并令$x=\frac{h\nu}{k_B T}$，$\Theta_D = \frac{h\nu_D}{k_B}$，这里$\Theta_D$为德拜温

度，对应最高振动频率 ν_D 的温度。则有

$$E = U + 9Nk_B T\left[\left(\frac{T}{\Theta_D}\right)^3 \int_0^{\Theta_D/T}\left(\frac{1}{2}+\frac{1}{e^x-1}\right)x^3 dx\right] \tag{3-44}$$

$$C_V = 9Nk_B\left(\frac{T}{\Theta_D}\right)^3 \int_0^{\Theta_D/T}\frac{e^x}{(e^x-1)^2}x^4 dx \tag{3-45}$$

令

$$f_D\left(\frac{\Theta_D}{T}\right) = 3\left(\frac{T}{\Theta_D}\right)^3 \int_0^{\Theta_D/T}\frac{e^x}{(e^x-1)^2}x^4 dx \tag{3-46}$$

这里 $f_D\left(\frac{\Theta_D}{T}\right)$ 称为德拜函数，则

$$C_V = 3Nk_B f_D\left(\frac{\Theta_D}{T}\right) \tag{3-47}$$

高温时，$\frac{h\nu}{k_B T} \ll 1$（即 $x \ll 1$），e^x 可展开为 $e^x = 1 + x + \cdots$，忽略高阶小量，德拜函数可简化为 $f(\Theta_D/T) = 1$，$C = 3Nk_B$，与杜隆－珀替定律预测相一致。

低温时，$\frac{\Theta_D}{T}$ 很大，此时式（3－45）的积分上限可看成 $+\infty$。考虑到无穷积分 $\int_0^{+\infty}\frac{e^x}{(e^x-1)^2}x^4 dx = \frac{4}{15}\pi^4$，故比热可以简化为

$$C_V = \frac{12}{5}\pi^4 Nk_B\left(\frac{T}{\Theta_D}\right)^3 \tag{3-48}$$

比热与温度的三次方成正比，即 $C_V \propto T^3$，这与 3.1 节中金属比热第 2 区的比热变化趋势相一致，这就是著名的德拜比热 T^3 定律。

如图 3－3 所示为铜比热的实验值与德拜模型的计算值比较，可以看出，德拜模型预测的结果与实验值符合得很好。

德拜模型只考虑了低频振动，适合原子晶体和较简单的离子晶体。

关于材料比热的问题，我们在第 4 章还要进一步讨论。

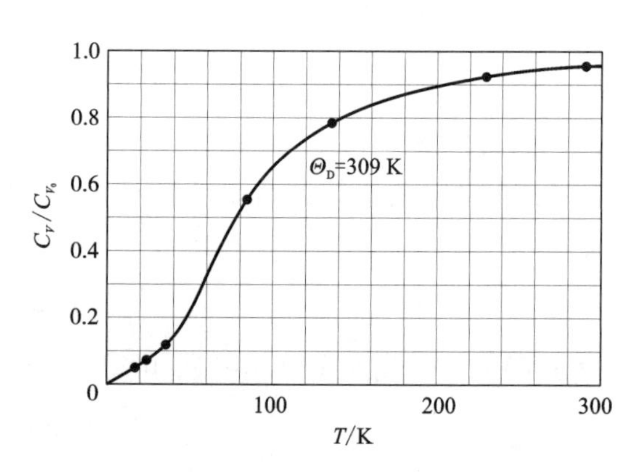

图 3－3　铜比热的实验值与德拜模型的计算值比较

3.5.3　关于德拜温度的讨论

德拜温度可认为是经典理论和量子理论定性解释热容现象的分界线。一般，当温度低于德拜温度时，可以用晶格振动的量子理论来处理问题；当温度高于德拜温度时，可以用经典理论来近似处理。温度越高，用经典理论的误差越小。

常见物质的德拜温度如表 3－1 所示。由表 3－1 可见，大部分物质的德拜温度都是几百 K，相应的德拜频率大约为 10^{13}/s 的数量级，它处在光谱的红外区，一般而言，晶体的硬度越大，密度越低，则弹性波的波速越大，相应的德拜频率越高，德拜温度也越高。

表 3-1　常见物质的德拜温度

物质	Θ_D/K	物质	Θ_D/K	物质	Θ_D/K
Ag	225	Gd	160	Nd	150
Al	428	Ge(立方)	360	Ne	60
Ar	93	GaAs	344	O	91
As	282	H(正氢)	105	Os	500
Au	165	H(仲氢)	115	Pa	150
Ac	100	He	30	Pb	105
AgBr	140	Hf	195	Pd	274
AgCr	180	Hg	100	Pt	240
As_2O_3	140	H_2O(冰)	192	Pr	120
As_2O_5	240	HgSe(立方)	240	Rb	56
B	1250	I	106	Re	430
Ba	110	In	108	Rh	480
Be	1440	Ir	420	Ru	600
Bi	119	InSb	200	RbBr	130
Bi_2Te_3	155	K	91	RbI	115
BN	600	Kr	60	RbCl	165
C(金刚石)	1840	KBr	174	Sb	211
C(石墨)	420	KCl	235	Se(三角)	151
Ca	230	KF	336	Si(立方)	652
Cd	209	KI	195	Sn(面心立方)	240
Cl	115	La	142	Sn(四角)	140
Co	445	Li	344	Sr	147
Cr	630	LiF	732	SiO_2(石英)	255
Cu	343	LiCl	422	Ta	240
CaF_2	510	Mg	400	Tb	175
$CrCl_2$	80	Mn	410	Te(三角)	128
$CrCl_3$	100	Mo	450	Ti	420
Cr_2O_3	600	Mg_3Cd	290	Th	163
Cu_3Au(有序)	200	MgO	946	Tl	78.5
Cu_3Au(无序)	180	MoS_2	290	TiO_2(金红石)	450
Dy	210	N	68	U	207
Er	165	Na	158	V	380
Fe	467	Nb	275	W	400
Fe_2O_3	660	Ni	450	Y	230
FeS_2(立方)	630	NaF	492	Zn	327
$FeSe_2$	366	NaI	164	ZnS(六角)	336
Ga(正交)	240	NaCl	321	ZnS(立方)	260
Ga(四角)	125	NaBr	225	Zr	291
$NiSe_2$	297				

注：数据是在超低温度 $\Theta_D/2$ 下测得的。

晶体的德拜温度与其他材料的参数关系如下：

$$\Theta_{\mathrm{D}} \approx C\left[\frac{T_{\mathrm{M}}}{A \times V^{2/3}}\right]^{1/2} \tag{3-49}$$

式中：C 为常数，根据材料不同，其取值范围为 115 ~ 140；T_{M} 为材料熔点；A 为相对分子质量；V 为分子体积。这是林德曼总结的一个经验公式，可用来近似地计算材料的德拜温度。

精确的测量表明，德拜温度与温度 T 有关，如图 3－4 所示，因此德拜模型也是近似的理论，更精确的计算需要借助晶格动力学理论。

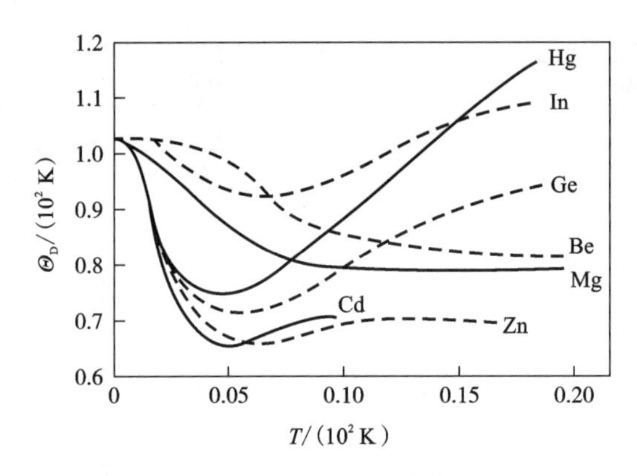

图 3－4 部分金属的德拜温度与温度的关系

3.6 晶格振动

德拜把晶格中原子振动的集体表现看成是在连续介质中传播的弹性波，这只适用于振动频率较低的情形，不适用于振动频率较高的情形。因为在高频振动中，波长可以短到原子间距的数量级，不能用连续介质模型来处理。本节将从原子振动的角度来分析晶格可能存在的振动方式及其与德拜模型的差别。这里以一维晶格为例。

3.6.1 一维单原子晶格的振动

一维晶格由质量为 m 的全同原子构成，相邻原子平衡间距为 a。由于原子的热运动，原子位置不停地变化。用 u_n 表示序号为 n 的原子在 t 时刻偏离平衡位置的位移，如图 3－5 所示。

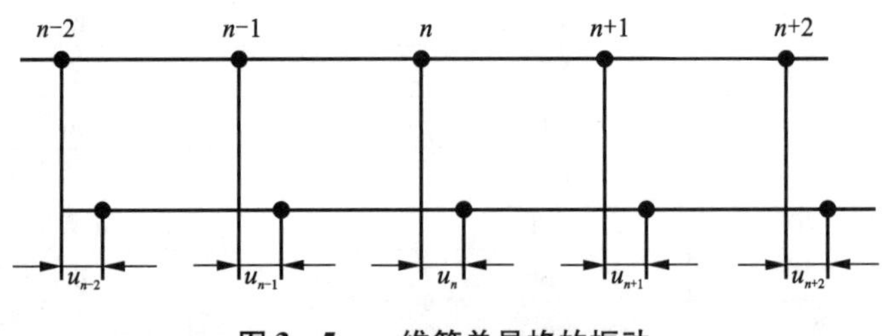

图 3－5 一维简单晶格的振动

可以将一维单原子链等效为弹簧连接的小球链，如图 3 – 6 所示。

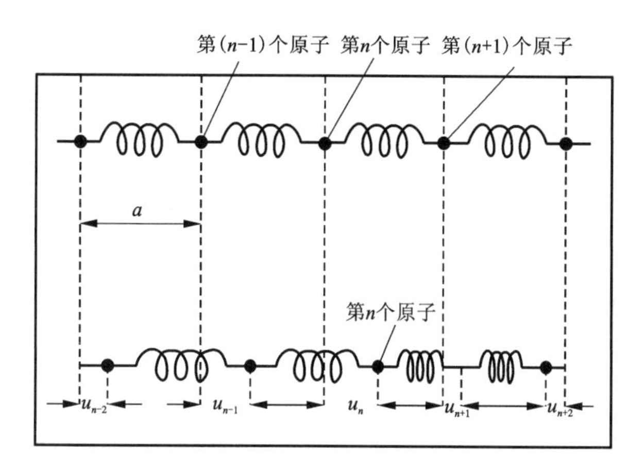

图 3 – 6　一维单原子链等效为弹簧连接的小球链

根据胡克定理，第 n 个原子受第 $n+1$ 个原子的作用力可以根据它们之间的相对位移 $u_n - u_{n+1}$ 求出，即

$$F_{n,\,n+1} = -\beta(u_n - u_{n+1})$$

式中：β 为恢复力常数。同理，第 n 个原子受第 $n-1$ 个原子的作用力为

$$F_{n,\,n-1} = -\beta(u_n - u_{n-1})$$

若只考虑相邻原子间的相互作用，则第 n 个原子所受的总力为 $F_{n,\,n+1} + F_{n,\,n-1}$，其运动方程为

$$m\frac{\mathrm{d}^2 u_n}{\mathrm{d}t^2} = \beta(u_{n+1} + u_{n-1} - 2u_n) \tag{3-50}$$

式(3 – 50)的试探解

$$u_n = A\mathrm{e}^{\mathrm{i}(qna - \omega t)} \tag{3-51}$$

式中：A 为振幅；ω 为圆频率；qna 为原子在 $t=0$ 时刻的振动位相；q 为波矢。各原子在平衡位置附近振动时，以前进波的形式在晶体中传播，这种波称为格波。将式(3 – 51)代入式(3 – 50)可得

$$-m\omega^2 = \beta(\mathrm{e}^{\mathrm{i}qa} + \mathrm{e}^{-\mathrm{i}qa} - 2) \tag{3-52}$$

即

$$\omega^2 = \frac{2\beta}{m}[1 - \cos(qa)] \tag{3-53}$$

或者

$$\omega = \omega_{\max}\left|\sin\left(\frac{qa}{2}\right)\right| \tag{3-54}$$

式中：$\omega_{\max} = 2\left(\frac{\beta}{m}\right)^{1/2}$。

式(3 – 54)中 qa 若以 2π 的整数倍增加，其值不变，故可以将 qa 限制在如下的范围

$$-\frac{\pi}{a}<q\leqslant\frac{\pi}{a} \tag{3-55}$$

根据式(3-54)可以绘制出 ω 与 q 的关系图，如图 3-7 所示，ω 与 q 的关系称为色散关系。

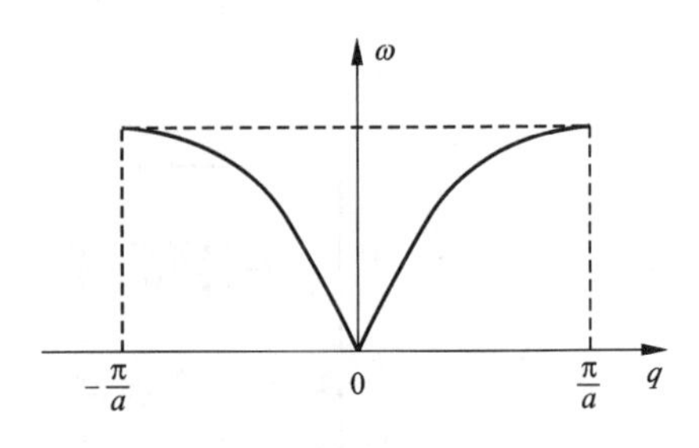

图 3-7 一维简单晶格的色散关系

现在用周期边界条件确定有限长线晶体的振动方式。设想除有一个由 N 个原子组成的线晶体之外，仍有无穷多个相同的晶格与它连接起来而形成无限长的线晶格，各段晶格内相对应的原子的运动情况一样，故有

$$u_1=u_{N+1}$$

这要求

$$e^{iqNa}=1$$

即

$$q=\frac{2\pi l}{Na}\ (l\ \text{为整数}) \tag{3-56}$$

将式(3-56)代入式(3-55)，可得

$$-\frac{N}{2}<l\leqslant\frac{N}{2} \tag{3-57}$$

式中：l 为整数，可以取 N 个不同的值，波矢 q 也就能取 N 个不同的值。每个波矢对应一个独立的振动方式，故线晶格的振动方式数为其原子数 N。在线晶体中，每个原子的振动自由度数为 1，所以我们又可以说：晶格的独立振动方式数等于晶体的自由度数。对于三维晶体，这个结论也成立，如对于由 N 个原子组成的三维原子晶体，其自由度数是 $3N$，故其独立振动方式数也等于 $3N$。

3.6.2 一维双原子晶格的振动

下面讨论一维双原子晶格的振动。假定晶体由 N 个晶胞构成，晶胞大小为 a，且每个晶胞有两种原子，质量分别为 M_1 和 M_2，两种原子等距排列，如图 3-8 所示。

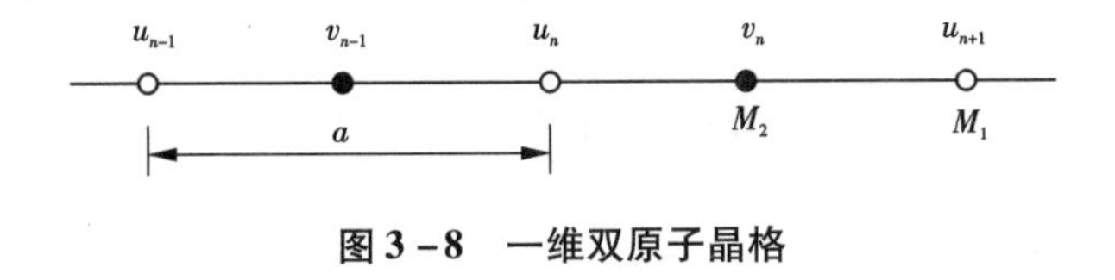

图 3-8 一维双原子晶格

u_n 和 v_n 表示第 n 个原胞内两种原子偏离平衡位置的位移，只考虑近邻相互作用，恢复力常数均为 β，则可以将两种原子的运动方程写为

$$\begin{aligned}M_1\frac{d^2u_n}{dt^2}&=\beta(v_n+v_{n+1}-2u_n)\\M_2\frac{d^2v_n}{dt^2}&=\beta(u_{n+1}+u_n-2v_n)\end{aligned} \tag{3-58}$$

为方便讨论，假设 $M_1 < M_2$，式(3-58)的试探解为

$$
\begin{aligned}
u_n &= A\mathrm{e}^{\mathrm{i}(naq-\omega t)} \\
v_n &= B\mathrm{e}^{\mathrm{i}(naq-\omega t)}
\end{aligned}
\tag{3-59}
$$

周期性边界条件

$$
u_1 = u_{N+1},\ v_1 = v_{N+1} \tag{3-60}
$$

将式(3-59)代入式(3-58)得

$$
\begin{aligned}
(2\beta - M_1\omega^2)A - \beta(1+\mathrm{e}^{-\mathrm{i}aq})B &= 0 \\
-\beta(1+\mathrm{e}^{\mathrm{i}aq})A + (2\beta - M_2\omega^2)B &= 0
\end{aligned}
\tag{3-61}
$$

振幅 A 和 B 不全为零的条件是式(3-61)的系数行列式等于零，可以得出

$$
\omega^2(q) = \frac{\beta}{M_1M_2}\left[M_1 + M_2 \pm (M_1^2 + M_2^2 + 2M_1M_2\cos qa)^{1/2}\right] \tag{3-62}
$$

可见，一维双原子晶格的格波色散关系有两支，$\omega_+(q)$ 和 $\omega_-(q)$ 分别对应于式(3-62)取正号和负号的情况。$\omega_+(q)$ 称为光学支，频率较高；$\omega_-(q)$ 称为声学支，频率较低。两支格波都是 q 的周期函数。根据式(3-62)可绘出图 3-9。

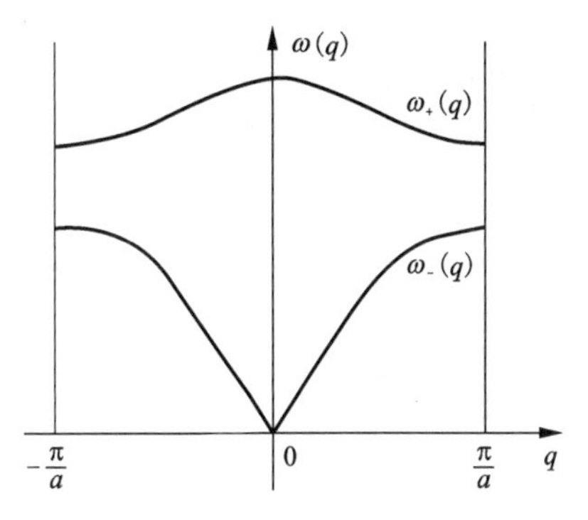

图 3-9　一维双原子晶格的色散关系

对于光学支，由式(3-61)可以求得相邻原子振幅比为

$$
\left(\frac{A}{B}\right)_+ = \frac{\beta(1+\cos qa)}{2\beta - M_1\cdot\omega_+^2(q)} \tag{3-63}
$$

因为 $\omega_+^2(q) > \frac{2\beta}{M_1}$，所以式(3-63)分母为负，分子为正，于是 $\left(\frac{A}{B}\right)_+ < 0$，表明相邻原子的振动方向相反。若为离子晶体，则正负离子振动方向相反，显著影响电偶极矩，从而影响其光学性质。

对于声学支，由式(3-61)可以求得相邻原子的振幅比为

$$
\left(\frac{A}{B}\right)_- = \frac{\beta(1+\cos qa)}{2\beta - M_1\cdot\omega_-^2(q)} \tag{3-64}
$$

由于 $\omega_-^2(q) < \frac{2\beta}{M_1}$，故 $\left(\frac{A}{B}\right)_- > 0$，即相邻原子沿同一方向振动，这表明是质心的振动。光学支和声学支中原子的振动如图 3-10 所示。

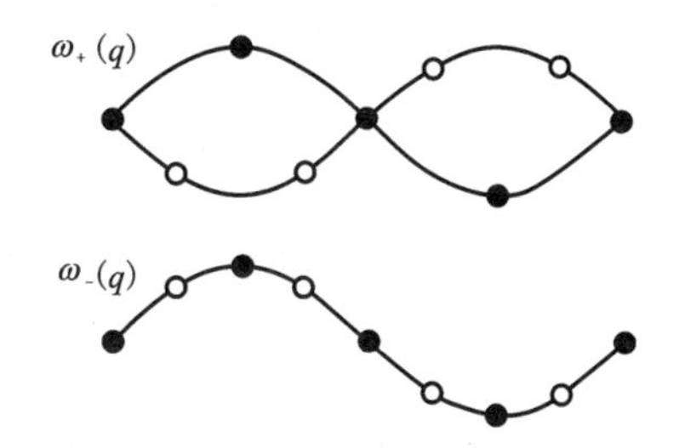

图 3-10　光学支和声学支中原子的振动示意图

3.6.3 三维晶格的振动

这里要用到1.3节中布里渊区的概念。式(3－55)给出了一维布里渊区的范围。常见晶体结构的三维布里渊区具有对称性，其色散谱的表达方式是沿着第一布里渊区中的对称方向画出一系列曲线，在FCC晶体中用$\Gamma-X-K-\Gamma-L$方向(图1－15)，BCC晶体中常用$\Gamma-H-P-N-H$方向(图1－16)，在HCP晶体中用$\Gamma-M-L-\Gamma-K$方向，如图3－11所示。关于三维晶格振动谱的详细计算过程，可以参考黄昆和韩汝琦编著的《固体物理学》一书。利用晶格动力学理论计算得到的硅晶体的声子谱如图3－12所示。

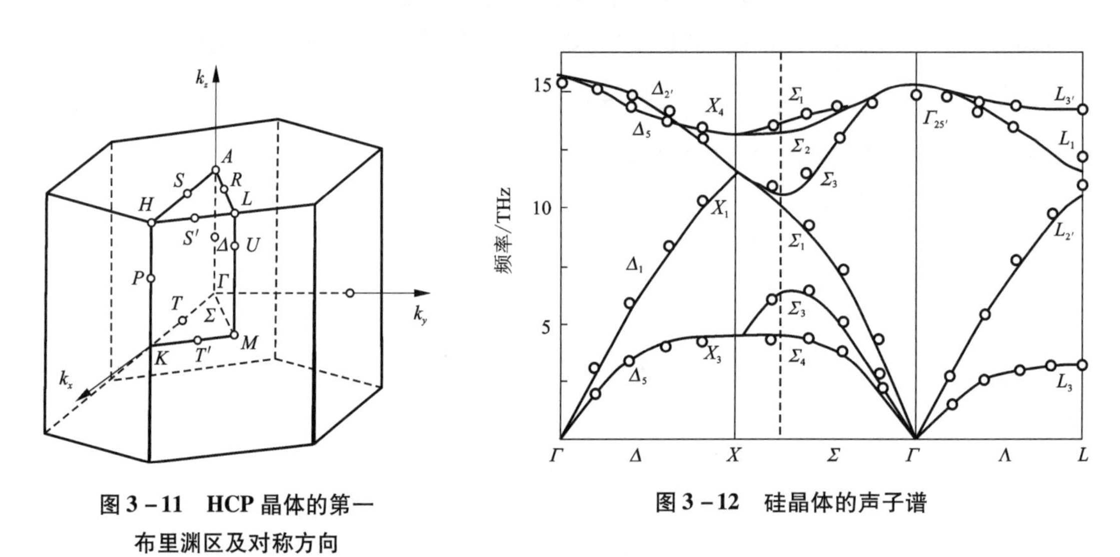

图3－11 HCP晶体的第一布里渊区及对称方向

图3－12 硅晶体的声子谱

3.7 晶格振动谱的实验测定

晶体的许多性质都与晶格振动谱[即色散关系$\omega(\boldsymbol{q})$]有关，确定$\omega(\boldsymbol{q})$非常重要。我们可以利用波与格波的关系，通过实验的方法来确定$\omega(\boldsymbol{q})$。最重要的实验方法是中子的非弹性散射法，另外还有X射线散射法、光的散射法等。最常用的方法是中子的非弹性散射法。

3.7.1 中子非弹性散射法

设有一束动量为$\boldsymbol{P}$，能量为$E=\dfrac{P^2}{2M_n}$的中子流射到样品上，由于中子仅与原子核之间有相互作用，因此中子可以很容易地穿过晶体，而以动量$\boldsymbol{P}'$、能量$E=\dfrac{P'^2}{2M_n}$射出。当中子流穿过晶体时，格波振动可以引起中子的非弹性散射，这种非弹性散射可以看作吸收或者发射声子的过程。

散射过程要满足能量守恒：

$$\frac{P'^2}{2M_n}-\frac{P^2}{2M_n}=\pm\hbar\omega(\boldsymbol{q}) \tag{3-65}$$

其中，$\hbar\omega(\boldsymbol{q})$表示声子的能量，“ + ”号表示吸收声子，“ - ”号表示发射声子。

散射的过程同时要满足准动量守恒关系

$$\boldsymbol{P}' - \boldsymbol{P} = \pm\hbar\boldsymbol{q} + \hbar\boldsymbol{G}_n \tag{3-66}$$

式中：$\boldsymbol{G}_n = n_1\boldsymbol{b}_1 + n_2\boldsymbol{b}_2 + n_3\boldsymbol{b}_3$，为倒易矢量；$\hbar\boldsymbol{q}$ 为声子的准动量。一般来说，声子的准动量并不代表真实的动量，只是其作用类似于动量。在声子吸收和发射的过程中，存在类似于动量守恒的变换规律，但多了 $\hbar\boldsymbol{G}_n$ 项。准动量守恒关系实际上是晶格周期性的反映。

如果我们将入射中子流的动量固定为 $\boldsymbol{P}$(即固定能量 E)，那么只要能测量出不同散射方向上散射中子流的动量 $\boldsymbol{P}'$(能量 E')，就可以根据能量守恒和准动量守恒关系确定格波的波矢 $\boldsymbol{q}$ 以及能量 $\hbar\omega(\boldsymbol{q})$，进而得到 $\omega(\boldsymbol{q})$与 $\boldsymbol{q}$ 的关系。

实验上常用三轴中子谱仪测声子谱，如图 3 - 13 所示。

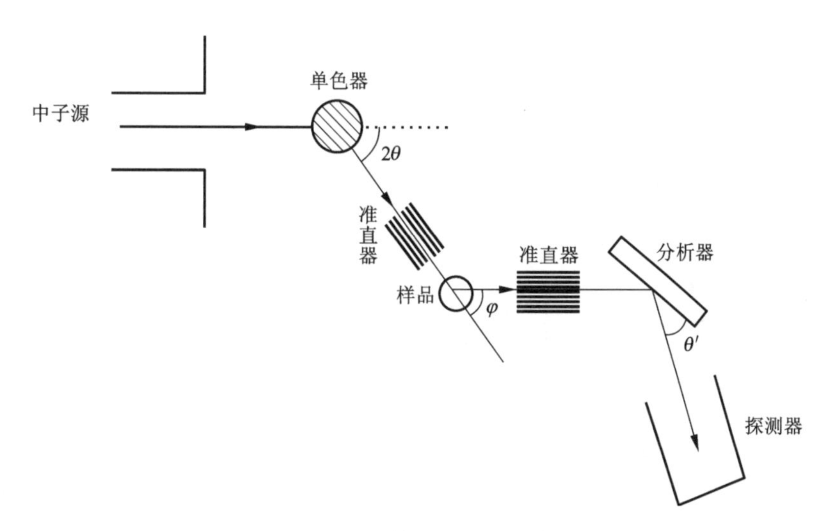

图 3 - 13　三轴中子谱仪示意图

中子源是反应堆产生出来的慢中子流，单色器是一块单晶，利用它的布拉格反射产生单色的动量为 $\boldsymbol{P}$ 的中子流，经过准直器入射到样品上，随后再经过准直器选择散射中子流的方向。分析器也是一块单晶，利用它的布拉格反射来决定散射中子流的动量值(也就是能量值)。

利用中子散射谱仪测定晶格振动谱的工作开始于 20 世纪 50 年代，但由于一般的反应堆中子流密度太小，导致实验工作受到很大限制。近年来随着高能量的中子反应堆(流量大于 $10^{14}\ \mathrm{cm^{-2}\cdot s^{-1}}$)的应用逐渐普遍，也促使这种方法取得了许多有意义的结果。图 3 - 14 为实验测定的 Pb 和 Cu 的晶格振动谱。

由于中子的能量一般为 0.02 ~ 0.04 eV，与声子的能量是同一数量级，且中子的德布罗意波长与晶格常数处在同一数量级，因此，它提供了确定格波的波矢 $\boldsymbol{q}$ 的最有利条件。目前已经对许多的晶体进行了中子非弹性散射的研究。

但是，中子非弹性散射也有其局限性，例如固态氦 - Ⅲ的原子核能够俘获入射中子而形成氦，因而无法利用中子非弹性散射的方法获得氦 - Ⅲ的中心谱。

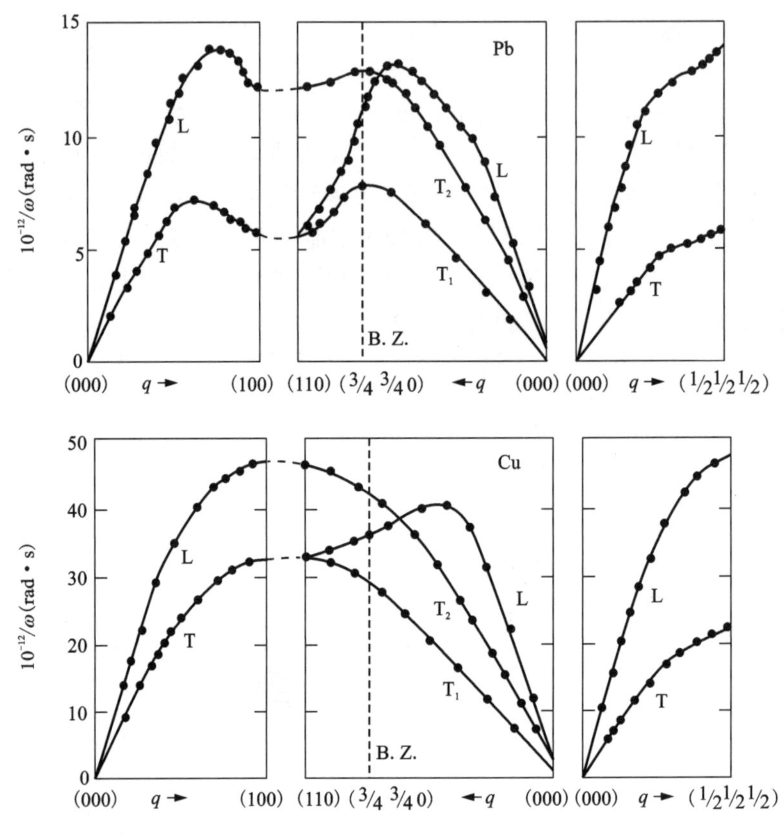

图 3-14 实验测定的 Pb 和 Cu 的晶格振动谱

3.7.2 光子非弹性散射法

当光通过固体时，也会与格波发生相互作用，产生散射。介质折射率(或者极化率)的变化是引起光散射的原因。散射过程中同样要满足能量守恒和准动量守恒关系。类似于中子散射方法，如果固定入射光，而测量不同散射光的频率，就可以得到声子的频率和波矢。但由于一般可见光波长的范围只有 $10^5\ cm^{-1}$ 数量级，因此，与光子相互作用的声子的波长的数量级也为 $10^5\ cm^{-1}$。从晶体的布里渊区来看，它们只是布里渊区中心附近很小的一部分区域内的声子，即长波声子。因此，用光子散射的方法测定的晶格振动谱只能是长波附近很小的一部分声子，与中子非弹性散射法相比，这是光子散射方法一个根本的缺点。

当光学波与声学波相互作用时，散射光的频率移动($|\omega' - \omega|$)很小，为 $10^7 \sim 3\times10^{10}$ Hz，称为布里渊散射；当光学波与光学波相互作用时，散射光的频率移动为 $3\times10^{10} \sim 3\times10^{13}$ Hz，称为拉曼散射。拉曼散射是印度科学家拉曼于 1928 年发现的，拉曼也因此获得了 1930 年诺贝尔物理学奖。

3.8 晶格非线性振动与热膨胀

在前面章节中，我们将晶格振动近似为线性振动(即谐振动)，解决了晶体的热容问题。

但是，固体中的另外一些现象，如热膨胀、热传导，则需要用非线性热振动来处理。这里以双原子模型为例讨论晶格的热膨胀现象。

设两个相邻原子间的距离为 r，平衡位置在 r_0 处，相互作用势在平衡位置可展开为

$$U=U(r_0)+\left(\frac{\mathrm{d}U}{\mathrm{d}r}\right)_{r_0}(r-r_0)+\frac{1}{2}\left(\frac{\mathrm{d}^2U}{\mathrm{d}r^2}\right)_{r_0}(r-r_0)^2+\frac{1}{6}\left(\frac{\mathrm{d}^3U}{\mathrm{d}r^3}\right)_{r_0}(r-r_0)^3+\cdots \quad (3-67)$$

式(3－67)右边第二项为零，则式(3－66)可以简化为

$$U=U(r_0)+\frac{1}{2}\beta(r-r_0)^2-\frac{1}{3}\eta(r-r_0)^3+\cdots \quad (3-68)$$

其中

$$\beta=\left(\frac{\mathrm{d}^2U}{\mathrm{d}r^2}\right)_{r_0},\quad -\eta=\frac{1}{2}\left(\frac{\mathrm{d}^3U}{\mathrm{d}r^3}\right)_{r_0}$$

若忽略非简谐项，则式(3－68)中右边只剩下前两项，即

$$U=U(r_0)+\frac{1}{2}\beta(r-r_0)^2 \quad (3-69)$$

式(3－69)表示的是一个抛物线形状，如图 3－15 中虚线所示，此抛物线关于 $r=r_0$ 对称。显然，温度升高后，原子的振幅增大，但平衡距离没有变化，仍然是 r_0。因此，若只考虑简谐项，固体是不会膨胀的。

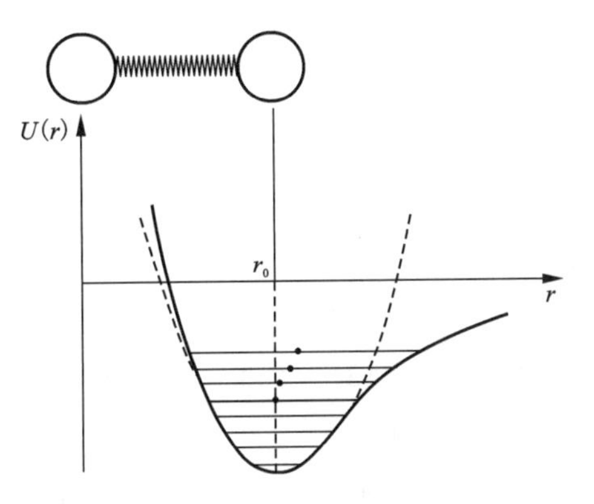

图 3－15　两原子间的相互作用势

若将势能取到三次方项，则有

$$U=U(r_0)+\frac{1}{2}\beta(r-r_0)^2-\frac{1}{3}\eta(r-r_0)^3 \quad (3-70)$$

从图 3－15 中的实线可以看出，这是一条不对称的曲线。当温度升高后，平衡位置向右偏离，原子的平衡间距增大，这就是热膨胀现象。由此说明，热膨胀现象是一种非简谐效应，是晶体非线性热振动产生的效应。

可以利用玻尔兹曼统计来计算偏离 r_0 的平均位移

$$\bar{x}=\frac{\int_{-\infty}^{+\infty}x\mathrm{e}^{-\frac{U}{k_BT}}\mathrm{d}x}{\int_{-\infty}^{+\infty}\mathrm{e}^{-\frac{U}{k_BT}}\mathrm{d}x} \quad (3-71)$$

将式(3－70)代入式(3－71)，可得

$$\bar{x}=\frac{\eta k_BT}{\beta^2}$$

根据线膨胀系数的定义有

$$\alpha_L=\frac{1}{r_0}\frac{\mathrm{d}\bar{x}}{\mathrm{d}T}=\frac{\eta k_B}{r_0\beta^2} \quad (3-72)$$

若考虑式(3－67)中三次方以上的项，还可以得到线膨胀系数与温度的关系。

表 3－2 列出了常见物质的线膨胀系数。

表 3－2　常见物质的线膨胀系数

物质	温度/K	线膨胀系数/(10^{-6} K^{-1})
Ag	293	19.0
Al	93	23.0
Al_2O_3 //c	293	5.6
Al_2O_3 ⊥c	293	5.0
Ar	75	590
Au	293	14.2
Be //c	293	8.9
Be ⊥c	293	12.3
BeO	293	6.5
Bi //c	293	16.2
Bi ⊥c	293	11.7
C(金刚石)	293	1.00
C(石墨) //c	293	25.9
C(石墨) ⊥c	293	-1.2
Ca	293	22.1
Cd //c	293	54.3
Cd ⊥c	293	19.8
CdS //c	313	4.0
CdS ⊥c	313	6.5
Co	293	13.7
Cu	293	16.7
Fe	293	11.8
Ge	293	5.7
$Gd_2(MoO_4)_3$ //a	313	18.3
$Gd_2(MoO_4)_3$ //b	313	16.7
$Gd_2(MoO_4)_3$ //c	313	-4.7
H_2O	273	55.8

物质	温度/K	线膨胀系数/(10^{-6} K^{-1})
In //c	293	-9.6
In ⊥c	293	52.9
InSb	273	4.8
Ir	293	6.5
K	293	82
KCl	293	37.1
LiF	293	33.2
Mg //c	293	27.0
Mg ⊥c	293	25.3
MgO	293	10.4
	293	5.0
Na	300	69.6
NaCl	293	39.7
NaCl //a	323	120
NaCl //b	323	60
NaCl //c	323	-4
Ni	293	12.8
O	293	4.7
P	293	127
Pb	293	28.7
PbS	31	18.6
Pd	293	11.6
Pr	293	4.4
Pt	293	8.9
Rb	293	91
Rh	293	8.2
S	293	70

物质	温度/K	线膨胀系数/(10^{-6} K^{-1})
Sb //c	293	16.2
Sb ⊥c	293	8.4
Si	293	2.5
SiO_2(水晶) //c	293	7.4
SiO_2(水晶) ⊥c	293	13.6
SiO_2(石英玻璃)	300	0.35
Sn(白色) //c	293	32.6
Sn(白色) ⊥c	293	16.5
Ta	293	6.5
Ti	293	8.6
TiO_2 //c	293	9.1
TiO_2 ⊥c	293	7.1
Tl	293	28.7
W	293	4.5
V	293	7.8
Zn //c	293	64.3
Zn ⊥c	293	13.0
ZnS	273	6.3
Zr //c	300	6.9
Zr ⊥c	300	4.7
殷钢	23~373	-1.5~2.0
锰钢	293~373	18.1
莫涅尔合金	293~373	13.5~14.5
镍铬合金	293~373	13.0
铂20%铑	293~773	9.6
不锈钢	293~373	10.0

3.9 晶格热传导

固体的热传导可以通过电子和声子来实现，其中通过声子来实现的热传导称为晶格热传导。在简谐近似下，声子是相互独立的，没有相互作用。它们可以无阻碍地在晶体中运动，将能量从热端传到冷端，理论上晶格热导率将为无穷大，但这与实际情况不符合。要解释晶格热导率的现象，必须考虑非简谐效应。此时，声子之间存在相互作用，晶格热导率为有限值。非简谐作用表现为声子之间有碰撞，两个声子碰撞产生另外一个声子，或者一个声子变成两个声子(声子两次碰撞之间走过的路程称为声子的自由程)。晶格振动的声子气体图像与理想气体很相似。

当晶体中各处温度不同时，可以认为声子气体处于局部的平衡状态。温度高的地方声子气体的密度大，温度低的地方声子气体的密度小，因而，当声子气体在无规则运动的基础上产生附加的定向运动，从高密度区向低密度区移动，即声子的扩散运动。在声子扩散过程中，热能由高温部分传向低温部分。

声子气体的热导率

$$\kappa = \frac{1}{3} C_V \lambda \bar{v} \tag{3-73}$$

式中：λ 为自由程；$\bar{v}$为声子平均速度(通常取固体中的声速)。因此，关键的问题是找到声子自由程与温度的关系。

声子自由程与温度的关系取决于在晶体中发生碰撞(散射)的过程，这个问题非常复杂，在此只简单归纳几种重要的散射机制：声子－声子之间的散射；晶体点缺陷及位错对声子的散射；晶体边界对声子的散射。与每一种散射机制相联系的有一个平均自由程 l_a，l_b，l_c，…，因而产生相应的热阻 W_a，W_b，W_c，…，其总热阻 $W = W_a + W_b + W_c + \cdots$。

声子－声子碰撞过程满足能量守恒和准动量守恒关系

$$\left.\begin{aligned} \hbar\omega_1 \pm \hbar\omega_2 &= \hbar\omega_3 \\ \hbar\boldsymbol{q}_1 + \hbar\boldsymbol{q}_2 &= \hbar\boldsymbol{q}_3 + \hbar\boldsymbol{G}_n \end{aligned}\right\} \tag{3-74}$$

以两个声子为例，当 $\boldsymbol{q}_3$ 处于第一布里渊区，$\boldsymbol{G}_n = 0$ 为正常过程，即 N 过程；当 $\boldsymbol{q}_3$ 超出第一布里渊区，应该选择一个倒易矢量 $\boldsymbol{G}_n$，使得 $\boldsymbol{q}_1 + \boldsymbol{q}_2 + \boldsymbol{G}_n$ 返回第一布里渊区的等价点 $\boldsymbol{q}_3'$，此时声子的动量之和前后发生了翻转，称为倒逆过程，或者 U 过程。如图 3－16 所示。

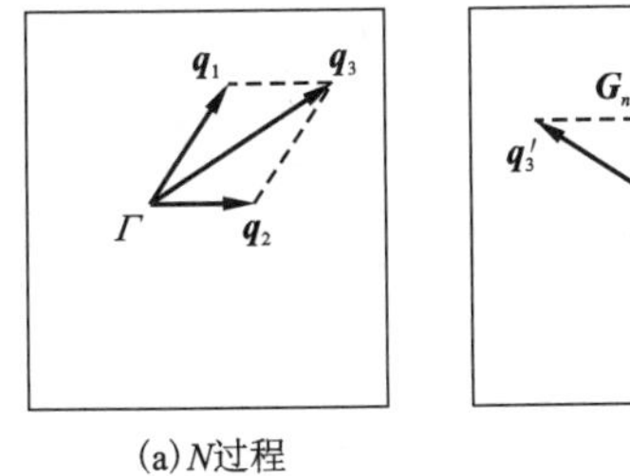

(a) N过程　　(b) U过程

图 3－16 声子碰撞的 N 过程和 U 过程

N 过程未改变声子的动量和，不影响热流方向，对声子达到平衡非常重要。U 过程则完全破坏了热流方向，且产生了热阻。显然，当声子波矢很大时，才容易发生 U 过程，这说明热阻的产生必须有大波矢的声子参与。

常见固体材料的热导率如表 3－3 所示。

表 3－3　常见固体材料的热导率

物质	温度/K	热导率/($W \cdot cm^{-1} \cdot K^{-1}$)
Ag	273 973	4.28 3.76
AgCl	273	0.012
Al	273	2.35
Al_2O_3(陶瓷)	373	0.26
Ar	4.2	0.020
Au	273	3.18
Ba	273	2.20
BeO	273	2.10
Bi⊥c	273	0.11
C(金刚石)	273	6.60

C(石墨) //c
C(石墨) ⊥c
	273
	273
		0.80
		2.50

Ca	273	0.98
$CaCO_3$ //c $CaCO_3$ ⊥c	273 273	0.055 0.046
Cd	273	0.98
CdS	283	0.16
Cr	273	0.95
Cu	273	4.01
Fe	273	0.835
H_2O	273	0.022
In	273	0.87
InAs	273	0.067
InSb	273	0.17
Ir	273	1.60
K	273	1.09
Br	273	0.050

物质	温度/K	热导率/($W \cdot cm^{-1} \cdot K^{-1}$)
Kr	4.2	0.0052
Li	273	0.82
LiF	373	0.025
Mg	273	1.53
$MgAl_2O_3$	373	0.013
Mo	273	1.35
NH_4Cl	273	0.27
$NH_4H_2PO_4$ //c $NH_4H_2PO_4$ ⊥c	315 315	0.0071 0.0126
Na	273	1.25
NaCl	273	0.064
Nb	273	0.51
Ni	273	0.91
NiO	194	0.82
Pb	273	0.35
PbTe	273	0.024
Pt	273	0.73
Pu	273	0.062
Rh	273	1.51
Sb	273	0.26
Si	273	1.70
SiO_2(水晶) //c SiO_2(水晶) ⊥c	273 273	0.12 0.068
SiO_2(石英玻璃)	273	0.014
Sn	273	0.67
Ta	273	0.57
Ti	273	0.22
TiO_2(金红石) //c TiO_2(金红石) ⊥c	288 293	0.12 0.088

物质	温度/K	热导率/($W \cdot cm^{-1} \cdot K^{-1}$)
Tl	273	0.47
TlCl	273	0.75
W	273	1.70
Zn	273	1.19
Zr	273	0.22
黄铜	77 273	0.39 1.20
锰铜	273	0.22
康铜	77 273	0.17 0.22
不锈钢	273 973	0.14 0.25
镍铬合金	273 973	0.11 0.21
镍铬铁合金	273	0.15
莫涅尔合金	273	0.21
铂(10%)铑合金	273	0.301
硼硅酸盐玻璃	300	0.0110
铁木	300	0.42×10^{-2}
耐火砖	500	2.1×10^{-3}
水泥	300	6.8×10^{-3}
玻璃纤维布	300	0.34×10^{-4}
云母(黑)	373	5.4×10^{-3}
花岗岩	300	16×10^{-3}
赛璐珞	303	0.2×10^{-3}
橡胶(天然)	298	1.5×10^{-3}
杉木(⊥纤维)	300	1.2×10^{-3}

思考与练习

1. 什么是声子？它和光子有何异同之处。

2. 试比较杜隆 - 珀替定律、爱因斯坦比热模型、德拜比热模型的异同点。

3. 在一维双原子链中存在光学支和声学支之间的“带隙”。若需要增大该“带隙”的宽度，可采取哪些措施？

4. 晶格振动中的光学波和声学波之间可以存在“带隙”，晶体对频率处于该带隙的格波是“透明”的吗？

5. 为了制备室温附近高导热材料，应选 Θ_D 高的材料还是 Θ_D 低的材料？为什么？

6. 金刚石的爱因斯坦温度为 1320 K，德拜温度为 1860 K，试分别用爱因斯坦比热公式和德拜比热公式计算 $T=2000$ K 和 $T=0.2$ K 时的比热值。

7. 实验测得铁在 $T_1=20$ K 时，热容 $C_V^{(1)}=0.054$ cal/(mol·K)，在 $T_2=30$ K 时，$C_V^{(2)}=0.18$ cal/(mol·K)，求铁的德拜温度。

8. 试求 5 个原子组成的一维单原子晶格的振动频率。设原子质量 $m=8.35\times10^{-24}$ g，恢复力常数 $\beta=1.5\times10^4$ dyn/cm（1 dyn $=10^{-5}$ N）。

9. 在很宽的温度范围内可以将石墨作为二维晶体处理，但振动模总数仍等于 $3N$（N 为晶体原子数）。设石墨单层是边长为 L 的正方形，试求：

(1) 德拜频率分布函数 $g(\nu)$；

(2) 德拜最高振动频率 ν_D 和德拜温度 Θ_D；

(3) 低温时比热的表达式。

第4章 自由电子理论

4.1 经典自由电子理论

自1897年汤姆森(Thomson)发现电子以后，人们对物质结构的认识产生了质的飞跃。1900年，特鲁德(Drude)提出了自由电子气模型。1904年，洛伦兹(Lorentz)将自由电子气模型进行了改进，从而形成了特鲁德－洛伦兹自由电子气模型，又称为经典自由电子理论。

经典自由电子理论主要认为金属由离子实和电子气构成，即每个金属原子贡献价电子变成离子，价电子为所有离子所共有。如图4－1所示。

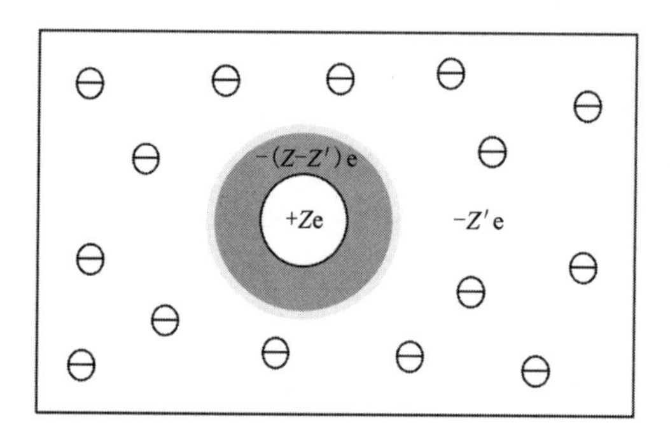

图4－1 自由电子模型示意图

经典自由电子模型假定电子为自由电子，电子与电子之间无库仑力的相互作用；电子与离子实发生弹性碰撞；电子服从经典粒子的统计规律，即麦克斯韦－玻尔兹曼统计分布。

实际上，特鲁德将金属中的价电子看成稀薄气体，电子除碰撞外不受任何相互作用，即相邻两次碰撞之间是自由、独立的。在讨论导电与导热的过程中，只考虑电子与离子实的碰撞，而不考虑电子之间的碰撞。但在实际金属中价电子密度的数量级是$10^{23}/m^3$，比标准状态下普通气体的密度高3个数量级。若在如此稠密的电子气中采用上述简单的模型来解释其物理性质，则应注意该模型的合理性。尽管如此，利用经典理论也可以对金属的一些物理性质给予解释。

1. 电导率

没有外电场，电子的运动是无规则的，不能形成电流。在静电场$\boldsymbol{E}$的作用下，电子沿着电场方向加速运动，同时又不断和离子实碰撞而改变运动方向，在弛豫时间τ内，电子沿电

场方向获得的平均速度 $\boldsymbol{v}$(漂移速度)为

$$\boldsymbol{v} = -\frac{e\tau}{m}\boldsymbol{E} \tag{4-1}$$

式中：e 为电子电荷量的绝对值，m 为电子质量。电流密度为

$$\boldsymbol{j} = -ne\boldsymbol{v} \tag{4-2}$$

式中：n 为电子密度。由式(4-1)和式(4-2)，可以得到 $\boldsymbol{j}$ 和 $\boldsymbol{E}$ 之间满足的欧姆定律

$$\boldsymbol{j} = \sigma\boldsymbol{E},\ \sigma = \frac{ne^2\tau}{m} \tag{4-3}$$

式中：σ 为电导率。这说明特鲁德理论在解释金属导电性质时至少在定性上是成功的。

2. 电子热容

经典自由电子理论将金属中的自由电子看成理想气体，按照能量均分原理，N 个电子有 $3N$ 个自由度，每个电子具有的平均热动能为 $k_BT/2$，每摩尔一价金属所含自由电子的内能为 $U=(3/2)N_0k_BT$，则电子对热容的贡献应该是

$$C_e = \left(\frac{\partial U}{\partial T}\right)_V = \frac{3}{2}N_0k_B \tag{4-4}$$

考虑到晶格对比热的贡献，那么，每摩尔一价金属的比热应为

$$C_V = \frac{3}{2}N_0k_B + 3N_0k_B = \frac{3}{2}R + 3R \tag{4-5}$$

这个结果与实际不符合，因为在室温下，金属的比热几乎和绝缘体一样，比热恒接近 $3R$，可以说比热全是由晶格贡献。实验结果表明，电子对比热几乎没有贡献，这是经典自由电子理论无法解释的。

经典自由电子气模型可以解释金属导电的欧姆定律，也可以解释维德曼-夫兰兹定律(金属的热导率和电导率比值为常数)，但是在解释金属自由电子气对比热的贡献时遇到了困难。究其原因，主要是因为经典理论将电子看成经典粒子，实际上，电子的运动不能用经典理论来描述，而是需要用量子力学知识来解释。

4.2　量子自由电子理论

量子自由电子理论也称为索末菲自由电子模型，主要假定电子为自由电子，电子与电子之间无库仑力相互作用；电子与离子实发生弹性碰撞；电子服从费米-狄拉克统计分布。量子自由电子理论只有最后一条和特鲁德模型不同，这里认为电子气是一种量子气体。

4.2.1　三维方势阱的解

金属中含有大量的价电子，是一个复杂的多电子系统。金属中的共有化电子可以视为自由电子。假定我们研究的金属样品是边长为 L 的立方块，则我们可以将共有化电子看成三维方势阱中的自由粒子。

电子在方势阱中的薛定谔方程为

$$-\frac{\hbar^2}{2m}\nabla^2\psi(\boldsymbol{r}) = E\psi(\boldsymbol{r}) \tag{4-6}$$

方程的解可以写为

$$\psi(\boldsymbol{r})=A\mathrm{e}^{\mathrm{i}\boldsymbol{k}\cdot\boldsymbol{r}} \tag{4-7}$$

式中：$\boldsymbol{k}$ 为波矢；A 为归一化系数，则

$$\int_V \psi^*(\boldsymbol{r})\psi(\boldsymbol{r})\mathrm{d}\boldsymbol{r}=1 \tag{4-8}$$

式(4-8)中积分区域 V 是晶体的体积，将式(4-7)代入式(4-8)可得 $A=L^{-3/2}=V^{-1/2}$，因此，金属中自由电子的波函数和能量为

$$\psi(r)=\frac{1}{\sqrt{V}}\mathrm{e}^{\mathrm{i}\boldsymbol{k}\cdot\boldsymbol{r}} \tag{4-9}$$

$$E=\frac{\hbar^2k^2}{2m}=\frac{\hbar^2}{2m}(k_x^2+k_y^2+k_z^2) \tag{4-10}$$

波矢的取值由周期性边界条件确定，这里周期性边界条件为：

$$\begin{cases}\psi(x,\ y,\ z)=\psi(x+L,\ y,\ z)\\ \psi(x,\ y,\ z)=\psi(x,\ y+L,\ z)\\ \psi(x,\ y,\ z)=\psi(x,\ y,\ z+L)\end{cases} \tag{4-11}$$

将式(4-9)代入式(4-11)可得，$\boldsymbol{k}$ 的三个分量的取值为

$$\begin{aligned}k_x&=n_x\frac{2\pi}{L}\\ k_y&=n_y\frac{2\pi}{L}\\ k_z&=n_z\frac{2\pi}{L}\end{aligned} \tag{4-12}$$

式中：n_x、n_y、n_z 都取整数。可见，三个分量只能取分立的值。

将式(4-12)代入式(4-10)可得

$$E=\frac{2\hbar^2\pi^2}{mL^2}(n_x^2+n_y^2+n_z^2) \tag{4-13}$$

式(4-13)为自由电子能量的表达式。每一组量子数(n_x, n_y, n_z)确定电子的一个波矢 $\boldsymbol{k}$，从而确定电子的一个状态 $\psi(\boldsymbol{r})$。处于这个状态中的电子具有确定的动量 $\hbar\boldsymbol{k}$ 和能量$\frac{\hbar^2k^2}{2m}$。从式(4-13)可以看出，方势阱中自由电子的能量是不连续的。但当 L 为宏观尺度时，相邻能级之间的间隔非常小，可以近似将能级看成是连续的。由式(4-10)可知，在自由电子理论中，能量 E 和波矢 $\boldsymbol{k}$ 是成抛物线关系的。

4.2.2 状态密度

在统计物理中，状态密度函数是 $g=\frac{\mathrm{d}G}{\mathrm{d}E}$，即单位能量间隔的状态数。

现考虑自由电子能量在 $E\sim E+\mathrm{d}E$ 时的量子态数。根据式(4-13)得，$k_x^2+k_y^2+k_z^2=\frac{2m}{\hbar^2}E$，这是个球面方程。以 k_x、k_y 和 k_z 为直角坐标系的三个坐标轴构成的空间被称为 $\boldsymbol{k}$ 空间。考虑到 k_x、k_y 和 k_z 只能按式(4-12)取离散的点，空间的每一组(k_x, k_y, k_z)取值对应一个量子

态，每一个量子态在 $\boldsymbol{k}$ 空间的体积为 $\left(\frac{2\pi}{L}\right)^3$。根据球面方程，给定 E，其能量相等的状态都在一个球面上，球面半径 $R=\left(\frac{2m}{\hbar^2}E\right)^{1/2}$。在 $E\sim E+\mathrm{d}E$ 时的量子态数 $\mathrm{d}G$ 对应于 $\boldsymbol{k}$ 空间球壳体积 $(4\pi R^2\mathrm{d}R)$ 的 1/8 时所包含的量子态数，因此

$$\mathrm{d}G=2\cdot\frac{1}{\left(\frac{2\pi}{L}\right)^3}\cdot\frac{1}{8}\cdot 4\pi R^2\mathrm{d}R=\frac{V}{2\pi^2}\left(\frac{2m}{\hbar^2}\right)^{3/2}E^{1/2}\mathrm{d}E \tag{4-14}$$

式中：第一个等号右边的 2 是考虑到电子自旋；$V=L^3$ 是固体体积。因此，状态密度为

$$g=\frac{\mathrm{d}G}{\mathrm{d}E}=\frac{V}{2\pi^2}\left(\frac{2m}{\hbar^2}\right)^{3/2}E^{1/2}=CE^{1/2} \tag{4-15}$$

这里的

$$C=\frac{V}{2\pi^2}\left(\frac{2m}{\hbar^2}\right)^{3/2} \tag{4-16}$$

显然，自由电子的状态密度随着能量的增加而增加。

4.2.3 费米能级

电子服从费米－狄拉克分布，热平衡时，分布在能量为 E 量子态上的电子数为

$$f(E)=\frac{1}{\mathrm{e}^{\frac{E-E_\mathrm{f}}{k_\mathrm{B}T}}+1} \tag{4-17}$$

式中：E_f 是费米能级，在 0 K 时费米能级为 E_f^0。

根据式(4－17)，可以讨论费米分布的特点。在 0 K 时，$E<E_\mathrm{f}^0$ 的所有能级被电子所占据，而 $E>E_\mathrm{f}^0$ 的能级全部为空能级，没有电子分布。这种情况表明，即便是 0 K，仍有大量的电子占据高能级，这是泡利不相容原理作用的结果，一方面电子要抢占低能级，另一方面每一个状态只能容纳一个电子。

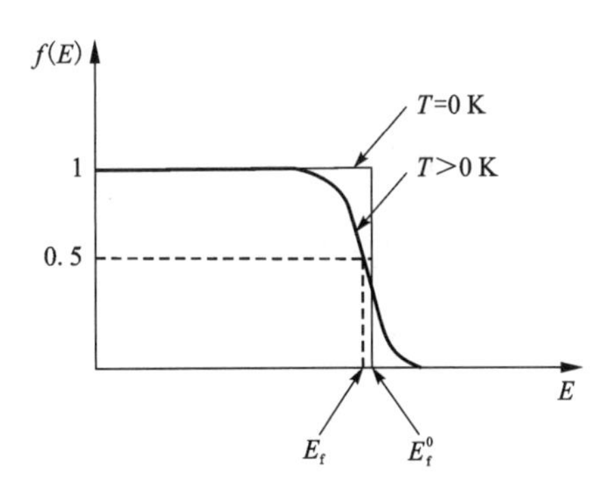

图 4－2　费米分布示意图

当温度高于 0 K 时，靠近费米能级 E_f 附近的电子获得热激发的能量而跃迁到高能级。在 $E=E_\mathrm{f}$ 处，$f(E)=0.5$；在 $E=E_\mathrm{f}+k_\mathrm{B}T$ 时，$0<f(E)<0.5$。由于电子热激发的能量 $k_\mathrm{B}T\ll E_\mathrm{f}$，因此热激发的电子仅限于 E_f 附近的电子(如室温下，$k_\mathrm{B}T\approx 0.026$ eV，而 E_f 一般为几个 eV)。费米分布如图 4－2 所示。

4.2.4 电子比热

能量在 $E\sim E+\mathrm{d}E$ 时的量子态数为 $\mathrm{d}G$，每个量子态上平均电子数为 $f(E)$，故在此能量间隔的平均电子数为

$$\mathrm{d}N=f(E)\mathrm{d}G=f(E)g(E)\mathrm{d}E \tag{4-18}$$

式(4－18)表明电子按能量的统计分布。

在 0 K 时，可以根据式(4－18)求出 E_f^0，即

$$N = \int_0^{E_f^0} dN + \int_{E_f^0}^{+\infty} dN = \int_0^{E_f^0} C\sqrt{E}dE = \frac{2}{3}C(E_f^0)^{\frac{3}{2}} \tag{4-19}$$

将式(4－16)代入式(4－19)，可得

$$E_f^0 = \frac{\hbar^2}{2m}(3\pi^2 n)^{\frac{2}{3}} \tag{4-20}$$

式中：$n = \frac{N}{V}$，称为电子浓度。

利用式(4－20)可求解金属的费米能级。例如 Ag，其密度为 10.5 g/cm³，原子量为 10 g，即 108 g/mol，阿伏加德罗常数为 6.02×10^{23}/mol，故每 cm³ 的 Ag 原子数为 $6.023\times10^{23}\times10.5\div108=5.86\times10^{22}$，Ag 为一价金属，每个原子贡献一个价电子，故自由电子浓度为 $5.86\times10^{22}\ \text{cm}^{-3}$，按式(4－20)可求得 $E_f^0=5.51$ eV。

利用 N 的表达式还可求得 0 K 时电子的平均能量

$$\overline{E}_0 = \frac{1}{N}\int E dN = \frac{3}{5}E_f^0 \tag{4-21}$$

当 $T>0$ K 时，按上述方法可求得

$$E_f = E_f^0\left[1 - \frac{\pi^2}{12}\left(\frac{k_B T}{E_f^0}\right)^2\right] \tag{4-22}$$

$$\overline{E} = \frac{3}{5}E_f^0\left[1 + \frac{5}{12}\pi^2\left(\frac{k_B T}{E_f^0}\right)^2\right] \tag{4-23}$$

根据式(4－23)可求得自由电子的比热

$$C_e = \frac{\partial \overline{E}}{\partial T} = \frac{\pi^2}{2}k_B\left(\frac{k_B T}{E_f^0}\right) \tag{4-24}$$

显然，电子比热与温度成正比，即 $C_e \propto T$。

4.2.5 金属的热容

金属的热容包括晶格振动的贡献和电子气的贡献两部分，即

$$C_V = C_L + C_e = \gamma T + bT^3 \tag{4-25}$$

其中，γ 可根据式(4－24)确定，b 可根据德拜模型式(3－48)确定。将金属比热与温度的关系绘制成图，如图 4－3 所示。

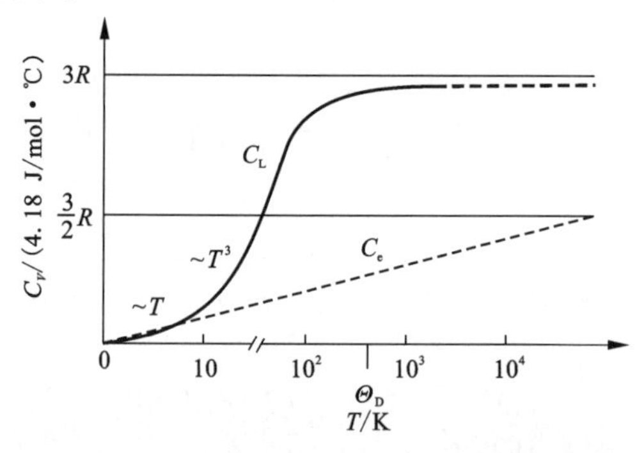

图 4－3 晶格比热和电子比热与温度的关系

从图 4－3 可知，在极低温度(几 K)时，金属的比热主要由电子比热决定；当温度为十几 K 以上时，比热由晶格比热决定。图 4－4 给出了金属钾比热的实验值与温度的关系，由实验得到的 γ 值为 2.08 mJ/(mol·K^2)，但理论计算的 γ 为 1.668 mJ/(mol·K^2)，两者符合得不是很好。主要原因是自由电子理论过于简单，没有考虑电子与电子之间的相互作用，也没有考虑电子与晶格之间的相互作用。

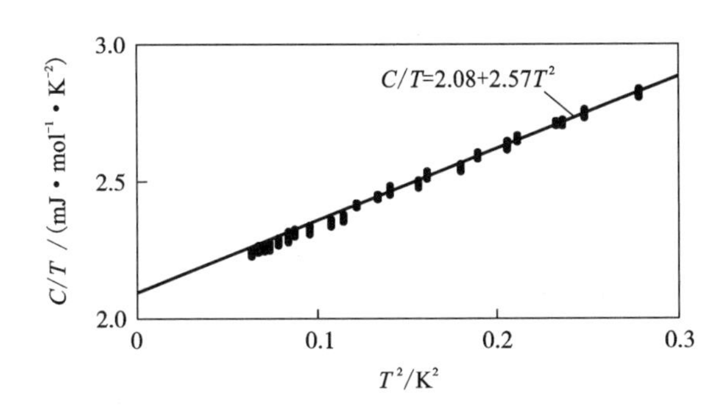

图 4－4 金属钾比热的实验值与温度的关系

量子自由电子理论虽然取得了一些成功，但不能解释固体为什么有金属、导体和半导体之分。这些问题的解决，则要借助于第 5 章的能带理论。

4.3 电导率与霍尔效应

在经典理论中，电子被视为经典粒子，服从经典的运动规律，其位置和动量同时有确定值。但在量子理论中，电子的位置和动量是不可能同时确定的。自由电子的状态由波矢为 $\boldsymbol{k}$ 的平面波来描述，其波矢 $\boldsymbol{k}$ 或动量 $\hbar\boldsymbol{k}$ 是完全确定的。根据测不准原理，电子的位置就完全不能确定，但要研究电子在外场中的运动规律，又需要知道它的位置。解决此问题的一种近似方法就是采用准经典近似，即用 $\boldsymbol{k}$ 附近的 $\Delta\boldsymbol{r}$ 范围内的平面波所组成的波包来描述电子，电子的位置分布在波包中心 $\boldsymbol{r}$ 附近的 $\Delta\boldsymbol{r}$ 范围内，$\Delta\boldsymbol{k}$ 与 $\Delta\boldsymbol{r}$ 满足不确定关系。这样，波包中心的位置 $\boldsymbol{r}$ 与动量 $\hbar\boldsymbol{k}$ 就在不确定关系的精度内描述电子的位置与动量，波包的群速度就是电子的平均速度。电子就可以看成是一种准经典粒子，它们在外场作用下满足经典运动方程

$$\hbar\frac{\mathrm{d}\boldsymbol{k}}{\mathrm{d}t}=\boldsymbol{F} \tag{4-26}$$

式(4－26)中的 $\boldsymbol{F}$ 为电子在外场中所受到的力，它会引起波矢 $\boldsymbol{k}$ 的变化，从而使得能量 $E(\boldsymbol{k})$ 随时间而发生变化。但 $E(\boldsymbol{k})$ 与 $\boldsymbol{k}$ 的函数关系是由量子理论决定的，电子不是经典粒子，所以称为准经典近似。当然，准经典近似能够成立是有条件的，用波包的运动来描述电子的运动时，波包应当稳定，波包的波矢范围 $\Delta\boldsymbol{k}$ 应远小于布里渊区的尺度。根据不确定关系，$\Delta\boldsymbol{k}$ 越小 $\Delta\boldsymbol{r}$ 就越大，所以波包的大小 $\Delta\boldsymbol{r}$ 应远大于原胞的尺度，因此作用于电子的外场的时空变化应当比较缓慢，外场的存在近似认为不破坏电子原有的能谱，只是引起波矢 $\boldsymbol{k}$ 的变化。实践表明，在研究金属和半导体的输运性质时，准经典近似是一种简单而有效的近似方法，因而被广泛采用。

4.3.1 电导率

现在考虑电子在电场中的运动。当没有外场作用时，若自由电子气处于基态，则费米面内所有状态均被电子占满，费米面围成一费米球。波矢 $\boldsymbol{k}$ 与 $-\boldsymbol{k}$ 的电子成对出现，体系总的动量为零。加上静电场 $\boldsymbol{E}$ 后，按准经典近似，电子的运动方程为

$$\hbar\frac{\mathrm{d}\boldsymbol{k}}{\mathrm{d}t}=-\mathrm{e}\boldsymbol{E} \tag{4-27}$$

所有的电子态都按同样的规律变化，整个费米球在 $\boldsymbol{k}$ 空间中匀速移动，这破坏了原来的平衡分布。对式(4－27)积分得

$$\boldsymbol{k}(t)=\boldsymbol{k}(0)-\frac{\mathrm{e}}{\hbar}\boldsymbol{E}t \tag{4-28}$$

由于电子在运动过程中总要发生碰撞，$\boldsymbol{k}(t)$不可能随时间无限地增加。设经过弛豫时间 τ 后，体系达到稳定，这时费米球的移动为

$$\delta\boldsymbol{k}=\boldsymbol{k}(\tau)-\boldsymbol{k}(0)=-\frac{\mathrm{e}\tau}{\hbar}\boldsymbol{E} \tag{4-29}$$

$\boldsymbol{k}$ 空间原来的对称分布被破坏了，电子因此而获得漂移速度

$$\delta\boldsymbol{v}=\frac{\hbar}{m}\delta\boldsymbol{k}=-\frac{\mathrm{e}\tau}{m}\boldsymbol{E} \tag{4-30}$$

所形成的电流密度为

$$j=-n\mathrm{e}\delta\boldsymbol{v}=\sigma\boldsymbol{E} \tag{4-31}$$

电导率为

$$\sigma=\frac{n\mathrm{e}^2\tau}{m} \tag{4-32}$$

这与式(4－3)相同。

虽然量子自由电子理论给出的公式与经典自由电子理论给出的公式相同，但在量子自由电子理论中，电子碰撞不但满足能量守恒和动量守恒外，还要满足泡利不相容原理。对电导率有贡献的只是费米面附近的少量电子，而并非所有电子起同等作用，这与经典自由电子理论的认识是不同的。

4.3.2 霍尔效应

下面讨论电子在磁场和电场共同作用下的运动情况。若导体在电场 E_x 作用下有沿 x 方向的电流，其电流密度为 j_x。导体中的电子在电场 E_x 作用下做漂移运动，因受到与电流方向垂直的静磁场 $\boldsymbol{B}$ 的洛伦兹力作用而向侧面 y 方向偏转，在导体两侧面上形成电荷积累，产生一个垂直于电流和磁场方向上的横向电场 E_y，这个现象称为霍尔效应。如图4－5 所示，这个现象是霍尔(Hall)在 1879 年用铜箔做实验时发现的。电场 E_y 称为霍尔电场。分析导体内电子受力情况可以发现，电子除了受 x 方向漂移的电场力和沿 y 方向偏转的洛伦兹力外，还要受横向电场的电场力作用，且横向电场的电场力与洛伦兹力方向相反。随着电子在两侧面积累，横向电场 E_y 逐渐增强，它对在 y 方向上做偏转运动的电子的电场力也逐渐增加，直到电场力与洛伦兹力恰好平衡，导体内的电子达到稳定状态，即有

$$\mathrm{e}E_y=\mathrm{e}v_xB_x \tag{4-33}$$

其中 v_x 满足

$$j_x = -nev_x \tag{4-34}$$

于是有

$$E_y = -\frac{1}{ne}j_xB_x = R_H j_xB_x \tag{4-35}$$

这说明金属中存在一个横向电场，其强度与磁场强度和电流密度成正比，比例系数是一个仅由电子浓度决定的常数，称为霍尔系数，其定义为

$$R_H = -\frac{1}{ne} \tag{4-36}$$

这里讨论的是电子的情况，R_H 是负数。相反，如果载流子是正电荷，则 R_H 是正值。也就是说，霍尔系数的正负由载流子的带电性质决定。

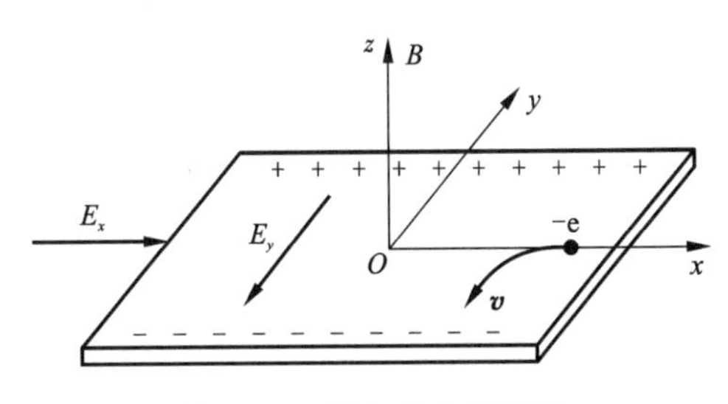

图4-5 霍尔效应示意图

表4-1列出了几种金属的霍尔系数的实验值和按式(4-36)计算的理论值。从表4-1中可以看出，对于大部分一价金属，理论值和实验值比较吻合，说明自由电子理论能够反映实际情况，所以把霍尔系数作为测定金属中载流子浓度的一种重要手段。

实验发现，有些金属如Be、Mg、In等，其霍尔系数是正值，这表明金属中的载流子带有与电子相反的电荷，显然这是自由电子模型无法解释的，这个问题需要用能带理论来解释。

表4-1 几种金属的霍尔系数的实验值和理论值比较

金属	Li	Na	K	Rb	Cu	Ag	Au	Al	In
R_H 实验值	−17.01	−23.57	−44.51	−50.4	−5.41	−9.01	−7.20	+10.22	+15.99
R_H 理论值	−13.32	−23.49	−44.49	−54.36	−7.38	−10.71	−10.62	−10.22	−16.02

思考与练习

1. 评价自由电子理论的成功之处与不足。

2. 金属锂是体心立方，晶格常数为3.5 Å，试计算在绝对零度时电子气的费米能 E_F^0（以eV表示）。

3. 在低温下金属钾的比摩尔热容的实验结果可以写为

$$C_V = (2.07T + 2.57T^3)\ \text{mJ/(mol·K)}$$

试求钾的费米温度 T_F 和德拜温度 θ_D。

4. 试比较1 mol金属钠在30 K和0.3 K时的德拜比热容，并与电子热容比较。已知钠的

德拜温度是 150 K，费米能级 $E_F^0 = 3.23$ eV。

5. 利用金属自由电子模型估算铜中电子的弛豫时间。（铜的电阻率为 1.7×10^{-6} Ω · cm，铜的原子密度为 8.5×10^{22} cm^{-3}）

第5章　能带理论

金属自由电子理论虽然取得了较大的成功，但仍有不少物理性质(如固体分为导体、半导体和绝缘体的物理本质)是这个理论无法解释的。究其原因，是因为金属自由电子理论过于简化，该理论假定晶体中的势场为零，因而电子都像自由电子一样，不受束缚。实际上，晶体中的电子并不自由，它们的运动要受到晶体势场的影响。

晶体具有周期性，晶体中的电子处于周期性势场中。周期性势场对电子态起决定作用。由第4章可知，自由电子的能级是一条抛物线，但对于周期性势场，其能量可以用一系列的能带来表示，能带理论不仅克服了自由电子理论的基本困难，而且使人们对于晶体电子结构的认识产生了质的飞跃。能带理论是固体物理的核心理论之一，是理解固体各种物理性质的基础，在固体物理中具有极其重要的意义。

能带理论有两个基本近似，即绝热近似和单电子近似。

1. 绝热近似

考虑到原子实的质量是电子质量的10^3~10^5倍，因此，原子实的运动速度要比电子的运动速度缓慢得多。若忽略原子实的运动，可将问题简化为n个价电子在N个固定不动的周期排列的原子实势场中运动，从而使多体问题转化为多电子问题。这种把电子系统和离子实系统分开考虑的处理方法，是由玻恩和奥本海默在讨论分子中的电子状态时引入的，称为绝热近似，也称为玻恩-奥本海默近似。

2. 单电子近似

多电子体系仍然是一个很大的体系，直接求解多电子体系的薛定谔方程也是很困难的，这是因为任何一个电子的运动不仅与它自身的位置有关，而且与所有其他电子的位置也有关，同时，这个电子自身也会影响其他电子的运动，即所有电子的运动不是相互独立而是相互关联的，其解决的办法是：晶体中的任一电子都可以视为处在离子实周期性势场和其他$(n-1)$个电子所产生的平均势场中，这样，多电子问题可以简化为单电子问题。这种认为一个电子在离子实和其他电子所形成的平均势场中运动的近似，称为单电子近似，也称为哈利特-福克自洽场近似。这种建立在单电子近似基础上的固体电子理论称为能带理论。

5.1　固体中电子的共有化和能带

当原子间的距离比晶格常数大很多时，原子间的相互作用可以忽略，每个原子的电子状态和孤立原子是一样的，电子不能从一个原子上跑到另外一个原子上去。如图5-1所示。

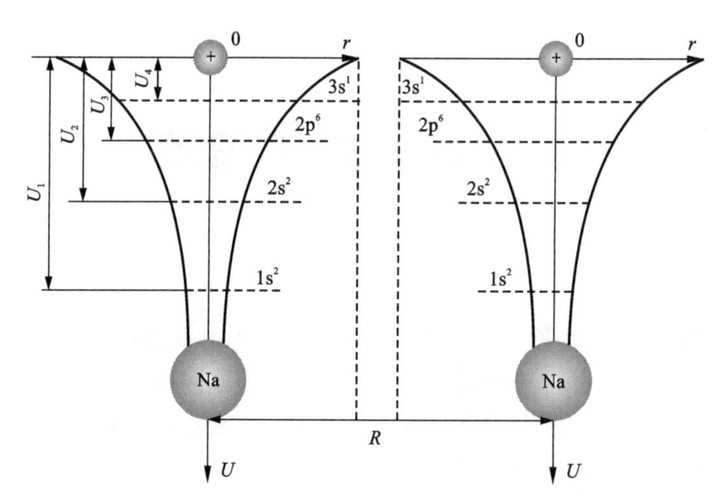

图 5 -1　两个钠原子系统的势能曲线图

（其原子间距远远大于晶格常数）

但是，当原子互相接近时，则形成周期性势场，原子间势垒降低，价电子共有化，原子的孤立能级变成能带。如图 5 -2 所示。

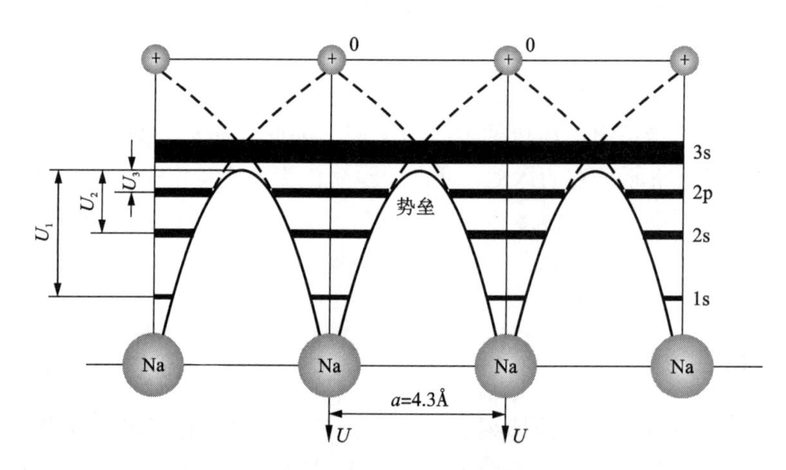

图 5 -2　钠晶体中的势能曲线和电子云

对比图 5 -1 和图 5 -2 可以发现，自由原子的能级在晶体中变成能带，能级和能带是一一对应的。

5.2　布洛赫定理

1928 年，布洛赫(1905—1983 年)用量子力学解释金属的导电性时，证明了一条具有普遍意义的定理，该定理称为布洛赫定理。该定理可以得出晶体中电子的能谱具有能带结构的普遍结论，由此建立了能带理论(布洛赫 1952 年由于在核磁共振方面的开创性研究获得了诺贝尔物理学奖)。

电子在周期性势场中运动时，其势能不是一个常数，由于正离子实周期性的排列，因此，势能随着晶格发生周期性的变化，电子遵循的薛定谔方程为

$$\left[-\frac{\hbar^2}{2m}\nabla^2+V(\boldsymbol{r})\right]\psi(\boldsymbol{r})=E\psi(\boldsymbol{r}) \quad (5-1)$$

式中：$V(\boldsymbol{r})$是电子的势能，是以晶体的周期为周期的函数。

布洛赫证明了方程式(5-1)的解有如下形式

$$\psi(\boldsymbol{r})=u_k(\boldsymbol{r})\mathrm{e}^{\mathrm{i}\boldsymbol{k}\cdot\boldsymbol{r}} \quad (5-2)$$

其中$u_k(\boldsymbol{r})$与$\boldsymbol{k}$有关且为$\boldsymbol{r}$的周期函数，它以晶格周期为周期。式(5-2)中含有波矢$\boldsymbol{k}$，是标志电子态的参数。

方程式(5-1)具有式(5-2)形式的解的结论称为布洛赫定理，式(5-2)形式的波函数称为布洛赫波函数。这说明，周期性势场中的电子波函数是被周期性势场调幅的平面波。布洛赫定理是由于$V(\boldsymbol{r})$具有晶格平移对称性的结果。图5-3形象地描述了布洛赫波函数。

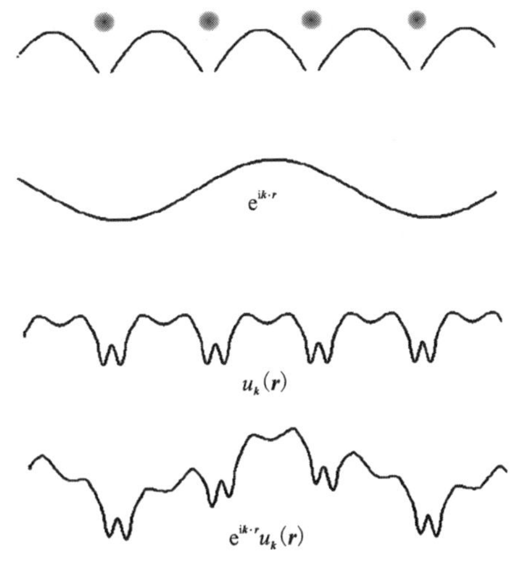

图5-3　布洛赫波示意图

5.3　近自由电子近似

周期性势场一般都比较复杂，严格求解单电子薛定谔方程(5-1)仍是不可能的。在处理实际问题时，我们常常需要根据具体的情况采用不同的能带近似计算方法，如原胞法、赝势法、近自由电子近似和紧束缚近似等。本节主要介绍近自由电子近似方法。

5.3.1　近自由电子模型

近自由电子模型是当晶格周期性势场起伏很小时，电子的行为很接近自由电子时采用的一种近似处理方法。作为零级近似，可以用势场的平均值V_0代替晶格势场$V(\boldsymbol{r})$，将周期性势场的起伏$V(\boldsymbol{r})-V_0$作为微扰处理。这样就可以使用量子力学中的微扰理论来求解薛定谔方程。这种模型可以对一些简单金属(如Na、K、Al等)的价电子进行粗略近似。这里以一维情形来说明这种方法。

设由N个原子组成的一维晶格，基矢为$a\mathbf{i}$，则倒格子基矢为$\boldsymbol{b}=(2\pi/a)\mathbf{i}$，晶格周期性势场$V(x)$可以展开为

$$V(x)=V_0+\sum_{n\neq 0}V_n\mathrm{e}^{\mathrm{i}\frac{2\pi}{a}nx} \quad (5-3)$$

其中

$$V_n=\frac{1}{L}\int_0^L V(x)\mathrm{e}^{-\mathrm{i}\frac{2\pi}{a}nx}\mathrm{d}x \quad (5-4)$$

式中：V_n为展开系数；V_0是展开系数中$n=0$时的系数，它等于势场的平均值$\overline{V}$，即

$$V_0=\frac{1}{L}\int_0^L V(x)\mathrm{d}x=\overline{V}$$

式中的$L = Na$，是一维晶体的长度。由于$V(x)$是实数，因而级数的系数满足$V_n^* = V_{-n}$，则单电子的哈密顿算符为

$$\hat{H} = -\frac{\hbar^2}{2m}\frac{d^2}{dx^2} + V(x) = -\frac{\hbar^2}{2m}\frac{d^2}{dx^2} + V_0 + \sum_{n\neq 0} V_n e^{i\frac{2\pi}{a}nx} = \hat{H}_0 + \hat{H}' \tag{5-5}$$

其中

$$\hat{H}_0 = -\frac{\hbar^2}{2m}\frac{d^2}{dx^2} + V_0$$

$$\hat{H}' = \sum_{n\neq 0} V_n e^{i\frac{2\pi}{a}nx}$$

这里的$\hat{H}'$代表周期性势场的起伏，我们把它看作微扰项。选取零点使得$V_0 = 0$，则可得零级近似

$$\hat{H}_0\psi_k^0 = E_k^0\psi_k^0 \tag{5-6}$$

其本征能量为

$$E_k^0 = \frac{\hbar^2 k^2}{2m} \tag{5-7}$$

相应的归一化波函数为

$$\psi_k^0 = \frac{1}{\sqrt{L}}e^{ikx} \tag{5-8}$$

这里的波矢k在周期性边界条件下只能取

$$k = \frac{l\times 2\pi}{Na},\ l = \pm 1,\ \pm 2,\ \cdots \tag{5-9}$$

零级近似是对自由电子的近似，故称为自由电子近似。对于更高层次的解，可以用微扰理论。

5.3.2 微扰计算

在零级近似解中，能量E是k的二次函数，$E = \frac{\hbar^2 k^2}{2m}$，也就是说，$+k$和$-k$所代表的电子态具有相同的能量，是二度简并的，因此我们必须采用简并态微扰理论来讨论微扰哈密顿项$\hat{H}'$对能量和波函数的影响。按照简并微扰理论，零级近似的波函数是相互简并的零级波函数的线性组合，在此选用能量相等的一对波矢k和k'($k' = -k$)的波函数的线性组合作为零级近似波函数

$$\psi = A\psi_k^0 + B\psi_{k'}^0 = A\frac{1}{\sqrt{L}}e^{ikx} + B\frac{1}{\sqrt{L}}e^{ik'x} \tag{5-10}$$

则有

$$(\hat{H}_0 + \hat{H}')\left(A\frac{1}{\sqrt{L}}e^{ikx} + B\frac{1}{\sqrt{L}}e^{-ikx}\right) = E\left(A\frac{1}{\sqrt{L}}e^{ikx} + B\frac{1}{\sqrt{L}}e^{-ikx}\right) \tag{5-11}$$

考虑到式(5-6)得

$$(E_k^0 - E + \hat{H}')A\psi_k^0 + (E_{k'}^0 - E + \hat{H}')B\psi_{k'}^0 = 0 \tag{5-12}$$

将式(5-12)左乘ψ_k^{0*}，对x积分；同时，也将式(5-12)左乘$\psi_{k'}^{0*}$，对x积分。由于

$$H'_{k,k} = H'_{k',k'} = \int_0^L \psi_k^{0*}(x)\,\hat{H}'\psi_k^0(x)\,\mathrm{d}x = \int_0^L \psi_{k'}^{0*}(x)\,\hat{H}'\psi_{k'}^0(x)\,\mathrm{d}x$$
$$= \int_0^L \psi_k^{0*}(x)\Big(\sum_{n\neq 0} V_n \mathrm{e}^{\mathrm{i}\frac{2\pi}{a}nx}\Big)\psi_k^0(x)\,\mathrm{d}x$$
$$= \int_0^L \psi_k^{0*}(x)\left[V(\boldsymbol{r}) - \overline{V}\right]\psi_k^0(x)\,\mathrm{d}x$$
$$= \overline{V} - \overline{V} = 0 \qquad (5-13)$$

以及

$$H'_{k,k'} = H'_{k',k} = \int_0^L \psi_k^{0*}(x)\,\hat{H}'\psi_{k'}^0(x)\,\mathrm{d}x = \frac{1}{L}\int_0^L \sum_{n\neq 0} V_n \mathrm{e}^{\mathrm{i}\left(k'-k+\frac{2\pi}{a}nx\right)x}\,\mathrm{d}x$$
$$= \begin{cases} V_n & \text{当 } k-k' = G = \dfrac{2\pi n}{a} \\ 0 & \text{当 } k-k' \neq G \end{cases} \qquad (5-14)$$

式(5－14)中的 $G = \dfrac{2\pi n}{a}$ 为一维晶格的倒格矢。式(5－14)运算中用到了

$$\frac{1}{L}\int_0^L \mathrm{e}^{\mathrm{i}(k-k')x\mathrm{d}x} = \delta_{k,k'}$$

于是由式(5－12)得到了两个线性代数方程式

$$\left.\begin{aligned} (E - E_k^0)A - H'_{k,k'}B &= 0 \\ -H'_{k',k}A + (E - E_{k'}^0)B &= 0 \end{aligned}\right\} \qquad (5-15)$$

此方程有非零解的条件是

$$\begin{vmatrix} E - E_k^0 & -V_n \\ -V_n^* & E - E_{k'}^0 \end{vmatrix} = 0 \qquad (5-16)$$

由此解得能量本征值为

$$E_{\pm} = \frac{1}{2}\left\{(E_k^0 + E_{k'}^0) \pm \left[(E_k^0 - E_{k'}^0)^2 + 4H'_{kk'}H'_{k'k}\right]^{1/2}\right\} \qquad (5-17)$$

将式(5－17)所得到的能量本征值代入式(5－15)，可求得两组系数 A、B，即可求得对应于 E_+ 和 E_- 的本征函数。下面分为两种情况讨论。

1. 远离布里渊区界面的情况

当 $k' = -k$，且 $k - k' \neq G = \dfrac{2\pi n}{a}$，即 $k \neq \dfrac{G}{2}$ 时，则由式(5－14)和式(5－17)可得

$$E_{\pm} = E_k^0 = \frac{\hbar^2 k^2}{2m}$$

此时表明晶格微扰 $\hat{H}'$ 对于电子能量的一级修正项为零。这说明，当电子波矢远离布里渊区时，电子的运动和自由电子非常接近。

2. 布里渊区界面附近的情况

当 k 与 k' 非常靠近布里渊区界面时，可分别表示为

$$k = \frac{G}{2}(1+\Delta) = \frac{n\pi}{a}(1+\Delta)$$

$$k' = -\frac{G}{2}(1-\Delta) = -\frac{n\pi}{a}(1-\Delta)$$

下面分三种情况来讨论：

（1）当$\Delta = 0$，即$k' = -k = -\frac{G}{2} = -\frac{n\pi}{a}$，$k$在布里渊区的边界上时，由式(5－14) 和式(5－17) 得

$$E_{\pm} = E_k^0 \pm |V_n| = \frac{\hbar^2}{2m}\left(\frac{n\pi}{a}\right)^2 \pm |V_n| \tag{5-18}$$

式(5－18) 表示当$k = \frac{n\pi}{a}$时，简并状态受到周期场的微扰作用后，发生劈裂，产生能隙

$$E = E_+ - E_- = 2|V_n|$$

把E_+、E_-分别代入式(5－15)，可以求得两组系数A、B，即可得到能量所对应的波函数。

当$E = E_+$时，有

$$\frac{A}{B} = \frac{V_n}{|V_n|}$$

若$V_n = |V_n|e^{i\times 2\theta}$，则$A = Be^{i\times 2\theta}$，因此

$$\psi_+^0 = \frac{2Ae^{-i\theta}}{\sqrt{L}}\cos\left(\frac{n\pi}{a}x + \theta\right) \tag{5-19}$$

当$E = E_-$时，有

$$\frac{A}{B} = -\frac{V_n}{|V_n|}$$

同理有

$$\psi_-^0 = \frac{i\times 2Ae^{-i\theta}}{\sqrt{L}}\sin\left(\frac{n\pi}{a}x + \theta\right) \tag{5-20}$$

（2）当$\Delta \ll 1$，即k极接近布里渊区边界时，由式(5－17) 可得

$$E_{\pm} = T_n(1+\Delta^2) \pm \sqrt{|V_n|^2 + 4T_n^2\Delta^2} \tag{5-21}$$

其中

$$T_n = \frac{\hbar^2}{2m}\left(\frac{n\pi}{a}\right)^2$$

由于$\Delta \to 0$，使得$4T_n^2\Delta^2 \ll |V_n|^2$，利用二项式定理，得

$$E_{\pm} = T_n(1+\Delta^2) \pm |V_n|\left(1 + \frac{4T_n^2\Delta^2}{|V_n|^2}\right)^{\frac{1}{2}} = T_n(1+\Delta^2) \pm |V_n|\left(1 + \frac{2T_n^2\Delta^2}{|V_n|^2}\right)$$

即

$$\begin{aligned} E_+ &= T_n + |V_n| + \left(\frac{2T_n}{|V_n|} + 1\right)T_n^2\Delta^2 \\ E_- &= T_n - |V_n| - \left(\frac{2T_n}{|V_n|} - 1\right)T_n^2\Delta^2 \end{aligned} \tag{5-22}$$

式(5－22) 表示，当$\Delta \to 0$时，E_+、E_-分别以抛物线的方式趋近于$T_n + |V_n|$和$T_n - |V_n|$。图5－4给出了$k = n\pi/a$附近$E(k)$随k的变化情况。

(3) 当$\Delta<1$，但并非无穷小时，即当k离布里渊区边界较远时，由于$E_k^0-E_{k'}^0$较大，因而$\frac{|V_n|}{E_k^0-E_{k'}^0}\ll 1$，此时，式(5-17)在一级近似下可以写为

$$\begin{aligned}E_+&=T_n(1+\Delta)^2+\frac{|V_n|^2}{E_k^0-E_{k'}^0}\\E_-&=T_n(1-\Delta)^2-\frac{|V_n|^2}{E_k^0-E_{k'}^0}\end{aligned}\tag{5-23}$$

式(5-23)表明微扰的结果使能量$\left[\frac{\hbar^2}{2m}\right]\left(\frac{n\pi}{a}+\Delta\right)^2$更高，使能量$\left[\frac{\hbar^2}{2m}\right]\left(\frac{n\pi}{a}-\Delta\right)^2$更低，并随着$E_k^0-E_{k'}^0$的增加，等式右边的第二项越来越小，与自由电子的能量相当。

综上所述，当电子的波矢k逐渐靠近$\frac{n\pi}{a}$时，起初电子的能量与k的关系可以近似用自由电子的能谱$E_k^0=\frac{\hbar^2k^2}{2m}$表示，随着$k$逼近$\frac{n\pi}{a}$，电子能谱$E(k)$与$E_k^0$的差别增大。由于微扰的结果使得能量高的$E_k^0$变得更高，使能量低的$E_k^0$变得更低，所以当$k$逐渐增大至逼近$\frac{n\pi}{a}$时，能量为

$$E_-=\frac{\hbar^2}{2m}\left(\frac{n\pi}{a}\right)^2-|V_n|$$

当k逐渐减小至逼近$\frac{n\pi}{a}$时，能量为

$$E_+=\frac{\hbar^2}{2m}\left(\frac{n\pi}{a}\right)^2+|V_n|$$

也就是说，当$k=\frac{n\pi}{a}$时，出现了能隙，其大小为

$$\Delta E=E_+-E_-=2|V_n|$$

如图 5-4 所示为在布里渊区边界出现的能隙。原来自由电子的连续能谱在弱周期性势场的作用下分裂成许多能带，能隙的大小等于周期性势场傅里叶分量$|V_n|$的 2 倍。

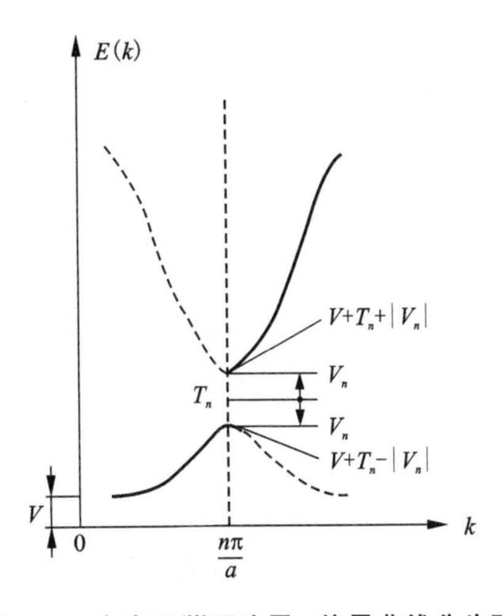

图 5-4　在布里渊区边界，能量曲线分为两支

5.4 紧束缚近似

在近自由电子近似中，周期场随空间的起伏较弱，电子的状态很接近自由电子，这是一种极端的情况。我们再讨论另一种极限情况：设想晶体由相互作用较弱的原子组成，此时周期场随空间的起伏变化显著。电子在某一个原子附近时，主要受到该原子场的作用，其他原子场的作用则可以看成一个微扰，基于这种假设建立的近似方法称为紧束缚近似。对于非导体，原子间距离较远，用紧束缚方法比较恰当。而当晶体受到很大的压力，原子间距离缩短时，电子就不再固定在各个原子上，此时用近自由电子近似比较恰当。

5.4.1 紧束缚近似模型

如果完全不考虑原子间的相互影响，那么在某格点 $\boldsymbol{R}_n = n_1\boldsymbol{a}_1 + n_2\boldsymbol{a}_2 + n_3\boldsymbol{a}_3$ 附近电子的状态将是孤立原子本征态 $\varphi_i(\boldsymbol{r}-\boldsymbol{R}_n)$。如图 5－5 所示，这里假定每个原胞只含有一个原子，显然 $\varphi_i(\boldsymbol{r}-\boldsymbol{R}_n)$ 满足孤立原子的定态薛定谔方程

$$\left[-\frac{\hbar^2}{2m}\nabla^2 - V(\boldsymbol{r}-\boldsymbol{R}_n)\right]\varphi_i(\boldsymbol{r}-\boldsymbol{R}_n) = \varepsilon_i\varphi_i(\boldsymbol{r}-\boldsymbol{R}_n) \tag{5-24}$$

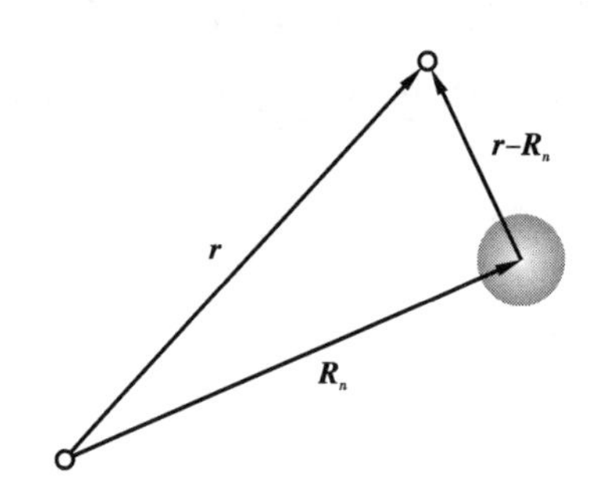

图 5－5 原子及附近电子坐标示意图

式中：$V(\boldsymbol{r}-\boldsymbol{R}_n)$ 为位于 $\boldsymbol{R}_n$ 格点原子的势场；ε_i 为孤立原子中电子的能级。

考虑到原子间的相互作用，晶体中的单电子薛定谔方程为

$$\left[-\frac{\hbar^2}{2m}\nabla^2 + U(\boldsymbol{r})\right]\psi(\boldsymbol{r}) = E\psi(\boldsymbol{r}) \tag{5-25}$$

式中：$U(\boldsymbol{r})$ 为晶体的周期性势场，它是各点原子势场之和

$$U(\boldsymbol{r}) = \sum_{m=1}^{N} V(\boldsymbol{r}-\boldsymbol{R}_m) \tag{5-26}$$

紧束缚近似将

$$\Delta U(\boldsymbol{r}-\boldsymbol{R}_m) = U(\boldsymbol{r}) - V(\boldsymbol{r}-\boldsymbol{R}_n) \tag{5-27}$$

看作微扰项 $\hat{H}'$，如图 5－6 所示。

这样式(5－25) 可以写成

$$\left[-\frac{\hbar^2}{2m}\nabla^2 + V(\boldsymbol{r}-\boldsymbol{R}_n) + U(\boldsymbol{r}) - V(\boldsymbol{r}-\boldsymbol{R}_n)\right]\psi(\boldsymbol{r}) = E\psi(\boldsymbol{r}) \tag{5-28}$$

可以看出，方程式(5－24) 是方程式(5－28) 的零级近似。若晶体共有 N 个这样的原子（格点），则共有 N 个这样的方程，也就是说共有 N 个波函数 $\varphi_i(\boldsymbol{r}-\boldsymbol{R}_m)$ $(m = 1, 2, \cdots, N)$，具有相同的能量 ε_i，因而这 N 个波函数是简并的。按照简并态微扰方法，晶体中单电子的波函数的零级近似是这 N 个 $\varphi_i(\boldsymbol{r}-\boldsymbol{R}_m)$ 的线性组合。

$$\psi^0 = \sum_{m=1}^{N} C_m\varphi_i(\boldsymbol{r}-\boldsymbol{R}_m) \tag{5-29}$$

这种描述电子在晶体场中共有化运动的方法，也称为原子轨道线性组合法(LCAO)。显

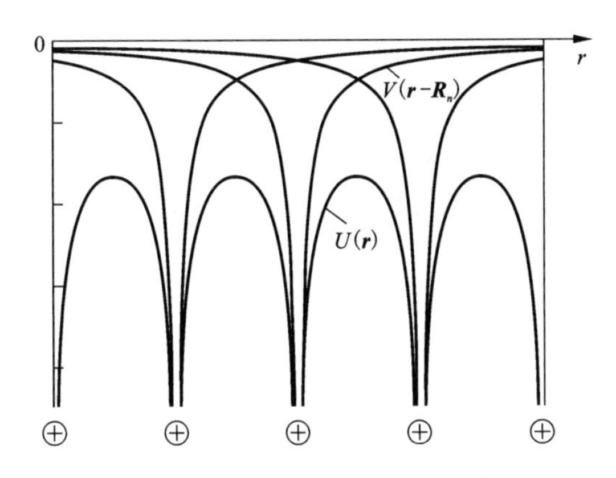

图5－6 原子核晶体中的势能曲线

然 $\varphi_i(\boldsymbol{r}-\boldsymbol{R}_m)$ 是晶格的周期函数。根据布洛赫定理，在周期性势场中的电子波函数具有布洛赫波的形式

$$\psi^0=\mathrm{e}^{\mathrm{i}\boldsymbol{k}\cdot\boldsymbol{r}}u_k(\boldsymbol{r})\tag{5-30}$$

比较式(5－29)和式(5－30)，可以知道 C_m 必须具有

$$C_m=\frac{1}{\sqrt{N}}\mathrm{e}^{\mathrm{i}\boldsymbol{k}\cdot\boldsymbol{R}_m}\tag{5-31}$$

的形式。这里做简单的推导。

将式(5－31)代入式(5－29)得

$$\psi^0=\frac{1}{\sqrt{N}}\sum_m\mathrm{e}^{\mathrm{i}\boldsymbol{k}\cdot\boldsymbol{R}_m}\varphi_i(\boldsymbol{r}-\boldsymbol{R}_m)=\frac{1}{\sqrt{N}}\mathrm{e}^{\mathrm{i}\boldsymbol{k}\cdot\boldsymbol{r}}\sum_m\mathrm{e}^{\mathrm{i}\boldsymbol{k}\cdot(\boldsymbol{R}_m-\boldsymbol{r})}\varphi_i(\boldsymbol{r}-\boldsymbol{R}_m)=\mathrm{e}^{\mathrm{i}\boldsymbol{k}\cdot\boldsymbol{r}}u_k(\boldsymbol{r})$$

其中

$$u_k(\boldsymbol{r})=\frac{1}{\sqrt{N}}\sum_m\mathrm{e}^{-\mathrm{i}\boldsymbol{k}\cdot(\boldsymbol{r}-\boldsymbol{R}_m)}\varphi_i(\boldsymbol{r}-\boldsymbol{R}_m)$$

显然是晶格的周期函数，即

$$u_k(\boldsymbol{r}+\boldsymbol{R}_l)=\frac{1}{\sqrt{N}}\sum_m\mathrm{e}^{\mathrm{i}\boldsymbol{k}\cdot(\boldsymbol{r}+\boldsymbol{R}_l-\boldsymbol{R}_m)}\varphi_i(\boldsymbol{r}+\boldsymbol{R}_l-\boldsymbol{R}_m)\tag{5-32}$$

令 $\boldsymbol{R}_l-\boldsymbol{R}_m=-\boldsymbol{R}_{m'}$，式(5－32)写成

$$u_k(\boldsymbol{r}+\boldsymbol{R}_l)=\frac{1}{\sqrt{N}}\sum_{m'}\mathrm{e}^{\mathrm{i}\boldsymbol{k}\cdot(\boldsymbol{r}-\boldsymbol{R}_{m'})}\varphi_i(\boldsymbol{r}-\boldsymbol{R}_{m'})$$

所以由式(5－29)和式(5－31)可知，式(5－30)可以写成

$$\psi^0=\frac{1}{\sqrt{N}}\sum_m\mathrm{e}^{\mathrm{i}\boldsymbol{k}\cdot\boldsymbol{R}_m}\varphi_i(\boldsymbol{r}-\boldsymbol{R}_m)\tag{5-33}$$

且满足归一化条件

$$\int\psi^{0*}(\boldsymbol{r})\psi^0(\boldsymbol{r})\mathrm{d}\xi=1$$

5.4.2 能带计算

现在来求紧束缚近似下电子的能量。把式(5－33)代入式(5－28)，并利用式(5－24)，

得到

$$\frac{1}{\sqrt{N}}\sum_{m}[\varepsilon_i+\Delta U(\boldsymbol{r}-\boldsymbol{R}_n)]\varphi_i(\boldsymbol{r}-\boldsymbol{R}_m)\mathrm{e}^{\mathrm{i}\boldsymbol{k}\cdot\boldsymbol{R}_m}=E\frac{1}{\sqrt{N}}\sum_{m}\varphi_i(\boldsymbol{r}-\boldsymbol{R}_m)\mathrm{e}^{\mathrm{i}\boldsymbol{k}\cdot\boldsymbol{R}_m} \quad (5-34)$$

将式(5－34)两边乘以

$$\psi^{0*}=\frac{1}{\sqrt{N}}\sum_{l}\varphi_i^*(\boldsymbol{r}-\boldsymbol{R}_l)\mathrm{e}^{-\mathrm{i}\boldsymbol{k}\cdot\boldsymbol{R}_l}$$

并对r积分。由于可认为原子间的相互影响很小，各原子的波函数重叠很小，故可以近似认为

$$\int\varphi_i^*(\boldsymbol{r}-\boldsymbol{R}_m)\varphi_i(\boldsymbol{r}-\boldsymbol{R}_l)\mathrm{d}\zeta=\delta_{ml} \quad (5-35)$$

于是得到

$$\frac{1}{N}\sum_{m}\sum_{l}\left[\varepsilon_i\delta_{lm}+\mathrm{e}^{\mathrm{i}\boldsymbol{k}\cdot(\boldsymbol{R}_m-\boldsymbol{R}_l)}\int\varphi_i^*(\boldsymbol{r}-\boldsymbol{R}_l)\Delta U(\boldsymbol{r}-\boldsymbol{R}_n)\cdot\varphi_i(\boldsymbol{r}-\boldsymbol{R}_m)\mathrm{d}\zeta\right]=E \quad (5-36)$$

即

$$E=\varepsilon_i+\frac{1}{N}\sum_{m}\sum_{l}\mathrm{e}^{\mathrm{i}\boldsymbol{k}\cdot(\boldsymbol{R}_m-\boldsymbol{R}_l)}\int\varphi_i^*(\boldsymbol{r}-\boldsymbol{R}_l)\Delta U(\boldsymbol{r}-\boldsymbol{R}_n)\cdot\varphi_i(\boldsymbol{r}-\boldsymbol{R}_m)\mathrm{d}\xi \quad (5-37)$$

式(5－37)在推导时用到

$$\sum_{l}\sum_{m}^{N}\varepsilon_i\delta_{ml}=N\varepsilon_i$$

由于求和项中的因子只与原子的相对位置有关，即对每一个l，对m求和的结果是相同的，所以有

$$\sum_{l}^{N}\sum_{m}^{N}=N\sum_{m}$$

为了方便，我们选$\boldsymbol{R}_l=0$，则式(5－37)可以写成

$$E=\varepsilon_i+\sum_{m}\mathrm{e}^{\mathrm{i}\boldsymbol{k}\cdot\boldsymbol{R}_n}\int\varphi_i^*(\boldsymbol{r})\Delta U(\boldsymbol{r}-\boldsymbol{R}_n)\varphi_i(\boldsymbol{r}-\boldsymbol{R}_m)\mathrm{d}\zeta \quad (5-38)$$

将$\boldsymbol{R}_m=\boldsymbol{R}_l=0$的项分写出来，式(5－38)为

$$E=\varepsilon_i+\int\varphi_i^*(\boldsymbol{r})\Delta U(\boldsymbol{r}-\boldsymbol{R}_n)\varphi_i(\boldsymbol{r})\mathrm{d}\zeta+\sum_{\substack{m\\R_m\neq0}}\mathrm{e}^{\mathrm{i}\boldsymbol{k}\cdot\boldsymbol{R}_m}\int\varphi_i^*(\boldsymbol{r})\Delta U(\boldsymbol{r}-\boldsymbol{R}_n)\varphi_i(\boldsymbol{r}-\boldsymbol{R}_m)\mathrm{d}\zeta \quad (5-39)$$

令

$$\left.\begin{aligned}\int\varphi_i^*(\boldsymbol{r})[U(\boldsymbol{r})-V(\boldsymbol{r}-\boldsymbol{R}_n)]\varphi_i(\boldsymbol{r})\mathrm{d}\zeta&=-\beta\\\int\varphi_i^*(\boldsymbol{r})[U(\boldsymbol{r})-V(\boldsymbol{r}-\boldsymbol{R}_n)]\varphi_i(\boldsymbol{r}-\boldsymbol{R}_m)\mathrm{d}\zeta&=-\gamma(\boldsymbol{R}_m)\end{aligned}\right\} \quad (5-40)$$

式中：β、γ为正数，引入负号的原因是$U(\boldsymbol{r})-V(\boldsymbol{r}-\boldsymbol{R}_n)$为周期场与位于$\boldsymbol{R}_n$格点的孤立原子势场之差，它的值是负的，且在$\boldsymbol{R}_n$原子附近其绝对值极小。如图5－6所示，则式(5－39)可以写为

$$E=\varepsilon_i-\beta-\sum_{m}\mathrm{e}^{\mathrm{i}\boldsymbol{k}\cdot\boldsymbol{R}_m}\gamma(\boldsymbol{R}_m) \quad (5-41)$$

其中β称为晶体场积分，$\gamma(\boldsymbol{R}_m)$称为相互作用积分，它们均依赖于ΔU以及原子波函数的交叠程度。在我们假定的情况下，原子波函数相互交叠较少，因此，式(5－41)中的求和可以只对

最近邻原子 $\boldsymbol{R}_n$ 进行，这样式(5－41)可以进一步写成

$$E = \varepsilon_i - \beta - \sum_{(n,\,n)} \mathrm{e}^{\mathrm{i}\boldsymbol{k}\cdot\boldsymbol{R}_m}\gamma(\boldsymbol{R}_m) \tag{5-42}$$

式中：符号(n, n)表示对格点 $\boldsymbol{R}_n$ 的最近邻原子求和，$\boldsymbol{R}_n$ 可选晶体中的任一个格点。式(5－42)就是紧束缚近似下晶体中单电子 k 态时能量本征值的一级近似 $E(k)$。

由式(5－42)可知，每一个 $\boldsymbol{k}$ 都有一个相应的能量本征值，即一个能级。由于 $\boldsymbol{k}$ 可准连续取 N 个不同的值，这 N 个非常接近的能级形成一准连续的能带。下面利用式(5－42)来计算三种晶体中 s 态原子形成的能带。

对简单立方的晶格，任选一原子作为 $\boldsymbol{R}_n$，并把坐标原点选在 $\boldsymbol{R}_n$ 上，即 $\boldsymbol{R}_n=0$。这样最近邻的6个原子的位置矢量 $\boldsymbol{R}_m$ 分别是$(\pm a, 0, 0)$，$(0, \pm a, 0)$，$(0, 0, \pm a)$。注意到 s 态波函数的球对称性，故6个最近邻原子相应的 $\gamma(\boldsymbol{R}_m)$ 都相等，把6个原子的 $\boldsymbol{R}_m$ 代入式(5－42)得

$$E(\boldsymbol{k}) = \varepsilon_i - \beta - 2\gamma[\cos(k_x a) + \cos(k_y a) + \cos(k_z a)] \tag{5-43}$$

式(5－43)给出了简单立方晶格 s 带能量与波矢的关系。

能带的极小值出现在布里渊区中心 $\boldsymbol{k}=0$ 处

$$\boldsymbol{E}_{\min} = \varepsilon_i - \beta - 6\gamma \tag{5-44}$$

能带的最大值出现在 $\boldsymbol{k}$ 为$\left(\pm\frac{\pi}{a}, \pm\frac{\pi}{a}, \pm\frac{\pi}{a}\right)$处

$$E_{\max} = \varepsilon_i - \beta + 6\gamma \tag{5-45}$$

能带宽度

$$\Delta E = E_{\max} - E_{\min} = 12\gamma \tag{5-46}$$

同理，对于体心立方晶格和面心立方晶格，最近邻原子数目分别为8和12，s带的能谱分别是

$$E_{\mathrm{BCC}}(\boldsymbol{k}) = \varepsilon_i - \beta - 8\gamma\cos\left(\frac{1}{2}k_x a\right)\cos\left(\frac{1}{2}k_y a\right)\cos\left(\frac{1}{2}k_z a\right) \tag{5-47}$$

$$E_{\mathrm{FCC}}(\boldsymbol{k}) = \varepsilon_i - \beta - 4\gamma\left[\cos\left(\frac{1}{2}k_x a\right)\cos\left(\frac{1}{2}k_y a\right) + \cos\left(\frac{1}{2}k_x a\right)\cos\left(\frac{1}{2}k_z a\right) + \cos\left(\frac{1}{2}k_y a\right)\cos\left(\frac{1}{2}k_z a\right)\right] \tag{5-48}$$

能带宽度分别为

$$\begin{aligned}\Delta E_{\mathrm{BCC}} &= 16\gamma \\ \Delta E_{\mathrm{FCC}} &= 16\gamma\end{aligned} \tag{5-49}$$

由此可看出，能带宽度由配位数和相互作用积分 γ 共同决定，为了对晶体的性质做出定量的估计，必须知道 γ 的数值。γ 的数值可以用半经验的方法确定。

从以上的结果可以看出：原来孤立原子的每一能级，当原子相互接近组成晶体时，由于原子间的相互作用分裂成一个能带。若原子间距越小，原子波函数交叠就越多，相互作用积分就越大，因而能带宽度也就越宽。一个原子能级形成晶体的一个能带，原子的不同能级，在晶体中将形成一系列的能带，如 s 带、p 带等。p 态三重简并，对应的 p 能带也是由3个能带交叠而成。值得注意的是，这种能级和能带的对应关系，只适用于最简单的情况(不同原子态之间的作用很小，晶格结构简单)。

5.5 能带的填充

在近自由电子近似中，当$k=\frac{n\pi}{a}$时，电子的能量发生不连续跳跃，$k=\frac{n\pi}{a}$处为布里渊区边界，其所包含的区域称为布里渊区。布里渊区也是k空间的一个概念。一维的布里渊区边界在倒易矢量的一半处。二维正方点阵，其布里渊区的形状如图5－7所示。布里渊区的概念在1.3节中有讨论。

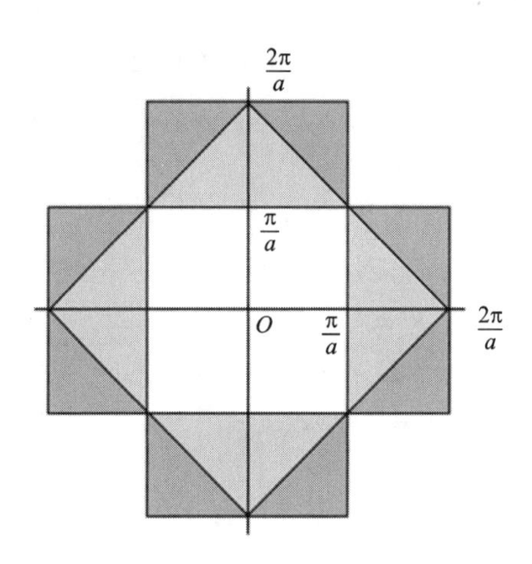

图5－7 正方点阵的布里渊区示意图

由图5－7可知，每个布里渊区围成的区域是一样大的。对于s能带上电子的能级来说，每个布里渊区的电子态数是$2N$，最多只能容纳$2N$个电子。

在能带底部，准自由电子的行为和自由电子相似，因此，在能带底部，准自由电子的状态密度曲线和自由电子一样，呈抛物线形状；在能带顶部，由于靠近布里渊区边界，$\frac{\mathrm{d}E}{\mathrm{d}k}$比自由电子要小，故状态密度$g=2V\frac{\mathrm{d}k}{\mathrm{d}E}$要大一些。在布里渊区角落，可填充电子的$k$空间很小，故$g$会下降到0，如图5－8(a)所示。若能带重叠，则$g$曲线会出现多余的峰，如图5－8(b)所示。

电子在布里渊区中的分布可以这样来理解。设想晶体的构成过程是先把正离子放在格点上，然后将公有化电子逐个装入晶体内的过程，用k空间来描述这个过程就是把电子填充到布里渊区中形成一个电子分布的过程。这个过程，同时要服从能量最低原理和泡利不相容原理。

在第一布里渊区中，假定有s、p、d…能带，填充时，先填充s能带，s能带能填充$2N$个电子，类似于图5－8(a)所示。对于一价金属，如钠，每个原子贡献一个s价电子，因此，一价金属只能填充s能带的一半，如图5－9(a)所示。对于二价金属，若能带不重叠，价电子公有化后正好填满s能带；若能带重叠，则价电子一部分在第一布里渊区，另一部分在第二布里渊区，如图5－9(b)所示。实际的金属，特别是过渡金属，其电子的填充还要复杂一些。

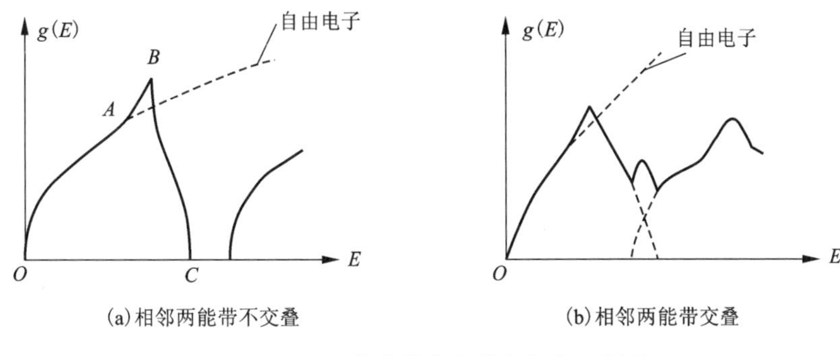

(a)相邻两能带不交叠　(b)相邻两能带交叠

图5－8　固体中的电子状态密度示意图

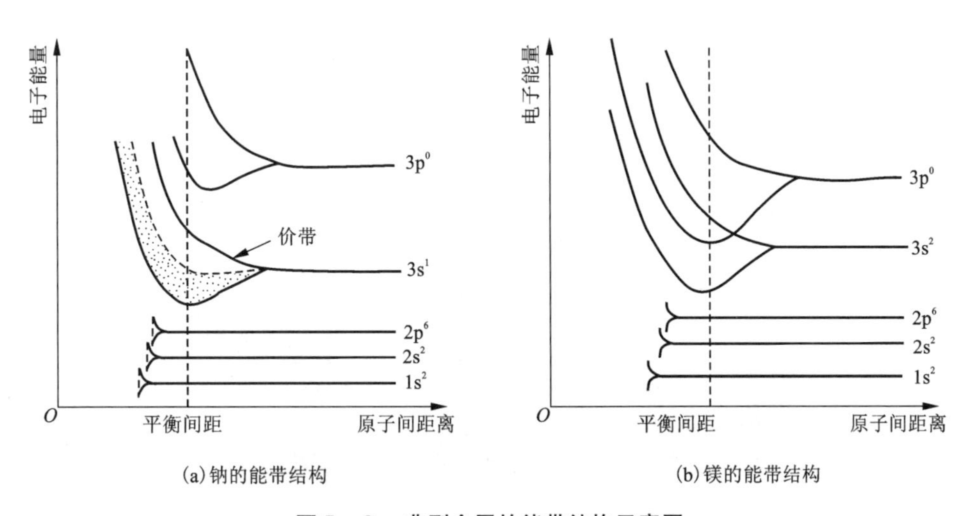

(a)钠的能带结构　(b)镁的能带结构

图5－9　典型金属的能带结构示意图

5.6　导体、绝缘体和半导体

当固体温度接近0 K时，电子是由低能级到高能级逐个填充在能带中。一般地，原子的内层能级都被电子填满，称为满带。价电子引起的能带可能是满带，也可能不是满带。有些能带相互交叠形成混合能带，如图5－9(b)中的$3s^2$能带和$3p^0$能带。

对于满带来说，电子的交换并不能改变能量状态，因此，满带是不导电的。对于一些导体材料来说，其较低的能带都被电子填满，较高的能带只是部分地被电子填充。当无外场时，晶体中的电子速度分布对称，不会引起宏观电流。当有外场时，晶体中运动着的电子有些被加速，有些被减速，只有当电子所在的能带内有未被占据的空能级时，固体才可能导电。因此，当电子按照能量由低到高的顺序填充能带时，如果填充到最后，其能带是不满的，则它必然是导电的，因而是导体，如Li、Na、K等元素，N个价电子形成的s能带，可以容纳$2N$个电子，但它们只有N个电子，只填充了能带的下半部，上半部的N个状态是空的，这些元素的晶体是良导体。

对于 Be、Mg、Ca 等二价元素晶体，每个原子有两个价电子(都是 s 态)，N 个原子组成的晶体，其价电子似乎正好填满一个 s 能级的 $2N$ 个状态，似乎不导电，但是实际上这些二价的元素晶体是导电的。其原因是这些元素晶体的 s 能带与其上方的 p 能带是交叠的，所以电子在没有填满 3s 能带之前就开始填充 3p 能带，这样 3s 和 3p 两个能带都是未填满的，因而具有导电性。

对于绝缘体和半导体，其电子填满一系列的能带。常把最上面的一个满带称为价带。价带上方的各个能带都是空的，最靠近价带的空带称为导带，在价带和导带之间存在能隙 E_g，因此，绝缘体和半导体在基态都是不导电的。

绝缘体和半导体从能带结构来看，没有本质的区别，它们的区别仅仅在于禁带宽度(能隙)E_g 的不同。绝缘体的禁带宽度较大，一般在 3 eV 以上，而半导体的禁带宽度一般在 2 eV 以下，二者之间没有严格的界限。由于半导体的 E_g 较窄，在一定的温度下，有少量的电子可以从价带顶附近被激发到导带底(称为本征激发)。如图 5 - 10 所示为绝缘体、半导体和金属的能带图。表 5 - 1 列出了常见材料的禁带宽度。

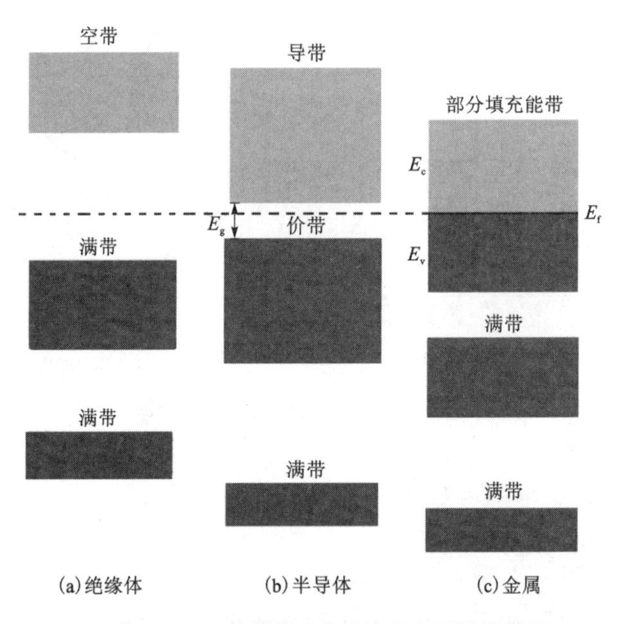

图 5 - 10 绝缘体、半导体和金属的能带图

表 5 - 1 常见材料的禁带宽度 (单位/eV)

晶体	带隙	0 K	300 K	晶体	带隙	0 K	300 K
金刚石	i	5.45		InP	d	1.42	1.27
Si	i	1.17	1.12	GaP	i	2.32	2.25
Ge	i	0.744	0.66	GaAs	d	1.52	1.43
InSb	d	0.23	0.17	GaSb	d	0.81	0.68
InAs	d	0.43	0.38	AlSb	i	1.65	1.60

续表 5 - 1

晶体	带隙	0 K	300 K	晶体	带隙	0 K	300 K
ZnSb		0.56		2H - SiC		3.30	
HgTe	d	- 0.30		4H - SiC	i	3.26	3.23
PbS	d	0.286	0.34 ~ 0.37	6H - SiC	i		2.86
CdSe	d	1.840	1.74	3C - SiC	i		2.36
CdTe	d	1.607	1.44	15R - SiC	i	3.02	
ZnO	d	3.436	3.34	GaN(闪锌矿)			3.2 ~ 3.3
ZnS		3.91	3.60	AlN(闪锌矿)	i		5.11(理论)
ZnSe		2.58		GaN(纤维锌矿)	d	3.50(1.6K)	3.39
TiO_2		3.03		AlN(纤维锌矿)	d	6.28(5K)	6.20
Cu_2O	d	2.172		SnTe	d	0.3	0.18

注：d 指直接带隙；i 指间接带隙。

思考与练习

1. 固体能带论的两个基本假设是什么？

2. 晶格常数为 a 的一维晶体，电子波函数为

$$(1)\psi_k(x) = i\cos\left(\frac{3\pi x}{a}\right);\ (2)\psi_k(x) = \sum_{-\infty}^{+\infty} f(x - la),\ f \text{为某一函数。}$$

求电子在该态中的波矢。

3. 求体心立方晶体 s 态原子能级对应的能带。

4. 求出面心立方晶体 s 态原子能级对应的能带。

5. 分别导出一维、二维和三维金属中自由电子的能态密度。

6. 铜是单价金属，其密度为 8000 kg/cm^3，相对原子质量为 64。

(1)计算绝对温度时电子的费米能；(2)估算导带的宽度。

第 6 章　低维固体

前几章讨论的是由大量粒子构成的宏观尺寸的固体。随着固体尺寸的不断减小，如何从宏观体系过渡到少量原子分子组成的微观体系，是凝聚态物理的一个基本问题。一般认为，仅当体系尺寸远大于某一特征尺寸时，才能称为是宏观的。

从单个原子或者分子出发，逐渐增加原子数或者分子数，所得到的将是在 6.1 节中讨论的团簇(cluster)。当团簇尺寸增加到一定程度，原子数或者分子数再增加时，除了表面结构稍有调整外，团簇的结构和性质不再发生显著的突变，而展现出接近大块晶体的明显特征，这个特征尺寸约为 1 nm。

当尺寸为 1～100 nm 时，固体称为纳米微粒。一般随着尺寸的增加，纳米微粒的特性发生变化，表现出尺寸效应(尺寸依赖性)。随着尺寸的增加，纳米微粒的性质逐渐趋向块体值。尺寸效应可使得纳米微粒的能级明显分立。

纳米微粒是零维材料，它的三个维度都在纳米尺度。当三个维度中只有一个维度在纳米尺度，而另外两个维度在宏观尺度时，就是所谓的二维材料。研究发现，二维材料有很多特殊的性能，在许多领域有潜在的应用价值，已是当今凝聚态物理和材料研究的热点。

对于宏观世界和微观世界，人们已经有较多的研究，有比较成熟的理论。但对于团簇、纳米微粒、二维材料，目前的了解并不多。由于这一领域的研究涉及电子器件的小型化及其他多方面的实际应用，因此，它具有重要的基础研究价值及广阔的应用背景。

6.1　团簇

团簇的尺寸一般界定在 1 nm 以下，是由几个到几百个乃至上千个原子、分子或者离子结合成的相对稳定的微观聚集体，具有一系列既不同于单个原子分子，也不同于大块固体的物理性质。它是从原子到宏观固体之间物质结构的新层次，代表了凝聚态物质的初始形态。对于团簇的研究可以深化人们对原子分子之间的相互作用、性质和规律的认识。团簇的研究，还涉及许多过程和现象，如催化、晶体生长、成核和凝固、相变、溶胶等，是材料科学的一个重要研究领域。

研究团簇时要回答的基本问题是弄清楚团簇是如何由原子、分子一步步发展而成，以及随着这种发展，团簇的性质如何变化，当尺寸多大时，团簇发展成宏观固体。团簇在尺寸较小时，一般每增加一个原子，团簇的结构会发生变化，这称之为重构。含有某些特殊原子数目的团簇，其结构特别稳定，人们借用核物理中的术语，把相对稳定的团簇中所包含的原子数称为“幻数”(magic number)。团簇的幻数序列与构成团簇的原子间的键合方式有关。当团簇的大小达到某一临界尺寸后，原子数再增加，除了表面结构稍有调整变化外，团簇也过渡到类似于纳米微粒的情形，具有晶态结构。这一过程中，团簇物理性质的变化以及电子的结构如何从原子分立的能级过渡到能带，都是人们十分关心的问题。

本节将对团簇的主要物理性质进行介绍，更详细的内容请参考图书《团簇物理学》(王广厚著)。

6.1.1　团簇的产生

用人工的方法制备和检测团簇是团簇研究的基础。其制备方法，基本上可以分为物理制备法和化学合成法两类。图6-1给出了一种用物理方法制备和检测团簇的实验装置示意图。首先，用直接加热或者强激光照射的方法，使得源蒸发产生原子气，原子气在惰性载体气体(如Ar气)携带下从一小的喷嘴射出；然后，通过绝热膨胀或惰性气体冷凝得到电中性的团簇；最后，使团簇通过准直狭缝形成束流，通过相互作用区，作质谱检测。载气Ar气可通过液体He冷却的低温泵去除。在相互作用区，可对自由团簇进行多方面的研究，如外加电场、磁场、电磁辐射的作用以及电子、原子、分子的碰撞等。团簇尺寸的分布一般是用脉冲电子束轰击、紫外光照射等方法使得团簇电离，然后通过四极谱仪、静电或磁谱仪以及飞行时间质谱仪探测，其中飞行质谱仪用得比较广泛。

团簇的大小和丰度分布与源的蒸发条件、喷嘴与源的距离和载体气体压强等因素有关。制备尺寸均一可控、束流强度高的团簇是团簇实验研究中的重要课题。

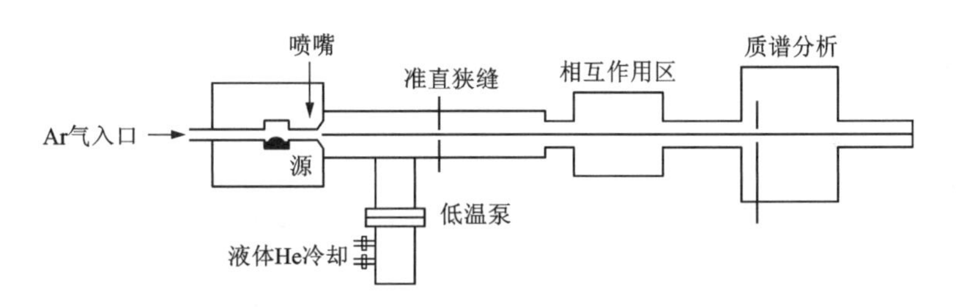

图6-1　用于研究自由团簇的实验装置

6.1.2　团簇的幻数序列

先从最简单的惰性元素团簇讨论起。惰性元素间有弱的范德瓦耳斯力相互作用。可以用雷纳德-琼斯势描述。团簇的稳定结构所对应的原子排列应该是使总的作用能最小，故一般应取对称性高、堆积密度大的多面体结构。由于原子数增加时，能量相近或者相等的同素异构体的种类迅速增加，在幻数确定上，实验至关重要。

图6-2给出了Xe族的质谱分布。丰度并不随着团簇中原子数N单调变化，而是在$N=13, 19, 25, 55$等处呈现峰值，其强度大约是相应后一个团簇(如14，20，26，56等)强度的两倍或者更多。这表明，由这些特殊数目原子构成的团簇比较稳定，这些稳定团簇的原子数，给出了Xe原子团簇的幻数序列。

电子衍射结果表明，Xe团簇有Mackay二十面体的构筑方式。图6-3所示为5个二十面体团簇结构的示意图。对于$N=13$的团簇，12个原子位于Mackay二十面体的12个顶点上，形成一个满壳层，另一原子位于二十面体的中心。对于$N=55$的团簇所添加的42个原子，

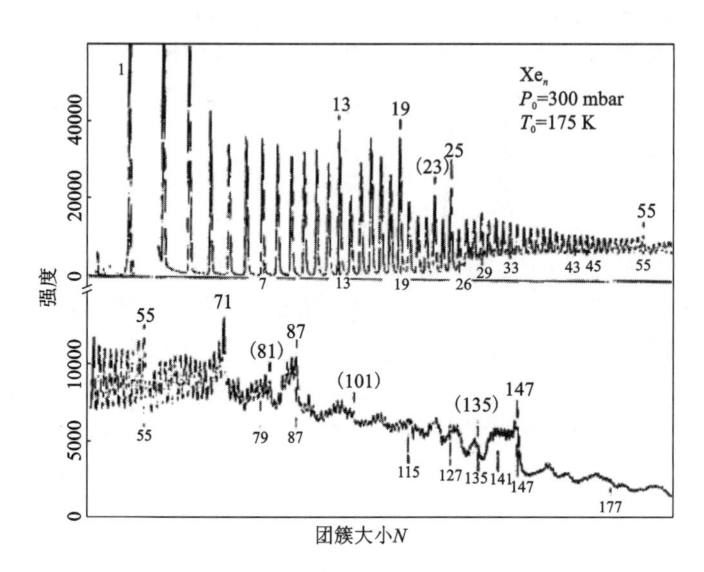

图 6-2　Xe 团簇质谱的结果

（观察到的幻数用黑体字标明）

形成第二个二十面体壳层，其中 12 个位于较大的二十面体顶点，即第一层 12 个原子沿着径向向外的位置上，另外 30 个原子则位于较大二十面体棱边的中点。团簇加大时，原子相继构筑更大的二十面体壳层，相应的幻数为

$$N = 1 + \sum_{p=1}^{n} (10p^2 + 2) \tag{6-1}$$

式中：n 为壳层数。$n=1, 2, 3, 4, 5$ 和 6 时，N 的值分别为 13，55，147，309，561 和 923。实验上观察到的其他数值，可以理解为趋向满壳层的中间步骤。这里的团簇生长是通过逐层或逐个原子壳层填充的方式实现的。

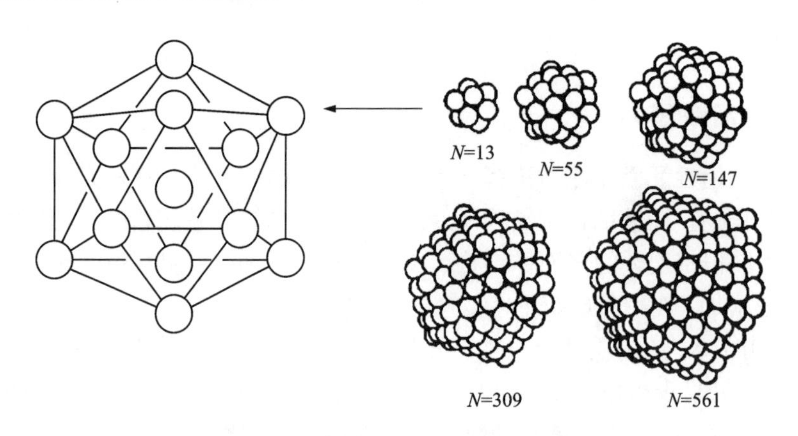

图 6-3　Mackay 二十面体示意图

（对 $N=13$ 的情形给出了原子排列的细节）

团簇有一个中心原子，且围绕其生长的 Mackay 二十面体具有五重对称性，团簇在结构上的这些特点是大块晶体所没有的。Xe 团簇尺寸到含有 1000 个原子以上时仍无转变为具有

平移对称性的晶态迹象。

Xe 团簇的行为不能简单地推广到其他重惰性气体元素团簇。实验给出的 Ar 团簇呈现出不同的幻数序列，团簇的生长是以另一种以小的二十面体团簇为单元堆垛的过程，其差别的原因目前尚不清楚。

惰性气体元素中最轻的元素是氦。上述壳层密堆积模型或任何其他从原子位置局域化（位置序）出发的经典模型，都不适用于它，而是需要运用量子力学知识来处理。

6.1.3　金属团簇

金属要复杂一些，除去离子实外，还有公有化的自由电子。在讨论简单金属，如 Na 的物理性质时，自由电子气模型或凝胶模型是很好的近似。在团簇的总能量中，电子的贡献占主要部分。同时，电子的行为要用量子力学知识来处理，团簇表现出来的是动量空间的有序或波序。

由于凝胶尺寸限制了电子的活动范围，故电子的能量是量子化的。尽管电子感受到的有效平均场和在原子中以带正电的核为中心的屏蔽库仑势不同，但也是球对称的，因此它是有壳层结构。对于三维抛物线型的谐振子势，能级是等间隔排列的。对于三维方势阱，能级间隔是不均匀的。真实的势阱很可能介于这两者之间。图 6－4 中也给出了采用内插的方法得到的中间势的结果。这与更细致一些的计算得到的结果一致。电子的能级可用主量子数和角动量量子数（n，l）标记。但与原子情形 l 必须小于 n 不同，这里的 l 值和 n 值之间没有相对的约束，因为势场并非中心库仑势。中间势模型的能级和简并度为 1s(2)，1p(6)，1d(10)，2s(2)，1f(14)，2p(6)，1g(18)，2d(10)，3s(2)，1h(22)，2f(14)，3p(6)，1i(25)，2g(18)，…。因此，当电子填充这些壳层时，满壳层的电子数为 2，8，18，20，34，40，58，68，70，92，106，112，138，156 等。对于碱金属和贵金属，每个原子贡献一个价电子，满壳层时团簇包含的原子数也与上述序列相同，此时团簇的总能量较低，也比较稳定。这些数目即是碱金属簇和贵金属簇的幻数。

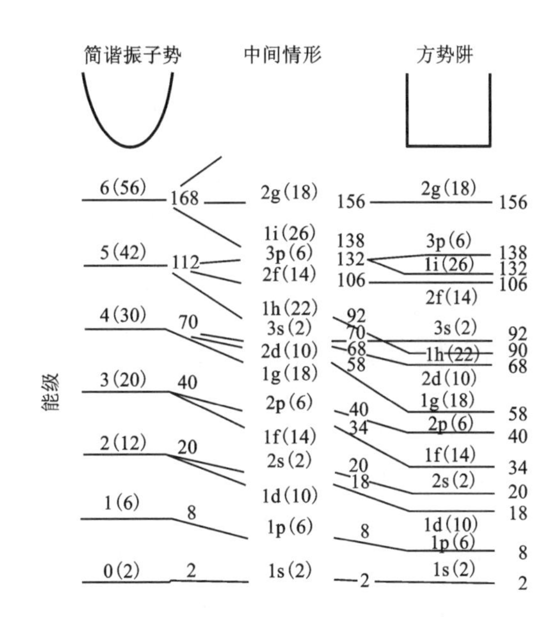

图 6－4　三维谐振子势和方势阱以及中间情形的能级谱

［图中给出了能级的标记、简并态数（括弧中）以及总态数］

用凝胶模型计算团簇总能量时，在幻数处能量降低。为和测量的丰度谱相比，一般要计算总能 $\varepsilon(N)$ 相对于原子数 N 的二阶差分。一阶差分定义为

$$\Delta(N)=\varepsilon(N)-\varepsilon(N-1) \tag{6-2}$$

二阶差分为

$$\Delta_2(N)=\Delta(N+1)-\Delta(N)=\varepsilon(N+1)-2\varepsilon(N)+\varepsilon(N-1) \tag{6-3}$$

这样做可突出不同 N 值团簇间能量的差异。对于 Na 簇，$\Delta_2(N)$ 随 N 的变化表示在图 6－5(b) 中，在团簇闭壳层对应的 N 处出现尖峰。图 6－5(a) 给出 Na 簇丰度谱的实验测量结果，丰度比相邻团簇高并发现突变处，与图 6－5(b) 中 $\Delta_2(N)$ 的尖峰位置一致。实验证实了壳层结构的存在以及凝胶模型对简单金属簇的近似处理的合理性。

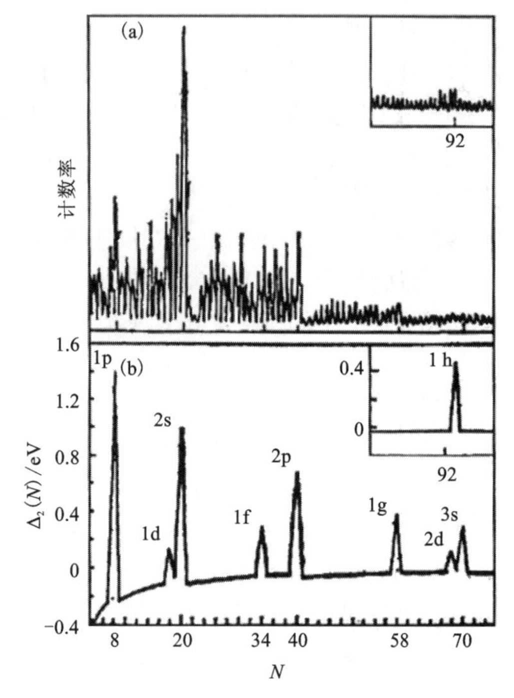

图 6－5　Na 簇丰度谱和能量二级差分

(a) Na 簇丰度谱的实验测量结果；
(b) 能量二级差分 $\Delta_2(N)$ 的理论计算结果

Na 簇的生长螺旋呈周期性。从一个幻数到下一个幻数，很像是元素周期表中的一个周期。因此，金属簇也常被称为准原子(quasi-atom)或巨原子(giant atom)。实验表明，碱金属 K、Cs 和贵金属 Cu、Ag、Au 与 Na 相似，属于相同的准原子家族，在 1990 年已观察到 Na 第 12 个壳层的存在，实验给出的 N 值为 558 ± 8，凝胶模型的局域密度近似给出的数值为 556。

对于 N 小于 100 的碱金属簇，在 N = 12，14，26，30，34，38，50 和 54 等处观察到丰度的次强峰，可能与团簇形状有椭球形变有关。总之，团簇的幻数是一个复杂的问题，不仅和团簇的种类有关，而且也依赖于制备条件。尽管如此，幻数的存在这一事实，无疑是团簇的一个重要物理特征。

6.2　纳米微粒的能级分立

纳米微粒的尺度范围，一般界定在 1 ~ 100 nm，这一界定决定于某一特征尺度或临界尺寸，其具体的数值因所关心的物理性质及材料而异。对于铁磁性金属 Fe 和氧化物 Fe_3O_4，尺度大时具有磁畴结构，小到某一程度时成为单畴粒子，在外场作用下会有很不相同的磁行为。对于上述两种材料，单畴结构的临界尺寸分别为 12 nm 和 40 nm。又如，对于大块材料，表面原子数所占比例很小，而对于纳米微粒，这一比例显著增加，故表面效应变得比较重要。对金属 Cu，表面原子占总原子数的比例为 10% 时，其微粒直径为 20 nm。

本节主要讨论金属纳米微粒中的量子尺寸效应，即由于微粒尺寸的减小导致的电子能级的明显分立。

对于宏观尺度的大块金属，我们一直强调其电子能谱 $\varepsilon(k)$ 是准连续的。这主要是因为体系中电子很多($N \sim 24^{24}$)，从而使得费米波矢 k_F 远大于电子许可态在 k 空间中的间隔 Δk ($\Delta k/k_F \sim 10^{-8}$)。

当金属颗粒的体积(V)下降时，由于电子数密度($n = N/V$)不变，故按照自由电子模型，费米能量

$$E_f^0=\frac{\hbar^2}{2m}(3\pi^2 n)^{\frac{2}{3}}$$

与颗粒的尺寸无关。

从费米面附近单位体积金属的态密度可得，能级间隔

$$\delta=\frac{2}{g(E_f^0)V}=\frac{4}{3}\frac{E_f^0}{N} \tag{6-4}$$

与体系的总粒子数成反比。式(6-4)中因子2来源于每个许可的能级上有两个不同的自旋态。计算能级间隔时，态密度要用$(1/2)g(\varepsilon_F)$。

如果可对单个金属微粒做测量，在足够低的温度下，即$k_B T\ll\delta$，会发现它处在非金属态。因为此时的费米能级处在最高占据态和空态之间的能隙中。当然这还要求电子在相应能级上有足够长的寿命τ，从而使能级展宽远小于能级间隔的大小，即$\tau\gg\hbar/\delta$。

具体地，对金属银，$n=6\times10^{22}\ \text{cm}^{-3}$，从式(4-20)和式(6-4)可得，

$$\frac{\delta}{k_B}=\frac{1.45\times10^{-18}}{V}\ \text{K}\cdot\text{cm}^{-3}$$

对于$\delta/k_B=1\ \text{K}$，相应的颗粒直径$d=14\ \text{nm}$。一些金属元素费米面附近的平均能级间隔与颗粒直径的关系见图6-6。其中对δ的计算所依据的态密度由电子比热的测量数据得到，并非按上述自由电子气体的公式算出。

单个金属颗粒的电子比热，可以想像在高温($k_B T\gg\delta$)区与大块材料一样，随温度发生线性变化。在低温下($k_B T\ll\delta$)，过渡到指数变化行为，即

$$C_e\propto e^{-\delta/k_B T} \tag{6-5}$$

类似地，单个颗粒的低温磁化率行为也应和大块材料(与温度无关)的泡利顺磁磁化率有很大的不同。问题是无法对单个颗粒进行测量，实验用的样品中包含大量颗粒。测量得到的比热和磁化率随温度的变化，实际上是样品中不同尺寸、形状的所有颗粒的统计与平均。

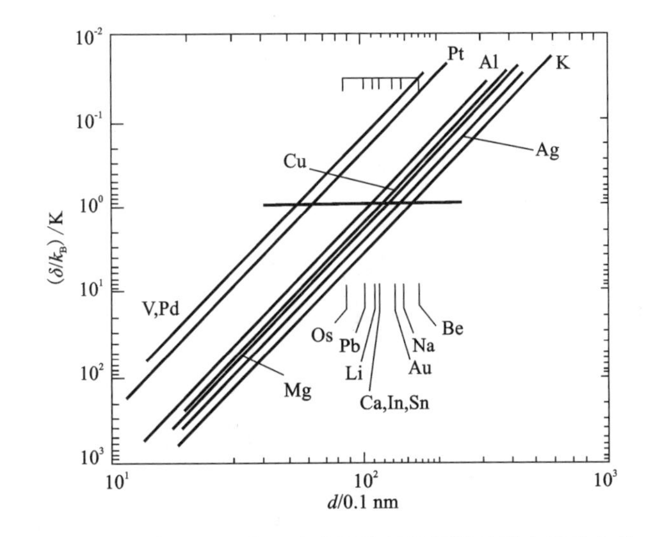

图6-6　一些金属元素平均电子能级间隔随微粒直径的变化

(部分元素仅用垂线标出能级间隔为1 K时相应的微粒直径)

6.3　二维材料电子结构

低维和纳米结构是当前凝聚态物理学的重要研究领域。理论上早就对严格二维的单层石墨(graphene)进行过能谱方面的研究，而实验上成功制备这种二维六角晶体材料是在2004年，它是由曼彻斯特大学的Novoselov和Geim等从三维石墨块体材料中机械剥离出来的。独特的低能无质量Dirac电子的线性色散关系、极高的电子迁移率和热导率以及巨大的机械强

度等一系列优异的物理性质使得这种碳单层迅速成为当前凝聚态物理学和材料科学领域最热门的研究对象之一。基于碳单层的实验、理论以及器件应用的研究工作层出不穷。因实验工作的首创性和碳单层卓越的应用前景，Novoselov 和 Geim 一起荣获 2010 年的诺贝尔物理学奖。

由于碳单层中电子的运动遵循相对论性的 Dirac 方程，这为广大科研工作者打开了一个新的研究领域——相对论性的凝聚态物理学。人们已经知道，碳单层可以表现出许多奇异的物理现象，比如已经被实验所证实的异常整数量子霍尔效应以及分数量子霍尔效应等。最近几年的研究工作主要集中在通过外加应变场或强磁场、改变层数、构造超晶格等方式来调制碳单层材料中电子的能谱结构以及通过纳米尺寸限制效应、引入缺陷等方式来诱导其磁性的产生。

继碳单层成功制备之后，许多新的二维材料相继涌现，例如硅、硼氮和二硫化钼等不同种元素构成的二维六角晶体材料。与碳单层相比，这些材料由于在空间价键结构与对称性上存在着显著的差异，又导致出现许多新奇的物理性质，也揭示了许多可在未来电子学、自旋电子学、光电子学等领域中进行应用的前景。为适应目前对二维材料持续高涨的研究热情，英国皇家物理学会创办了一本新的杂志 2*D Materials*。

本节将对二维材料空间结构和基本电子性质进行讨论，更深入的内容请参阅参考文献[16]。

6.3.1 碳单层和双层

为了更好地研究二维材料的性质，本节以碳单层和双层作为考察对象，分别从实空间和倒空间两个方面来简要阐述二维材料的空间结构和基本电子性质。

对于碳基材料，由于碳原子的 s 轨道与 p 轨道靠得非常近，这就导致 s 轨道和 p 轨道可以通过不同的方式进行轨道杂化，从而形成不同的碳的同素异形体。其中，sp^2 杂化可以形成所谓的碳单层二维结构，其实验样品如图 6-7(a)所示；实空间的具体结构如图 6-7(b)所示，它是由两个相互嵌套的三角格子组成的二维六角蜂巢复式晶格。碳单层的一个原胞中包含两个不等价的碳原子(分别标记为 A 和 B)，相邻的每两个碳原子通过 sp^2 杂化形成 σ 共价键，从而使得两个碳原子紧密地结合在一起，碳单层保持稳定的二维六角平面结构。相应的倒易空间，如图 6-7(c)所示，也是六角蜂巢结构。

由于碳单层中 sp^2 杂化，每个碳原子上剩下一个 p_z 轨道电子，其哑铃状的波函数垂直于碳单层表面，与相邻碳原子的 p_z 轨道电子共价耦合，形成成键态和反键态，最后分别形成电子能带中的填满的价带(π 带)和空的导带(π^* 带)。碳单层中的低能电子就是来自碳原子的 p_z 轨道贡献的 π 电子。利用紧束缚近似方法，可以求得碳单层二维晶体的电子能谱，如图 6-8 所示。在 $|E|<1$ eV 时，其色散关系是线性的。

碳双层是由两个碳单层依靠层间范德瓦耳斯力耦合堆积起来的。其每个原胞中包含四个碳原子，如图 6-9 所示，下层为 A_1 和 B_1 原子，上层为 A_2 和 B_2 原子。其 Brillouin 区与碳单层是一样的。碳双层包含四套子格，一般有 AA 和 AB 两种堆积方式。其中顶层的两套子格分别正对底层的两套子格，此时称为 AA 堆积；顶层的一套子格正对底层的一套子格，而顶层另一套子格正对底层六角的中心，此时称为 AB 堆积，也叫作 Bernal 堆积。

同样，可以利用紧束缚近似方法对碳双层进行计算。计算结果表明，AA 堆积的碳双层

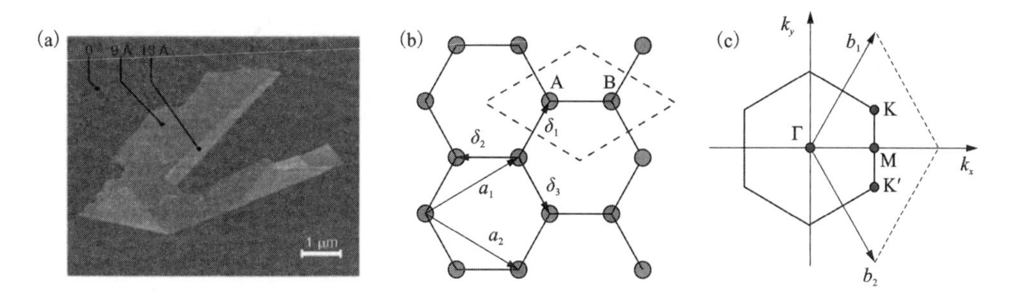

图6-7 碳单层样品及其结构

(a)实验制备的碳单层样品图。单层厚度显示为折叠区厚度13 Å与非折叠区厚度9 Å之差，约为4 Å；(b)碳单层的实空间结构。它由A、B两个三角格子嵌套而成。a_1 和 a_2 为晶格基矢，$\delta_i(i=1, 2, 3)$是键矢量；(c)碳单层的倒空间Brillouin区。b_1 和 b_2 是倒空间的两个基矢；Γ，M，K，K′描述的是四个高对称点。

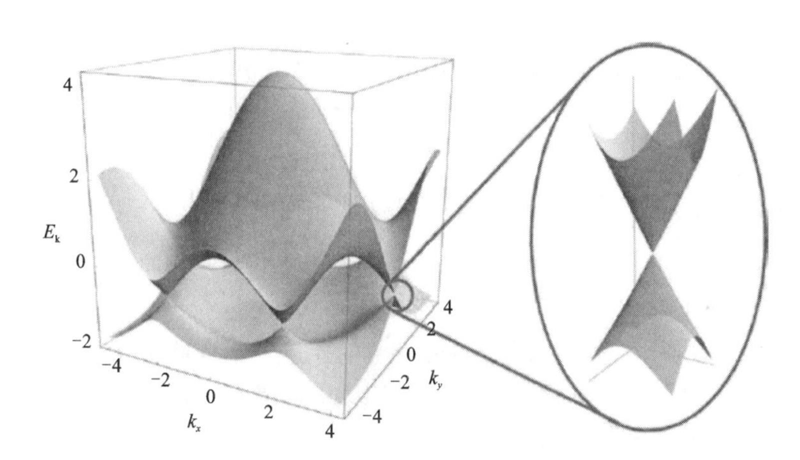

图6-8 通过π电子紧束缚模型计算得到的碳单层电子色散关系

左图代表整个能区，右图为左图低能区的局部放大图

的低能能谱保留了碳单层线性色散关系的特征，但层间耦合作用使得简并的两个碳单层的能谱在能量上发生平移，一个平移$-\gamma$，另一个平移$+\gamma$，如图6-9(a)所示；AB堆积的碳双层的能带结构不同于碳单层，它不再具有线性色散关系，而是具有近似抛物线型的色散关系，如图6-9(b)所示，这给碳双层带来不同于碳单层的特殊物理性质，例如区别于碳单层的反常整数量子霍尔效应。这里的γ是层间最近邻原子之间的跃迁能，对于AA堆积和AB堆积的碳双层，其取值分别为0.45 eV和0.39 eV。

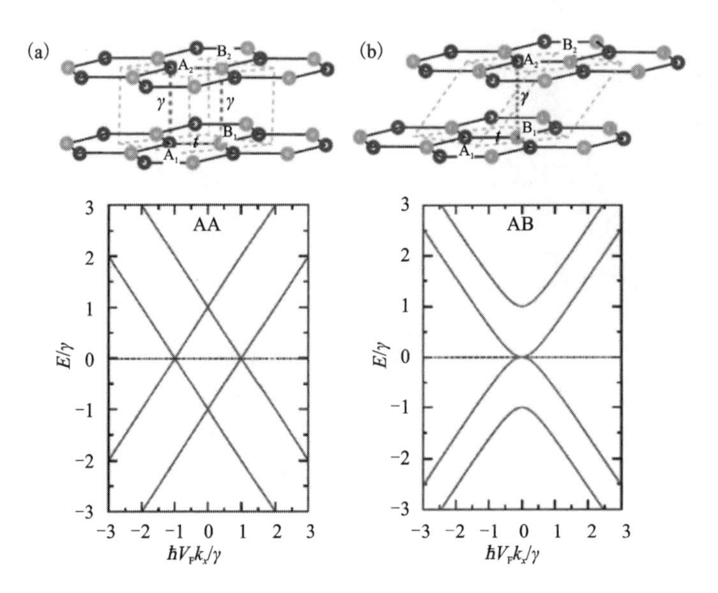

图 6-9　碳双层的实空间结构(上图)和能带结构(下图)

(a)AA 堆积；(b)AB 堆积

6.3.2　二硫化钼单层和双层

除碳单层和碳双层之外，还有许多其他二维六角晶体材料。这些材料具有相同的结构特征，即实空间原子排列的平面投影都具有二维六角蜂巢结构，它们的倒空间结构也相同，包含 K 和 K_0两个谷。由于构成这些六角结构新材料的原子的本身性质有差别以及它们在实空间的排布和对称性存在显著的差异，故它们具有不同的物理性质。下面将具体介绍二硫化钼的单层和双层二维六角结构材料。

基于实验上对碳单层成功地从块材石墨中剥离出来的方法，Geim 研究组使用同样的方法也成功地剥离出其他二维结构材料，二硫化钼单层就是其中的一种。图 6-10(a)是堆积在 SiO_2衬底上的二硫化钼单层(0.65 nm) 以及多层的原子力显微镜观测图。二硫化钼单层可以看作强结合的二维 S-Mo-S 层组成的“三明治”结构，即其上、下两层的 S 原子与中间层的 Mo 原子以离子键的方式结合，并且上、下两层存在范德瓦耳斯力。当俯视二硫化钼单层时，如图 6-10(b)所示，其晶体结构与碳单层的晶体结构一样，是二维六角晶格结构。不同的是，Mo 原子周围有 3 个最近邻的 S 原子。理论计算确认，二硫化钼单层和碳单层有同样的倒空间图。前面提到的碳单层是无能隙的半金属，而二硫化钼单层由于 Mo 原子中存在 d 轨道，使得材料是具有强的自旋轨道耦合的半导体。

第一性原理计算发现，见图 6-10(c)，二硫化钼在 Dirac 点处有直接带隙(1.9 eV)，表现为半导体性质，并且价带的自旋简并被打开。从图 6-10(d)所示的紧束缚近似下的二硫化钼单层的能带结构也可以明显地看出，二硫化钼单层是价带自旋简并被打开的有直接带隙的半导体。此外，从图 6-10(b)容易看出，与碳单层具有空间反演对称性不同，二硫化钼单层结构的空间反演对称性被破坏了。正因为如此，二硫化钼单层可以作为一种非常合适的材料而应用于光电子及谷电子学。

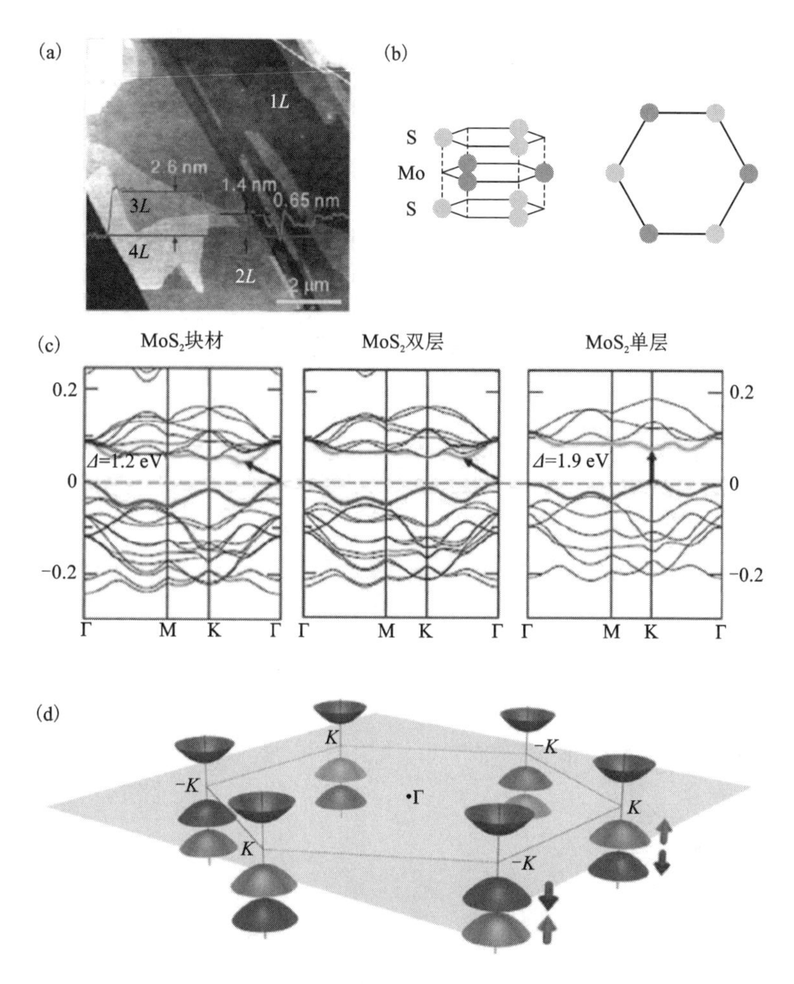

图 6-10 二硫化钼薄膜的形貌、结构与能带

(a)置于 SiO_2 衬底上的二硫化钼薄膜的原子力显微镜观测图，L 表示层数；(b)二硫化钼单层晶体结构及俯视图；(c)第一性原理计算的二硫化钼块材、双层、单层的能带结构，其中随着二硫化钼堆积层数减少到单层，带隙发生了从间接带隙到直接带隙的转变；(d)紧束缚近似下的二硫化钼单层的能带结构图。

理论结果表明，存在于二硫化钼单层中的低能电子态，主要是由 Mo 原子的 d 轨道来贡献的。目前，也有研究工作讨论二硫化钼 AB 堆积双层结构的电子性质，即其底层的 Mo 原子对应顶层的 S 原子，底层的 S 原子对应顶层的六角中心。与二硫化钼单层不同的是，二硫化钼双层是一种具有空间反演对称性的间接带隙(1.6 eV) 的半导体材料。如图 6-10(c) 所示，第一性原理计算发现，随着二硫化钼堆积层数减小到单层，其带隙发生了从间接带隙到直接带隙的转变。一方面，在 K 点附近的能带是由强局域的 Mo 原子的 d 轨道构成的，并且由于 Mo 原子在 S-Mo-S 原胞的中间位置，导致层间耦合对 K 点附近的能带影响比较小；另一方面，由于在 Γ 点和间接带隙点附近的能带是由 Mo 原子的 d 轨道和 S 原子的 p_z 反键轨道线性组合构成的，这会导致这些能带与层间耦合之间有很强的依赖关系。这也说明了为什么二硫化钼的带隙随着堆积层数减小到单层会有从间接带隙到直接带隙转变的现象。对于是否存在其他形式堆积的二硫化钼双层，目前还尚不清楚，亟须从理论与实验上做进一步的研究。

除了二硫化钼，还有很多其他二维晶格材料，如二硫化钨、二硒化钨、六方氮化硼、六方氮化碳、黑磷、硼烯、硅烯、锗烯、锡烯、砷烯、锑烯、碲烯等，它们独特的电子性质也将带来更多实际的应用价值。

思考与练习

1. 比较团簇和纳米微粒尺寸范围的不同之处。何为团簇的幻数效应？

2. 纳米微粒的能级为何会分立？纳米微粒的能级分立与尺寸有何依赖关系？

3. 纳米微粒的结合能具有尺寸效应和形状效应，仔细阅读参考文献[14]，说说文章中计算纳米固体结合能的键能模型的基本思路。

4. 查阅文献，总结二维层状材料电子结构的特点。

第二篇　计算材料

早在 1929 年，著名物理学家狄拉克非常有预见性地指出：“The fundamental laws necessary for the mathematical treatment of a large part of physics and the whole of chemistry are thus completely known, and the difficulty lies only in the fact that application of these laws leads to equations that are too complex to be solved.”(用于大部分物理和全部化学的数学理论基本规律现在已经完全知道了，困难只是在于应用这些规律所得到的方程太复杂，无法解。)[P. A. M. Dirac, Proc. Roy. Soc. (London), 1929, 123:714.]

随着现代高性能计算机(硬件)的发展以及先进计算方法(软件)的发展，利用计算机模拟预测物质的结构和性能成为可能。计算材料学源于计算物理，是近几十年飞速发展的一门新兴交叉学科。计算材料学是材料科学一个新的分支，已经逐渐融合到材料科学研究的各个方面，如材料结构、成分、性能的综合设计、材料加工过程的模拟、材料服役性能(包括极端条件下)的预测等(图 0 - 1)。计算材料已经成为材料研究强有力的手段。

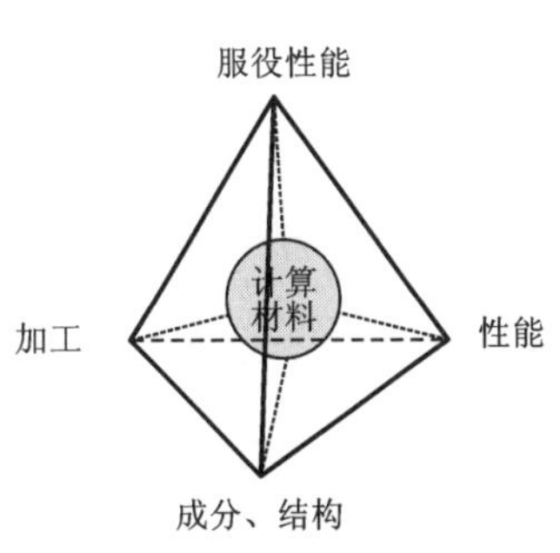

图 0 - 1　计算材料渗透到材料研究的各个方面

计算材料学的理论基础是固体物理，如固体物理部分所述，计算材料学可以看作固体物理的应用之一。本教材的第二部分计算材料的内容就基于这个思路编写，该部分的主要内容有原子间相互作用势(第 8 章)、分子动力学模拟(第 9 章)、蒙特卡洛方法简介(第 10 章)、电子结构计算(第 11 章)、计算材料学的新进展(第 12 章)，这些内容和固体物理部分相对应。如第 8 章与第 2 章晶体的结合力相对应，第 2 章讲了不同类型的材料需要用不同的结合力来描述，而第 8 章则针对不同材料的结合力给出了相应的势函数。第 9 章和第 10 章主要讲述原子尺度的模拟方法，可以模拟固体中“动”起来的原子，如固体的热学性质，这和第 3 章晶格振动与热学性质部分相对应。第 11 章为电子结构的计算，主要讲述了密度泛函理论及其计算固体电子结构的方法和软件，这和第 5 章能带理论相呼应。由此可见，固体物理和计算材料互相结合、密不可分。如要深入学习计算材料学的相关知识，固体物理的相关知识是必须要掌握的，而要应用固体物理知识去解决实际问题，则可以使用计算材料学的方法来具体实现。

近十年来，计算材料又有了迅速的发展，计算材料已经升级为材料基因工程，以机器学习和高通量计算为代表的计算材料新方法蓬勃发展，该部分内容在本书的第 12 章进行了简要介绍。

第7章　计算材料学概论

固体物理是用物理学的方法研究材料的结构与性能，如果利用数值的方法研究材料的结构与性能，就是计算材料学。

7.1　计算材料学简介

“材料计算与设计”的思想产生于20世纪50年代，于20世纪80年代形成一门独立的学科。近30年来，凝聚态物理、量子化学、计算技术等相关基础学科的深入发展，以及计算机能力的空前提高，不仅使得理论和计算在实际材料研究中的作用越来越大，还能够将多尺度、多层次、多种方法结合起来提供关于材料组成、结构、性能、以及服役特性的计算模拟与设计。随着计算科学与技术的飞速发展，材料科学与物理、化学、数学、工程力学等诸多学科相互交叉与渗透，从而产生了计算材料学(computational materials science)。

计算材料学是基于物理建模和数值计算方法，通过理论计算主动地对材料、器件等的本征特性、结构与组分、使用性能以及合成制造工艺进行综合设计，从而达到对材料结构与功能的调控与优化的一门学科。

计算材料学包括两方面的研究内容：一方面是模拟计算，即根据材料学和相关科学的基本原理，从实验数据出发，通过建立数学模型和数值计算，模拟实际过程；另一方面是材料的理论计算与设计，即直接通过理论模型和数值计算，预测材料或设计材料的结构与性能。前者不是使材料的研究停留在对实验结果和定性讨论上，而是使特定材料体系的实验结果上升为一般的、定量的理论；后者则使材料的研究与开发更具有探索方向性、前瞻性，并能指导开发新材料，缩短材料研制周期，大大提高研究效率，推动原始创新。由此可见，计算材料学是连接材料理论和实验的桥梁。

1998年，英国科学家波普尔(J. A. Pople)和美国科学家科恩(W. Kohn)被授予诺贝尔化学奖。其中波普尔发展了量子化学的计算方法，科恩发展了密度泛函理论。

英国科学家波普尔

瑞典皇家科学院颁奖文件中这样评价波普尔：“John Pople has developed quantum chemistry into a tool that can be used by the general chemist and thereby brought chemistry into a new era where experiment and theory can work together in the exploration of the properties of molecular systems. Chemistry is no longer a purely experimental science.”对于科恩的评价：“Walter Kohn's theoretical work has formed the basis for the simplifying the mathematics in descriptions of the bonding of atoms, the density functional theory (DFT). The simplicity for the method makes it possible to study very large moleculars."

美国科学家科恩

计算材料学作为新兴的学科具有以下特征：一是跨学科交叉的理论体系；二是跨尺度设计，从纳观、微观、介观和宏观开展跨尺度材料设计；三是跨领域特征，各领域汇聚在纳米科学与技术这一当代学科发展的标志性节点上。因此，从跨学科、跨尺度和跨领域的角度来看，计算材料学必然受到重视，在材料研究中大有用武之地。

7.2 计算材料学的多尺度模拟

计算材料学范围很广，有多种成熟的计算方法，也有不同的分类方法。作者认为最简单的分类方法就是将计算材料学分为三个层次，即电子尺度的计算、原子尺度的模拟和宏观尺度的计算。电子尺度的计算核心是计算材料的电子结构，其代表性计算方法是基于第一原理的计算方法；原子尺度的代表性计算方法是分子动力学模拟和蒙特卡洛模拟；宏观尺度的代表性计算方法就是连续体模拟方法。其他计算方法可以根据研究对象的尺度归类到这三类。

第一原理计算方法是从量子力学出发，通过求解薛定谔方程，计算分析材料的性质。该方法的优点是可以给出电子结构信息；可以描述化学键的断裂与重组；只要输入原子的种类和坐标等信息就可以精确计算材料的性质。缺点是数值计算的工作量很大，只限于研究较小尺寸的体系(数百个原子以内)和瞬时现象(数十皮秒)。

原子尺度的模拟，是采用经验原子间相互作用势或者力场(代表性方法如分子动力学模拟)，利用牛顿力学确定原子的运动，结合统计力学来确定系统的热力学和输运行为的模拟。原子尺度的模拟的优点是可以模拟复杂系统的微观结构，原子数可以达到数百万个；可以模拟较长时间尺度的过程，甚至达到微秒数量级。缺点是其结果依赖于原子间相互作用势，许多现象(如化学反应、蛋白质折叠等)所发生的时间和空间尺度，采用经验原子势是无法模拟的。

连续体模拟一般假定材料是连续体，将系统的各种性质处理为场变量，数值求解唯象方程来预言材料的性质。这种方法的优点是原则上可以处理任意宏观尺度的系统和较长时间尺度的动力学行为。缺点是需要从实验或者更低尺度模拟获得材料的信息(如弹性模量、扩散系数等)，而这些数据可能很难得到；另外，无法解释原子分子水平上或与电子结构有关的实验结果。

由此可见，不同的方法有不同的优缺点。因此，现代计算材料中一般提倡跨尺度模拟，一些基本思路如下：

- 从原子模拟出发，计算唯象参数，用于连续体模拟；
- 借助于第一原理，拟合经验势的参数，用于经验原子模拟；
- 采用第一原理计算化学反应势能面，用于分子动力学模拟；
- 根据实验热力学性质，拟合经验势参数。

没有一种计算方法可以计算材料的所有性质和现象。在实际问题中，我们常常需要根据所研究的问题选择合适的计算方法，或者利用几种计算方法来解决实际问题，这也是多尺度模拟的基本思路。

7.3　计算材料学的学习方法

计算材料学博大精深，在初学阶段，主要是培养学习兴趣。特别是对于没有接触过计算材料学的同学来说，首先要了解计算材料的几种主要方法(可参考本书中第8～11章的内容)，同时学习一些计算软件，试着模拟计算材料的一些基本性质。建议初学者使用Windows版本的计算软件，不仅容易操作，而且软件的可视性好。当培养了兴趣，掌握了计算材料的基础知识后，再进一步学习使用Linux平台下的计算软件，便可逐步解决科研中的实际问题。本书附录中介绍的Materials Explorer分子动力学软件，以及Materials Studio中的Castep密度泛函理论计算软件等均是非常好的入门学习软件。

第 8 章　原子间相互作用势

8.1　原子间相互作用势的概念

原子(分子)间的相互作用是液体和固体存在的充分条件，如果没有原子的相互作用，我们的世界将只有均匀分布的理想气体。了解原子间的相互作用是解决一大类物理、化学和生物学问题的先决条件。气体和液体的热力学性质及动力学特性(电导率、扩散系数等)由原子间的相互作用决定。原子间的力在很大程度上决定了晶体的性质(平衡几何构型、结合能、声子谱等)。

原子间相互作用势是所有原子模拟的基础，原子间相互作用势的精确与否将直接影响着模拟结果的准确性，而计算机模拟所需要的计算机机时则取决于势函数的复杂程度，因此原子间相互作用势一直是凝聚态物质研究领域的一个重要课题。

如果从第一原理出发，对某一材料进行完全量子力学的处理，不仅在计算方法上存在一定的困难，而且由于受时间和空间的限制，难以全面地进行计算机模拟。在一定的物理模型的基础上发展相应的原子间相互作用势，以此来研究分子和凝聚态物质的性质和不同状态下的行为的方式，现已发展成为一种必要的研究手段。

早期的势函数一般都是纯经验的拟合势，近年来人们通过基本电子结构的理论计算，发展了一些半经验的“有效势”。势函数的拟合就是确定势函数中的参数，这些势参数一般通过材料的晶格常数、结合能、弹性模量、声子谱、空位形成能、状态方程等参数来确定。

凝聚态物质包括固态和液态两种形式，固态物质根据其性能又可分为金属、陶瓷和高分子等，这些物质中原子间相互作用的类型也不相同，所以必须构建不同类型的原子间相互作用势。如对惰性气体元素固态中原子间的相互作用，用 LJ 两体势可以很好地描述它；而对半导体材料而言，由于共价键的饱和性和方向性，要得到满意的结果则必须采用能描述方向特征的相互作用势，如三体势和多体势。同时要注意，同一种材料可以用不同的势函数来描述。

原子间相互作用势的研究始于 20 世纪 20 年代，研究者最先采用两体势。到了 20 世纪 80 年代中期，以嵌入原子势为代表，原子间相互作用势的研究达到了一个高潮，各种形式的原子间相互作用势不断涌现，在文献中可以找到大量形式多样的相互作用势。本章对势函数进行简要概述，更多内容可以参考欧阳义芳等发表的相关综述论文(全文可参阅参考文献[18])。

8.2　势函数的表达式

对于一个由 N 个原子构成的相互作用系统，在玻恩 - 奥本海默近似下，原子体系，其总能量可以表示为

$$\widetilde{E}_{\text{tot}} = \sum_i \phi_i^{(1)}(r_i) + \sum_{i<j} \phi_{ij}^{(2)} + \sum_{i<j<k} \phi_{ijk}^{(3)} + \cdots \tag{8-1}$$

式中：$\phi^{(1)}$，$\phi^{(2)}$，$\phi^{(3)}$，… 分别表示孤立原子的能量，两体相互作用势能，三体相互作用势能，…。对于无相互作用的系统，其总能量为

$$\widetilde{E}_{\text{tot}}^0 = \sum_i \phi_i^{(1)} \tag{8-2}$$

在实际应用中，主要考虑原子间相互作用对系统性能产生的影响，所以通常我们定义体系的能量实质上是相互作用系统的能量与无相互作用系统的能量之差，即

$$E_{\text{tot}} = \widetilde{E}_{\text{tot}} - \widetilde{E}_{\text{tot}}^0 = \sum_{i<j} \phi_{ij}^{(2)} + \sum_{i<j<k} \phi_{ijk}^{(3)} + \cdots \tag{8-3}$$

式(8 - 3) 中对应的是两体相互作用与三体相互作用可以分离的情形，对于有些相互作用势，表面上看只有两体相互作用，即式(8 - 3) 中的 $\phi_{ij}^{(2)}$ 项，而实际上在两体相互作用势的表达式 $\phi_{ij}^{(2)}$ 中还包含三体及多体相互作用势在内。下面我们依次介绍两体势、三体势和多体势。

8.3　两体势

两体势又称为对势，对势在早期的材料研究中发挥了极其重要的作用，并仍然活跃在计算机模拟的许多领域。两体势通常由两部分构成，即排斥项和吸引项，前者是由于原子间电子云重叠以及电荷间的库仑斥力等因素引起的结果，后者是由于原子间共用电子对或电偶极矩的相互吸引作用产生的。原子间相互作用势则是由它们共同作用的结果。对于只考虑两体势相互作用的原子系统，根据式(8 - 3)，体系的总能量可以简化为

$$E = \frac{1}{2} \sum_{\substack{i,j \\ i \neq j}} \phi(r_{ij}) \tag{8-4}$$

在第 2 章中介绍的雷纳德 - 琼斯势(LJ 势) 就是一种典型的两体势。LJ 势仅包含两体贡献，并且依赖于原子间距。LJ 势非常简单，可以用来描述惰性气体元素(Ne、Ar、Kr、Xe) 间的范德瓦耳斯力，也可以用来描述原子中电子在空间中的分布方向性不太强的元素，如铜、银、金等。在确定势参数时，通常拟合元素已有的实验数据，如结合能、晶格常数等。LJ 势有一种更为普适的形式

$$\phi(r) = 4\varepsilon\left[\left(\frac{n}{m-n}\right)\left(\frac{\sigma}{r}\right)^m - \left(\frac{m}{m-n}\right)\left(\frac{\sigma}{r}\right)^n\right] \tag{8-5}$$

这种形式的 LJ 势具有 4 个势参数 m、n、ε 和 σ，使得 LJ 势能拟合更多的元素性质，因此能得到与实验更接近的结果。

还有一种常用的两体势为 Morse 势，用于描述一些具有 FCC 结构和 BCC 结构的金属性质。具体的表达形式如下

$$\phi(r) = A\exp(-\alpha r) - B\exp(-\beta r) \tag{8-6}$$

Morse 势有 4 个势参数 A、B、α 和 β，与 LJ 势的普适形式相类似，陈难先等利用陈氏晶格反演方法从第一原理计算的金属结合能曲线得到了许多金属元素的 Morse 势，用它来研究的合金结构的稳定性和原子占位等取得了巨大的成功。

对于离子晶体（NaCl、MgO 等），我们常用增加了库仑相互作用的 Born-Mayer 势

$$V(r_{ij}) = \frac{q_i q_j}{r_{ij}} + A\exp\left(\frac{-r_{ij}}{\rho_{ij}}\right) - \frac{C}{r^6} \tag{8-7}$$

Born-Mayer 势是为了描述离子晶体中离子间的闭壳层电子的排斥作用而提出的，该势函数对短程行为的描述不合理。

两体势在材料模拟中发挥了巨大的作用，但两体势本身具有一定的局限性。两体势只计算键的数目，而没有考虑键的方向和空间分布，如两体势很难描述硅的金刚石型结构的稳定性。两体势还存在其他问题，如很难描述空位形成能和结合能之间的关系。根据两体势概念，一个空位形成能应该等于其原子结合能，即 $E_{\text{cohesive}} = E_{\text{v}}$，但实际上，固体的空位形成能并不等于其原子结合能，如表 8 - 1 所示。

表 8 - 1　一些元素原子的空位形成能与结合能之比

元素	$E_{\text{v}}/E_{\text{cohesive}}$
LJ 势和 Morse 势	1
Ar	0.95
Kr	0.66
Ni	0.31
Cu	0.37
Pd	0.36
Ag	0.39
Pt	0.26
Au	0.23

为了更好地拟合晶体的性质，通常人为地加入了与体积有关的项，但在处理那些无法确定体积的情形时又遇到了困难。总的来说，两体势比较适用于密堆结构和原子间或团簇间电荷重叠较少的情形。由于两体势的这些缺陷，从 20 世纪 80 年代中期开始，人们开始构建包含多体效应在内的相互作用势。

8.4　三体势

三体势最早是为描述共价键而提出来的，与两体势最大的区别就是加进了与原子排列有关的因素，即通过添加与键角有关的项来实现，三体势函数可以分为两类，一类是可以将原子间的相互作用分离，写成独立的两体相互作用和三体相互作用的形式；另一类则是两体相互作用和三体相互作用写在一起，不可分离出独立的两体相互作用和三体相互作用的形式。

下面以 Tersoff 势为例介绍三体势。

Tersoff 为了研究具有共价键特征的硅，从紧束缚理论出发，构建了一个三体势，其势函数表示如下

$$E_{tot} = \sum_{i<j} \phi_{ij;k}(r_{ij}) \tag{8-8}$$

$$\phi_{ij;k} = f(r_{ij})A\exp(-\lambda_1 r_{ij}) - B_{ij}\exp(-\lambda_2 r_{ij}) \tag{8-9}$$

式中

$$B_{ij} = B_0\exp(-Z_{ij}b) \tag{8-10}$$

$$Z_{ij} = \frac{\sum_{k\neq i,j}[w(r_{ik})/w(r_{ij})]^n}{c+\exp(-d\cos\theta_{ijk})} \tag{8-11}$$

$$w(r) = f_C(r)\exp(-\lambda_2 r) \tag{8-12}$$

$$f_C(r) = \begin{cases} 1, & r < R-D \\ \frac{1}{2} - \frac{1}{2}\sin\left[\frac{1}{2}\pi\frac{r-R}{D}\right], & R-D < r < R+D \\ 0, & r > R+D \end{cases} \tag{8-13}$$

可以用结合能、晶格参数、体积模量和硅双原子能量来确定硅的相互作用势参数。该势函数可以用来描述几种结构的成键和几何构型，也可以用来描述表面和缺陷的性质，但它不能确定硅的金刚石型结构的稳定性。利用该势函数得到的硅的稳定结构是 BCC 结构。

为了克服上述缺陷，Dodson 提出了一个类似的三体势，与 Tersoff 提出的三体势不同的是他对式(8－9)和式(8－11)进行了修改，即

$$\phi_{ij;k}(r_{ij}) = f_C(r_{ij})[A\exp(-2\lambda r_{ij}) - B_{ij}\exp(-\lambda r_{ij})] \tag{8-14}$$

$$Z_{ij} = \frac{\sum_{k\neq i,j}\left[\frac{f_C(r_{ik})}{f_C(r_{ij})}\right]^4\exp[4\lambda(r_{ij}-r_{ik})]}{c+\exp(-d\cos\theta_{ijk})} \tag{8-15}$$

其余的同 Tersoff 势，改进后的三体势可以正确地确定硅的结构稳定性。

为了能将该势应用到碳元素以及能描述硅的动力学性质(如声子谱等)，Tersoff 将势函数做了进一步的修改，修改后的三体势可以满足结构稳定性要求、声子色散关系，也可用于对硅的点缺陷、表面性质、弹性性质和有关液态的性质的计算，同样还适用于碳的相关性质的研究。

除了 Tersoff 势外，还有 Brenner 势、Khor-Das Sarma 势等三体势，文献报道的三体势有20多种。对于C、Si、Ge等具有共价键特征的元素构建的三体势主要考虑了键角的效应。三体势引入了由于键弯曲效应引起的项和参数，因而，三体势形式最多，表述也是最复杂的。三体势往往只对某一个元素和相似的元素来构建相互作用势，势使用的范围比较窄，普适性不强。

8.5 多体势

Mistriotis 等导出了四体相互作用形式的势，用所导出的势可以研究硅的团簇现象，但势函数相当复杂。

Baskes 和 Daw 基于密度泛函理论和准原子近似理论，导出了嵌入原子模型(embedded atom method，简称 EAM) 势。如图 8 - 1 所示。按照 EAM 理论的框架，原子体系的能量可以表示为

$$E_{\mathrm{tot}} = \sum_{i} F_{i}(\rho_{i}) + \frac{1}{2}\sum_{\substack{i,j \\ i\neq j}} \phi_{ij}(r_{ij}) \tag{8-16}$$

式中：等号右边第一项为嵌入能量项，表示原子嵌入到电子密度为 ρ_i 处的能量；第二项为两体作用势项，最初用来表示由于离子实的库仑排斥作用。基体的电子密度则表示为原来电子密度的线性叠加，即

$$\rho_{i} = \sum_{j(\neq i)} f_{ij}(r_{ij}) \tag{8-17}$$

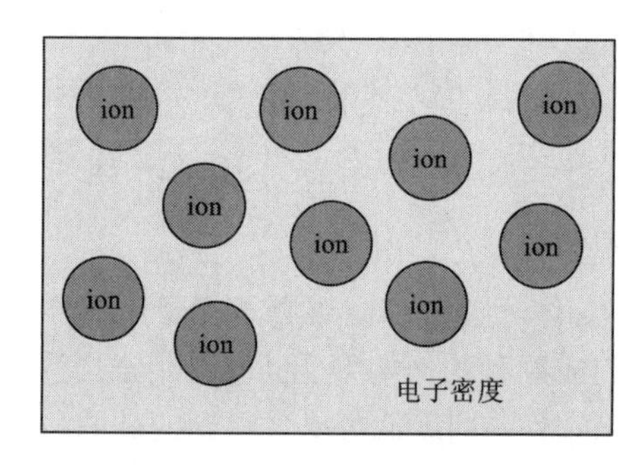

图 8 - 1　嵌入原子理论示意图

在得到 EAM 能量表达式的过程中，我们主要用到了两个近似：① 体系的总能量可以表示为嵌入能和二体势之和。② 体系的电荷分布近似为各个原子中电荷的简单线性叠加。该近似忽略了原子间成键时电荷的转移和重新分布，但是对于大多数金属而言，此关系近似成立。根据变分原理，电荷密度近似所引起的能量误差只是二阶效应。

从本质上来说，EAM 方法是一种多体势方法，其中心思想是将原子周围复杂的环境用胶冻模型简化描述(所谓胶冻指的是在均匀正电荷背景上的均匀电子气)。在嵌入原子势方法中，主要的参数都放在原子的电子密度表示及相关形式中，这样就把“原子对间”的性质主要归结到“原子”的性质上，大大地简化了计算过程。

对于 EAM 模型势，其关键在于如何确定嵌入函数、两体相互作用函数以及原子中电子密度分布函数的具体形式。自从 EAM 理论提出以来，有许多形式的函数被用来构建 EAM 模型，函数中的参数通常可拟合元素的结合能、单空位形成能、晶格常数、弹性常数、结构能量差等。

Baskes 和 Daw 在建立 EAM 理论时，提出了一种确定 EAM 各参数的方式。即对于金属元素

$$\phi_{ij}(r) = \frac{Z_{i}(r)Z_{j}(r)}{r} \tag{8-18}$$

$$f(r) = N_{s}f_{s}(r) + (N - N_{s})f_{d}(r) \tag{8-19}$$

嵌入能和 $Z(r)$ 是分段的立方样条函数，式(8 - 19) 中的 N_s 表示原子的外层电子数和 s 电子数，N_s 是可调参数，$f_s(r)$ 和 $f_d(r)$ 则由 Hatree-Fock 方法得到的波函数给出。

对于氢，嵌入函数和两体相互作用势采用如下的形式

$$F(\rho) = b_1\rho + b_2 + \frac{1}{b_3\rho + b_4} \tag{8-20}$$

$$Z(r) = \begin{cases} \left(1 - \frac{r}{2}\right)^p, & r < 2 \\ 0, & r > 2 \end{cases} \tag{8-21}$$

利用该函数形式对氢在金属中的行为进行了研究。

Johnson 在只考虑面心立方结构第一紧邻原子相互作用的前提下提出了一个能够精确确定各函数参数的 EAM 解析形式，使用的函数形式为

$$F(\rho) = -E_C\left[1 - \frac{\alpha}{\beta}\ln\left(\frac{\rho}{\rho_e}\right)\right]\left(\frac{\rho}{\rho_e}\right)^{\frac{\alpha}{\beta}} - 6\phi_e\left(\frac{\rho}{\rho_e}\right)^{\frac{\gamma}{\beta}} \tag{8-22}$$

$$\phi(r) = \phi_e \exp\left[-\gamma\left(\frac{r}{r_1} - 1\right)\right] \tag{8-23}$$

$$f(r) = f_e \exp\left[-\beta\left(\frac{r}{r_1} - 1\right)\right] \tag{8-24}$$

Finnis 和 Sinclair 基于紧束缚近似也导出了一个与嵌入原子表示相似的相互作用势模型，在这里我们也将它归之为嵌入原子模型。按照 Finnis 等的方式表达有

$$F(\rho) = \sqrt{\rho} \tag{8-25}$$

$$\phi(r) = \begin{cases} (r - r_C)(c_0 + c_1 r + c_2 r^2), & r \leqslant r_C \\ 0, & r > r_C \end{cases} \tag{8-26}$$

$$f(r) = \begin{cases} (r - d)^2, & r \leqslant d \\ 0, & r > d \end{cases} \tag{8-27}$$

Finnis 等的 EAM 模型在处理 BCC 结构的金属时比较成功，但在处理 FCC 结构的金属时则不如其他(如 Johnson 等) 的 EAM 模型成功。

嵌入原子势是迄今为止最为有效地描述金属及其合金的原子间相互作用势。这不仅表现在它能描述几乎所有的金属元素和合金，而且表现在其使用范围上，如能研究合金的热力学性质、晶体缺陷、表面及其重构、吸附、液态金属及合金的结构等。

当然，EAM 理论也存在一些限制，如要找到一个通用的能够较好地描述不同结构元素的嵌入原子势就比较困难。对于嵌入原子理论来说，确定势参数通常要拟合元素的物理性质(如弹性常数)，这样对于那些没有实验结果而且第一原理计算又比较困难的元素来说，其势参数的确定过程就很困难。尽管如此，嵌入原子模型势是目前原子间相互作用势在凝聚态物理应用中最成功的典范。

8.6　势函数小结

原子间相互作用势在凝聚态物质的结构和性能的计算机模拟中有着非常重要的作用，原子(离子)间相互作用势越复杂，拟合性质越多，就越接近实际的相互作用。但复杂的相互作用势将给计算和模拟带来巨大的工作量。应根据所要研究问题的实际情况，构建或选择既能反映相互作用的本质又在计算上切实可行的原子间相互作用势。

原子间相互作用势中，两体势在计算上非常简便，但是不能较好地模拟金属键和共价键相互作用的体系，引入体积项可以解决一些困难，却又会带来另外一些不便。三体、四体相互作用通过引入与键角有关的项可以克服两体势的困难，在凝聚态物质(特别是共价键相互作用的体系)的计算和模拟中得到了较广泛的应用，但是，比较复杂的多体势往往是针对某一具体的元素构建的，其适用范围受到限制，不具有普适性，而且计算量大，往往不利于分子动力学等模拟。

嵌入原子理论是目前应用最广泛的一种多体相互作用理论，由于其形式简单、计算量适中，比较容易进行分子动力学模拟或蒙特卡洛模拟，已经可以用来计算和模拟几乎所有的金属元素及其组成的系统。

思考与练习

1. 利用嵌入原子势函数计算 Pd、Pt、Au、Ag 的结合能。
2. 利用嵌入原子势函数计算 PdPt、CoPt、FePd、FePt 等二元合金的形成焓。

提示：以上两题的嵌入原子势函数和势参数可以参考文献[Acta Materialia，2001，49：4005-4015.]。

第9章　分子动力学模拟

当温度为0 K时，固体中的原子静止在格点上；随着温度的升高，原子在格点附近的振动越来越剧烈；继续升高温度时，固态有可能变成液态，如图9-1所示。分子动力学就是一种能够模拟原子运动的方法。

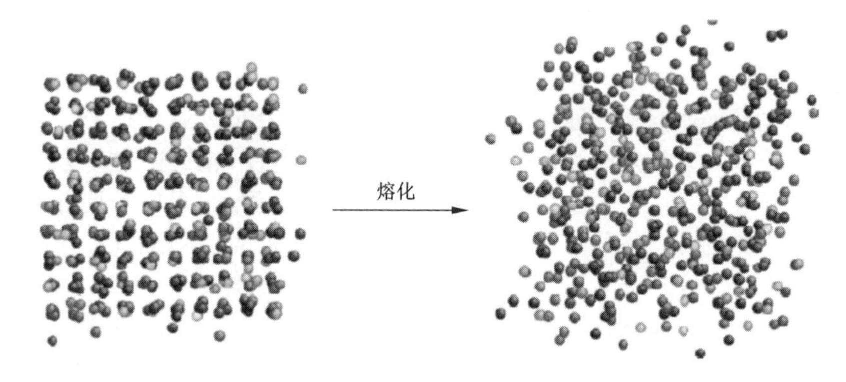

图9-1　温度升高时固态变为液态

1957年，Alder和Wainwright在硬球模型下，用分子动力学模拟方法研究气体和液体的状态方程，开创了分子动力学模拟方法研究物质宏观性质的先例。但由于受计算机速度及内存的限制，早期模拟的空间尺度和时间尺度都受到很大限制。20世纪80年代后期，计算机技术的飞速发展，以及多体势函数的提出与发展，促使分子动力学模拟技术迅速发展。通过分子动力学模拟能得到组成体系原子的运动情况，还能像做实验一样进行各种观察，很多人将分子动力学模拟形象地称为“计算机实验”。针对平衡系统，可以用分子动力学模拟来计算一个物理量的统计平均值；对于非平衡系统，发生在时间尺度为1~100 ps时的物理现象也可以用分子动力学计算进行直接模拟。分子动力学模拟可以给出许多在实际实验中无法获得的微观细节。这种优点使分子动力学模拟在物理、化学、生物、材料科学等多个领域研究中展现出巨大的作用。关于分子动力学模拟，可以参考文玉华等发表的相关综述论文(全文请参阅参考文献[19])。

9.1　分子动力学的基本概念

9.1.1　什么是分子动力学

分子动力学实验就是将组成材料的原子或分子看成质点或者刚体，这些质点或者刚体的运动由经典力学的牛顿方程确定。分子动力学的一个主要特点就是让我们可以考查体系物理量的时间依赖性。分子动力学是一种确定性的模拟方法。

分子动力学实验是一种计算机实验，我们可以将其与实际的实验模拟进行比较，如表 9 – 1 所示。

表 9 – 1　分子动力学实验和实际的实验模拟进行比较

实际的实验模拟	分子动力学实验
准备试样	建立一个 N 个粒子的模型体系
将试样放入仪器测量	解 N 个粒子组成的模型体系的牛顿方程直至平衡，平衡后进行材料性能的计算
测量结果分析	对模拟结果进行分析

分子动力学模拟的基本初衷是在计算机上“重现”自然界的真实过程，包括实际上已经发生的过程，还包括实验条件尚不许可发生的过程。它特别适合于实现那些不必与实验室实验定量符合但能说明或证实一些定性结论的“思想实验”。例如，Abraham 用分子动力学模拟方法研究裂纹前沿的传播速度是否可能超过 Rayleigh 波速的问题时，从中得到了肯定的结论。

原则上，分子动力学方法所适用的微观物理体系并没有什么限制。这个方法适用的体系既可以是少体系统，也可以是多体系统；既可以是点粒子体系，也可以是具有内部结构的体系；处理的微观客体既可以是分子，也可以是其他的微观粒子。但实际上，任何一种模拟方法都有适用范围。

分子动力学模拟方法面临着两个基本限制：一个是有限观测时间的限制；另一个是有限系统大小的限制。通常人们感兴趣的是体系在热力学极限下(即粒子数目趋于无穷时)的性质。但是计算机模拟允许的体系大小要比热力学极限小得多，因此可能会出现有限尺寸效应。为了降低有限尺寸效应，人们往往引入周期性、全反射、漫反射等边界条件。当然边界条件的引入显然会影响体系的某些性质，但不管怎样，分子动力学是一种非常有效的材料模拟方法。

自 20 世纪 50 年代中期开始，分子动力学方法得到了广泛的应用。它与蒙特卡洛方法一起已经成为计算机模拟的重要方法。应用分子动力学方法取得了许多重要成果，例如气体或液体的状态方程、相变问题、吸附问题等，以及非平衡过程的研究。分子动力学的应用已从化学反应、生物学的蛋白质到重金属离子碰撞等广泛的学科研究领域。

9.1.2　分子动力学模拟的原理

分子动力学中处理的体系的粒子遵循牛顿方程

$$\boldsymbol{F}_i(t)=m_i\boldsymbol{a}_i(t) \tag{9-1}$$

原子 i 所受的力可以直接用势能函数求出

$$\boldsymbol{F}_i(t)=-\frac{\partial U}{\partial \boldsymbol{r}_i} \tag{9-2}$$

对 N 个粒子体系中的每个粒子有

$$\begin{cases} m_i\dfrac{\partial \boldsymbol{v}_i}{\partial t}=-\dfrac{\partial U}{\partial \boldsymbol{r}_i} \\ \dot{\boldsymbol{r}}_i(t)=\boldsymbol{v}_i(t) \end{cases} \tag{9-3}$$

方程的求解必须通过数值的方法，解析的方法只能求解最简单的势函数，在实际模拟中没有意义。要求解方程，必须给出体系中每个粒子的初始坐标和初始速度。

分子动力学的工作原理图如图9－2所示。

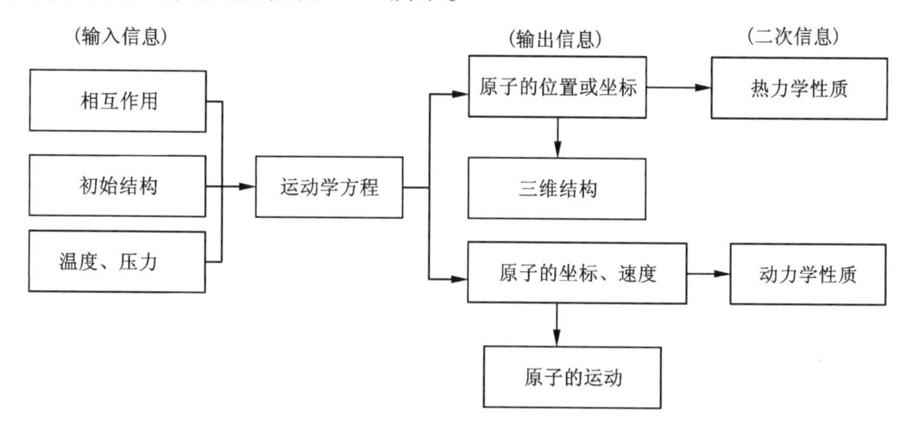

图9－2　分子动力学的工作原理图

值得一提的是，分子动力学方法只考虑了系统中的原子核运动，而电子的运动没有考虑，且忽略了量子效应。经典近似在很宽的材料体系中都很精确，但对于涉及电荷重新分布的化学反应，如键的形成、断裂、解离等都不适用，这时需要用量子力学的方法。

9.2　分子动力学的基本技术

9.2.1　分子动力学模拟的流程图

分子动力学模拟过程首先是建立体系模型，包括给定粒子间的相互作用势以及一些初始条件，然后让体系平衡或者弛豫，进而对模拟结果进行统计，最后对结果进行分析和评估。其流程图如图9－3所示。

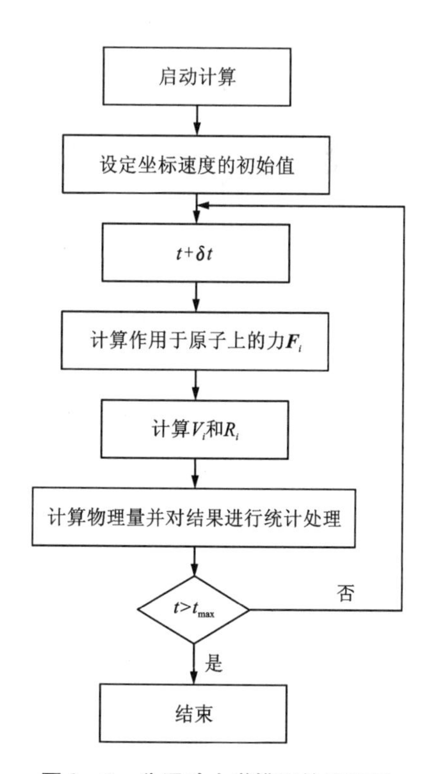

图9－3　分子动力学模拟的流程图

9.2.2　主要参数的设置

一般体系对初始条件和其他计算条件具有敏感性，初始化要求给每个粒子指定初始坐标和初始速度。坐标可以从实验（晶体结构）中得到，初始速度可根据伪随机数进行设置，以使体系的总动能与目标温度对应。

当体系的初始坐标和初始速度设定后，在进行模拟前，首先必须使体系趋于平衡状态。平衡的判据为：体系的动能、势能、总能量在平衡值附近涨落时，体系就达到平衡了。

时间步长 δt 的选取非常重要，不适合的时间步长可能会导致模拟失败、结果错误或效率太低。

势函数的选取对模拟结果起决定性的作用。在选取势函数时，不能随意选取一个势函数进行模拟，而要认真考虑势函数是否合适。势函数的选取方法是：①查阅文献，确定其出处、应用范围；②验证势函数的好坏。通过模拟材料的一些已知性质来验证势函数的好坏，然后再进行使用。

9.2.3 力的计算方法

分子动力学模拟中所花的时间，其中90%是计算作用在原子上的力，所用的时间大致正比于原子数目的平方。一般分子动力学模拟的原子数目(达几万至几百万个)较大，因此对力的简化求解非常重要。对于短程力，可采用截断半径法；而对于库仑力这样的长程力，可采用近似处理方法，其中 Ewald 求和法是较常用的一种。

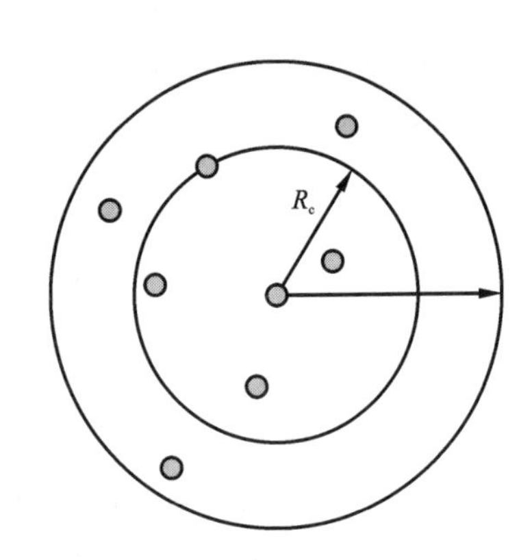

图 9－4 截断半径法计算相互作用力示意图

截断半径法是预先设定一个截断半径 R_c，只计算以 R_c 为半径的球体内的粒子间的相互作用力，而当其与粒子之间的距离大于截断半径时，其作用力不考虑，如图 9－4 所示。

利用截断半径法计算力时，应特别注意，超晶胞的尺寸要大于截断半径的两倍，即 $L>2R_c$。

分子动力学模拟过程中，人们发展了很多算法来计算力。哪种算法最合适？算法选取的准则是能量守恒，即要求动能和势能的涨落总是大小相等、方向相反，如图 9－5 所示。

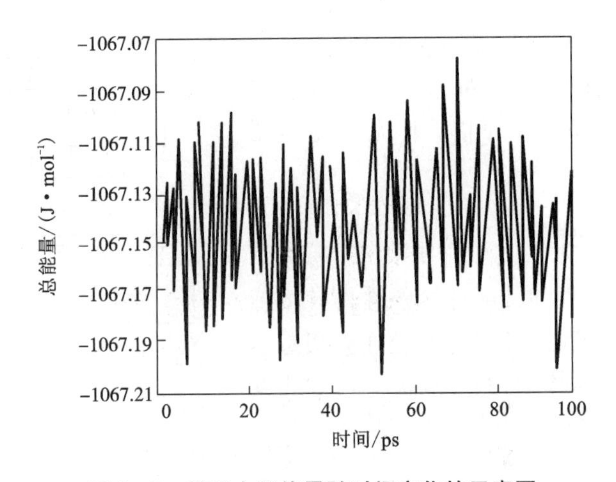

图 9－5 模拟中总能量随时间变化的示意图

9.2.4 分子动力学方程的数值求解

多粒子体系的牛顿方程无法求得解析解，我们需要通过数值积分方法求解，可以采用有限差分法。

有限差分法的基本思想是将积分分成很多小步，每一步的时间为δt(即步长)，在t时刻，作用在每个粒子上的力的总和等于它与其他所有粒子的相互作用力的矢量和。已知此力，可以得到此粒子的加速度，再结合它在t时刻的位置与速度，可以得到$t+\delta t$时刻的位置与速度，且力在此时间间隔内为常数。当可以求出作用在新位置上的粒子的力时，便可以导出$t+2\delta t$时刻的位置和速度等。

常见的算法有Verlet算法，Leap－frog算法，Gear算法，Tucterman和Berne多时间步长算法，等等。下面以Verlet算法为例来讲有限差分法。

分子动力学中必须解出式(9－2)以计算粒子的速度和位置。在早期的Verlet算法中，将粒子的位置以泰勒式展开

$$r(t+\delta t)=r(t)+\frac{\mathrm{d}}{\mathrm{d}t}r(t)\delta t+\frac{1}{2!}\frac{\mathrm{d}^2}{\mathrm{d}t^2}r(t)(\delta t)^2+\cdots \tag{9-4}$$

将式(9－4)中的δt换成$-\delta t$，则有

$$r(t-\delta t)=r(t)-\frac{\mathrm{d}}{\mathrm{d}t}r(t)\delta t+\frac{1}{2!}\frac{\mathrm{d}^2}{\mathrm{d}t^2}r(t)(\delta t)^2+\cdots \tag{9-5}$$

将式(9－4)和式(9－5)相加得

$$r(t+\delta t)=-r(t-\delta t)+2r(t)+\frac{\mathrm{d}^2}{\mathrm{d}t^2}r(t)(\delta t)^2 \tag{9-6}$$

因为$\frac{\mathrm{d}^2r}{\mathrm{d}r^2}=a(t)$，故依据式(9－6)，可以由$t$及$t-\delta t$时的位置预测$t+\delta t$时的位置。

将式(9－4)和式(9－5)相减得

$$v(t)=\frac{\mathrm{d}r}{\mathrm{d}t}=\frac{1}{2\delta t}[r(t+\delta t)-r(t-\delta t)] \tag{9-7}$$

式(9－7)表明，时间t时刻的速度可以由$t-\delta t$和$t+\delta t$的位置得到。但是，Verlet算法的缺点在于式(9－7)中含有$1/\delta t$项，由于实际计算中通常选取很小的δt(大约为10^{-15} s)，故容易产生误差。为了纠正此缺点，Hockney发展出另外一种称为蛙跳方法(leap frog method)的计算式。此方法计算速度与位置的数学式为

$$\begin{aligned}\boldsymbol{v}_i\left(t+\frac{1}{2}\delta t\right)&=\boldsymbol{v}_i\left(t-\frac{1}{2}\delta t\right)+\boldsymbol{a}_i(t)\delta t\\ \boldsymbol{r}_i(t+\delta t)&=\boldsymbol{r}_i(t)+\boldsymbol{v}_i(t+\frac{1}{2}\delta t)\delta t\end{aligned} \tag{9-8}$$

计算时假设已知$\boldsymbol{v}_i\left(t-\frac{1}{2}\delta t\right)$和$\boldsymbol{r}_i(t)$，则由$t$时刻的位置$\boldsymbol{r}_i(t)$计算质点所受的力与加速度$\boldsymbol{a}_i(t)$。依据式(9－8)求解$t+\frac{1}{2}\delta t$时的速度$\boldsymbol{v}_i\left(t+\frac{1}{2}\delta t\right)$，然后依此类推。$t$时刻的速度可以由式(9－9)计算出

$$\boldsymbol{v}_i(t)=\frac{1}{2}\left[\boldsymbol{v}_i(t+\frac{1}{2}\delta t)+\boldsymbol{v}_i\left(t-\frac{1}{2}\delta t\right)\right] \tag{9-9}$$

利用蛙跳方法仅需存储$\boldsymbol{v}_i\left(t+\frac{1}{2}\delta t\right)$与$\boldsymbol{r}_i(t)$两种数据，大大节省了存储空间。此外，这种方法使用简便且准确性及稳定性比较高，至今仍被广泛采用。

当然我们还可以建立更高阶的多步算法，然而大部分更高阶的方法所需要的内存比一步法和二步法所需要的内存大得多，并且有些更高阶的方法还需要用迭代算法来解出隐式给定的变量，内存的需求量就更大。当今的计算机都只有有限的内存，因而，并不是所有的高阶算法都适用于物理系统的计算机计算。迄今为止，Verlet 算法是分子动力学模拟中求解常微分方程最普遍的方法。

9.2.5 边界条件

由于计算机的计算能力有限，模拟系统的粒子数不可能很大，这就会导致模拟系统偏离真实系统，出现“边界效应”。

为了减小边界效应而又不使计算量加大，平衡态分子动力学可采用周期性边界条件。周期性边界条件使我们可以模拟相对数量较少的原子来研究物质的宏观特性。周期性边界条件可以分为一维、二维、三维。合适的边界条件应该考虑两方面的问题：

第一，为了减小计算量，模拟的单元应尽可能地小，模拟的原胞应足够大，满足统计学处理的可靠性要求；

第二，从物理角度考虑体积变化、应变相容性以及环境的应力平衡等实际耦合问题。

周期性边界条件示意图如图 9 -6 所示。在超晶胞周围都有与超晶胞完全一样的镜像晶胞，当一个粒子从超晶胞的左侧移出，则一定有一个粒子从超晶胞的右侧进入超晶胞，这样就保持了超晶胞粒子数的守恒，也消除了部分边界效应。

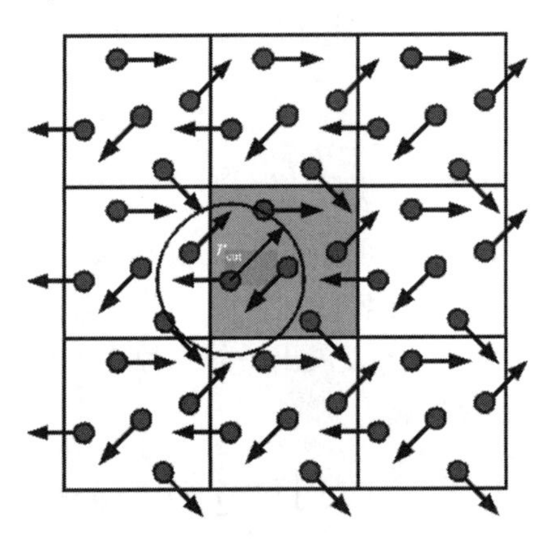

图 9 -6 周期性边界条件示意图

如图 9 -7 所示，(a)是块体材料，采用三维周期性边界条件；(b)是薄膜材料，采用二维周期性边界条件；(c)是线状材料，采用一维周期性边界条件；(d)是不采用周期性边界条件的材料。

在模拟过程中，并不总是利用周期性边界条件。在模拟团簇、液滴时，本身就含有界面，因此不采用周期性边界条件，而是自由边界条件，如图 9 -7(d)所示。有时，仅对系统的一部分感兴趣，如表面的性质，此时应将系统分成两部分，表面部分采用自由边界条件，而其他部分采用周期性边界条件。

值得注意的是，在计算粒子受力时，由于考虑作用势截断半径 R_c 以及 R_c 以内的粒子的相互作用，同时采样区边长(超晶胞的边长)至少大于 R_c 的两倍($L>2R_c$)，使粒子不能与自己的镜像粒子相互作用。

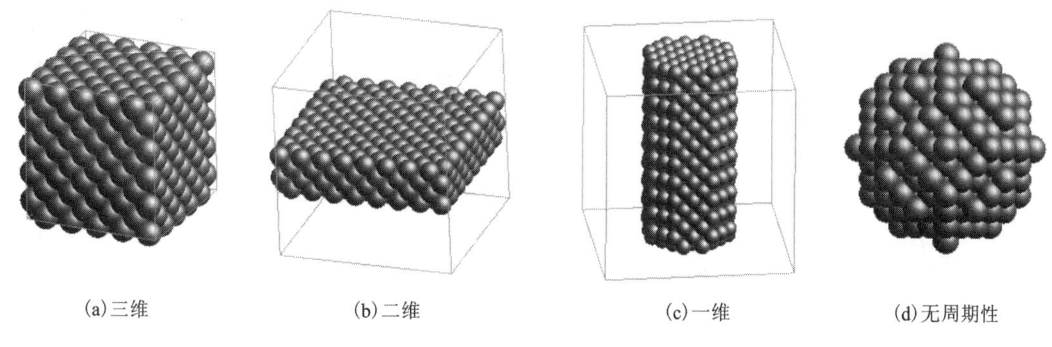

图9-7　不同的周期性边界条件

9.2.6　系综原理简介

一般地，我们将空间尺寸大于10^{-6} m，时间尺寸大于10^{-6} s的系统称为宏观系统，宏观系统用温度、压强、体积等宏观热力学量来描述。将空间尺寸为$10^{-9}\sim10^{-6}$ m，时间尺寸小于10^{-6} s的系统称为微观系统。统计物理就是联系宏观系统和微观系统的桥梁。宏观物理量是相应微观物理量的统计平均。

平衡态的分子动力学模拟，总是在一定的系综下进行。系综(ensemble)是指在一定的宏观条件(约束条件)下大量结构和性质完全相同的、处于各种运动状态的、各自独立的系统的集合。系综是统计理论的一种表述方式，并不是实际的物体，构成系综的系统才是实际物体。系综是人们为了应用统计方法描述热力学系统的统计规律而引入的一个基本概念。组成系综的各个系统具有完全相同的力学性质，这些系统的微观状态可能相同也可能不同，但是处于平衡状态时，系综的平均值是确定的。分子动力学方法中假定系统是各态遍历的，所以可以用时间平均值代替系综的平均。

约束条件由一组外加宏观参数表示。按照约束条件的不同可以把系综分为微正则系综(NVE)、正则系综(NVT)、等温等压系综(NPT)、等压等焓系综和巨正则系综几类。实际的分子动力学模拟中可以根据模拟需要选择不同的系综。下面对几种不同系综下分子动力学方法的原理和过程进行简要地介绍。

(1)微正则系综。

在微正则系综中，整个体系与外界无能量也无粒子数交换，体系的粒子数N、体积V和能量E守恒。因此，微正则系综所描述的体系实际上是个孤立体系。体系达到平衡后，其总能量恒定，而温度和压强在一定范围内波动。

在平衡态下的孤立体系中，粒子的一切可能的微观运动状态，出现的概率都相同且不随时间改变，这就是等概率原理。这个原理用于微正则系综。我们无法用某一个微观状态量来描述整个体系的微观状态量，只能用微观状态量在一切可能的微观状态上的统计平均值来表示。微正则系综的特征函数是熵$S(N, V, E)$。

(2)正则系综。

正则系综具有确定的粒子数N、体积V以及温度T，简称NVT系综。该系综同样被广泛应用于分子动力学模拟中。为了保持系统温度恒定，假设系统和一个巨大的热源相接触并与之发生能量交换，直到达到热平衡状态。所以，和微正则系综不同，正则系综不是一个孤立体系，体系中粒子的微观运动状态出现的概率可能不相同，也就是说等概率原理不适用于该系综。但是，把体系和与之接触的热源看作是一个复合系统，则系统就是个能量确定的孤立体系，此时等概率原理对该复合系统是适用的。可以利用与微正则系综类似的方法，先求出复合体系的微观状态分布和熵，进而得到所研究体系的微观状态分布情况，最后就可求得正则系综体系的热力学函数。描述正则系综的特性函数是体系 Helmholtz 自由能 $F(N, V, T)$。

(3)等温等压系综。

等温等压系综，简称 NPT 系综，具有确定的粒子数 N、压强 P 以及温度 T，也被广泛用于分子动力学模拟中。该系综假定 N 个粒子处在恒定温度 T 的热浴(thermostat)和恒定压强 P 的“压强浴”(barostat)中。系统和外界之间没有粒子数交换，与正则系综的处理方法类似，为了保持系统温度恒定，同样假设系统和一个巨大的热源相接触并与之发生能量交换，直到达到热平衡；而且等温等压系综还要求体系的压强恒定，于是，还需假设系统和一个压浴相耦合并与之发生压强传递，直至体系达到平衡。该系综中，体系总能量 E 和体积 V 在某一平均值附近变化。最后的平衡体系为孤立的等温等压系统，并且很多实验都是在等温等压系综中进行的。等温等压系综的特征函数是 Gibbs 自由能 $G(N, V, T)$。

9.2.7 热力学量的计算

在分子动力学模拟中，对观测物理量的统计是模拟的主要任务，这些物理量是对分子动力学模拟得到的轨迹做时间平均，而且大多是原子位置和速度的函数

$$A(t) = f[r_1(t), \cdots, r_N(t), v_1(t), \cdots, v_N(t)] \tag{9-10}$$

平均值为

$$\langle A \rangle_i = \frac{1}{N_t} \sum_{t=1}^{N_t} A(t) \tag{9-11}$$

式中：N_t 为时间步数。

常见的观测物理量包括体系的动能、势能、总能、温度和压强，其计算如下：

(1) 动能的计算。

模拟体系的动能是随时间变化的，某时刻 t 的动能是该时刻所有原子动能的总和。

$$E_k(t) = \frac{1}{2} \sum_i m_i [v_i(t)]^2 \tag{9-12}$$

(2) 势能的计算。

分子动力学模拟中，体系的势能通过计算原子所受的力得到。势能是原子位置的函数，比如当体系中只有两体相互作用时，势能的计算如下

$$U(t) = \sum_i \sum_{j>i} \phi(|\boldsymbol{r}_i - \boldsymbol{r}_j|) \tag{9-13}$$

(3) 总能的计算。

体系的总能在牛顿力学里是守恒量。在微正则系综里，势能和动能始终存在涨落，但总能保持不变。

(4) 温度的计算。

根据能量均分定理，体系的温度与动能之间的关系如下

$$E_k = \frac{3}{2}Nk_B T \tag{9-14}$$

式中：N 为原子数目；k_B 为玻尔兹曼常数。将动能的计算式(9-12)代入方程式(9-14)中得到如下的温度表达式

$$T = \frac{1}{3Nk_B}\sum_i m_i[v_i(t)]^2 \tag{9-15}$$

(5) 压强的计算。

根据维里定理(Virial Theorem)可以计算压强，具体计算公式如下

$$pV = Nk_B T + \frac{1}{D}\left(\sum_i^N \boldsymbol{r}_i \cdot \boldsymbol{F}_i\right) \tag{9-16}$$

式中：D 是体系的维度；k_B 是玻尔兹曼常数；F_i 为原子受到的相互作用力；r_i 为原子位置。对于两体相互作用的体系，压强的表达式变为

$$pV = Nk_B T - \frac{1}{D}\left(\sum_i \sum_{j>i} r_{ij}\frac{\mathrm{d}\phi}{\mathrm{d}r}\right) \tag{9-17}$$

9.2.8　结构分析技术

(1) 径向分布函数。

径向分布函数是描述系统结构的有效方法。考虑以一个选定的原子为中心，半径为 r，厚度为 δr 的球壳，它的体积为

$$V = \frac{4}{3}\pi(r+\delta r)^3 - \frac{4}{3}\pi r^3 = 4\pi r^2\delta r + 4\pi r\delta r^2 + \frac{4}{3}\pi\delta r^3 \approx 4\pi r^2\delta r \tag{9-18}$$

如果单位体积的粒子数为 ρ_0，则在半径 r 到 $r+\delta r$ 的球壳内的总粒子数为 $4\pi\rho_0 r^2\delta r$，因此，体积元中的原子数随着 r^2 的变化而变化。

径向分布函数 $g(r)$ 是距离一个原子为 r 时找到另一个原子的概率，$g(r)$ 是一个量纲为1的量。若在半径 r 到 $r+\delta r$ 的球壳内的粒子数为 $n(r)$，则其径向分布函数为

$$g(r) = \frac{1}{\rho}\frac{n(r)}{V} \approx \frac{1}{\rho}\frac{n(r)}{4\pi r^2\delta r} \tag{9-19}$$

图9-8给出了一个典型的 $g(r)$ 的图像。如果我们对 $g(r)$ 函数从0开始积分，一直积分到图中第一谷“↓”的位置时，能得到第一近邻原子数，也就是原子的平均配位数。

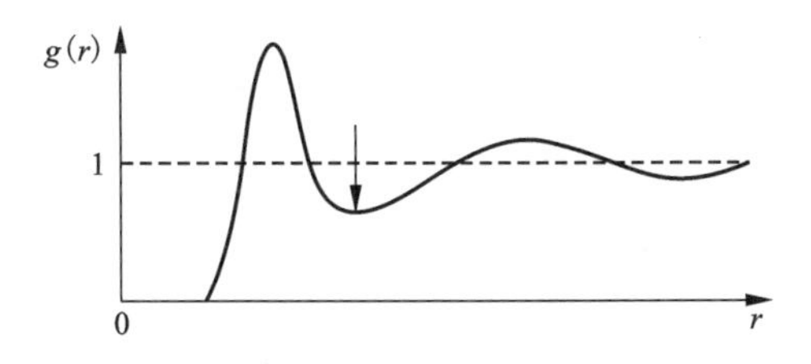

图9-8　典型的 $g(r)$ 图像

利用 $g(r)$ 图谱，我们可以判定材料的结构，如图9-9所示，从谱线的特征很容易确定材料的结构特征。

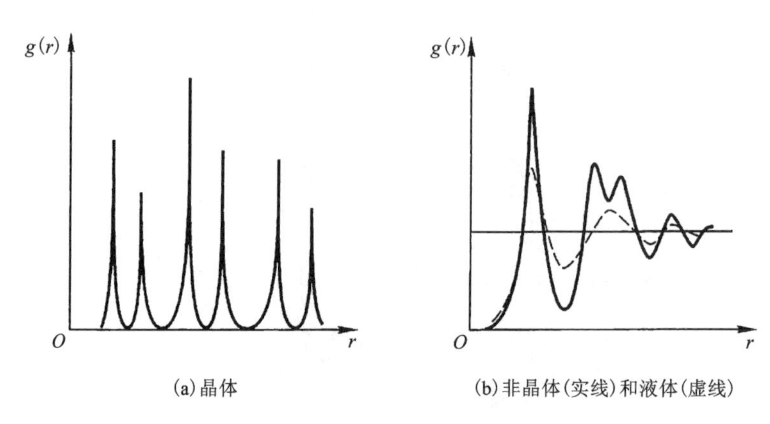

图 9-9 不同结构材料 $g(r)$ 随 r 变化示意图

(2)局部晶序分析。

径向分布函数只能从总体上对结构做有序与无序的判断，不能分析原子的短程排布的几何特点。为了克服这个缺点，Honeycutt 和 Andersen 在 1987 年提出了局部的晶序分析方法。根据这种方法，可以用 4 位数 $ijkl$ 来描述原子所属的状态：i 代表两个原子的成键关系，$i=1$ 为成键，$i=2$ 为未成键；j 为成键的两原子的共有最近邻原子数；k 代表共有最近邻原子之间的成键数。若想唯一地表示某种结构，仅用前三位数是不够的，所以对前三位数相同而结构不同的原子用不同的 l 值来区分。这种分析手段，有时又称为共近邻分析(common neighbor analysis)或对分析技术(bond analysis technique)。

根据局部晶序分析的表示方法，在图 9-10 给出了存在于液态、非晶态和晶态中存在的键对。典型的液态与非晶态中存在大量的 1551、1541、1431 键对；FCC 型晶体中以 1421 键对为特征键对；BCC 型晶体中存在大量的 1661、1441 键对；HCP 型晶体以 1422、1421 为特征键对。

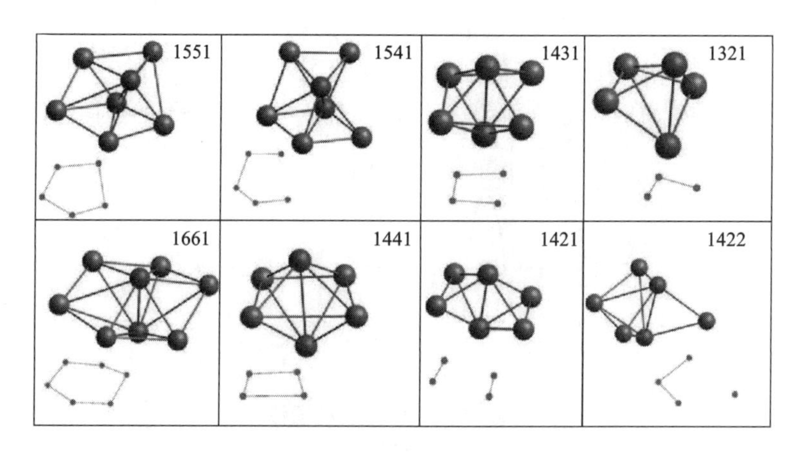

图 9-10 几种常见的键指数对应的结构示意图

9.3　应用举例

9.3.1　举例1——Ag－Cu核壳纳米粒子的熔化

二元纳米粒子具有多方面的用途。近年来，很多研究者将二元纳米粒子制备成核壳结构。这里以李思祺的模拟工作为例（全文请参阅参考文献[20]）来介绍利用分子动力学方法模拟Ag－Cu核壳结构的熔化过程。

模拟采用Cu－Ag合金间的EAM势能。Cu－Ag和Ag－Cu纳米粒子是按照FCC晶格建立的，Ag的晶格参数为0.4085 nm，Cu的晶格参数为0.3615 nm。核壳型粒子半径大小为3.615 nm到4.0855 nm，核的半径尺寸从1.627 nm到3.064 nm。在MD模拟过程中，时间步长设置为5 fs，采用非周期性边界条件，所有模型都在接近0 K的温度下弛豫来调节原子坐标。此后在NVT系综下采用阶梯升温方法以使模型升温均匀，阶梯温度为200 K，直至升温到1800 K为止。

图9－11是Cu－Ag和Ag－Cu核壳纳米粒子熔化过程示意图，选取温度分别为300 K、1000 K、1450 K。在较低的温度时（如300 K），纳米粒子保持最初的结构。随着温度的升高，纳米粒子的壳表面逐渐熔化，这是因为壳表面有大量的悬空键，导致表面没有内部核稳定。对于Ag－Cu纳米粒子，Ag块体的熔点（1235 K）比Cu块体的熔点（1358 K）要低，但是当表面Cu壳层开始熔化的时候，内部的Ag核仍旧没有熔化。

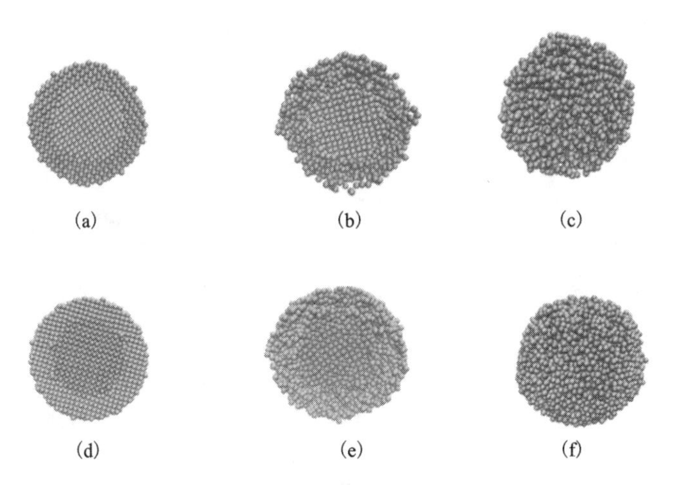

图9－11　Cu－Ag和Ag－Cu核壳纳米粒子熔化过程示意图

一阶相变的相变点可以定义为焓突变，熔点一般可以定义为热容达到最大值时的温度，在较低温度时，体系的势能随着温度线性升高，但是当体系温度升高到熔点附近时，在势能曲线处会有一个突变。

除了可采用势能曲线变化判断熔点外，热容的变化也是一个判断熔点的有用工具。在熔点附近，由于熔化释放潜热，热容曲线会有一个尖锐的峰，在分子动力学模拟中，热容定义为：

$$C_V = \frac{\overline{E^2} - \overline{E}^2}{k_B T^2} = \left(\frac{dE}{dT}\right)_{N,V} \tag{9-20}$$

式中：E 是能量；k_B 为玻尔兹曼常数；T 为温度。

图 9-12 是 Cu-Ag 和 Ag-Cu 纳米粒子的势能和热容曲线。在图 9-12 中，我们可以看到热容的峰位置变化与能量突变点相符合，对于 Cu-Ag 纳米粒子，峰值位于 1230 K，意味着此时 Ag 粒子已经熔化，随着温度的升高，Cu 粒子会在 1322 K 左右熔化；对于 Ag-Cu 纳米粒子，热容曲线只有一个峰值，意味着整个 Ag-Cu 纳米粒子会在 1335 K 时全部熔化。

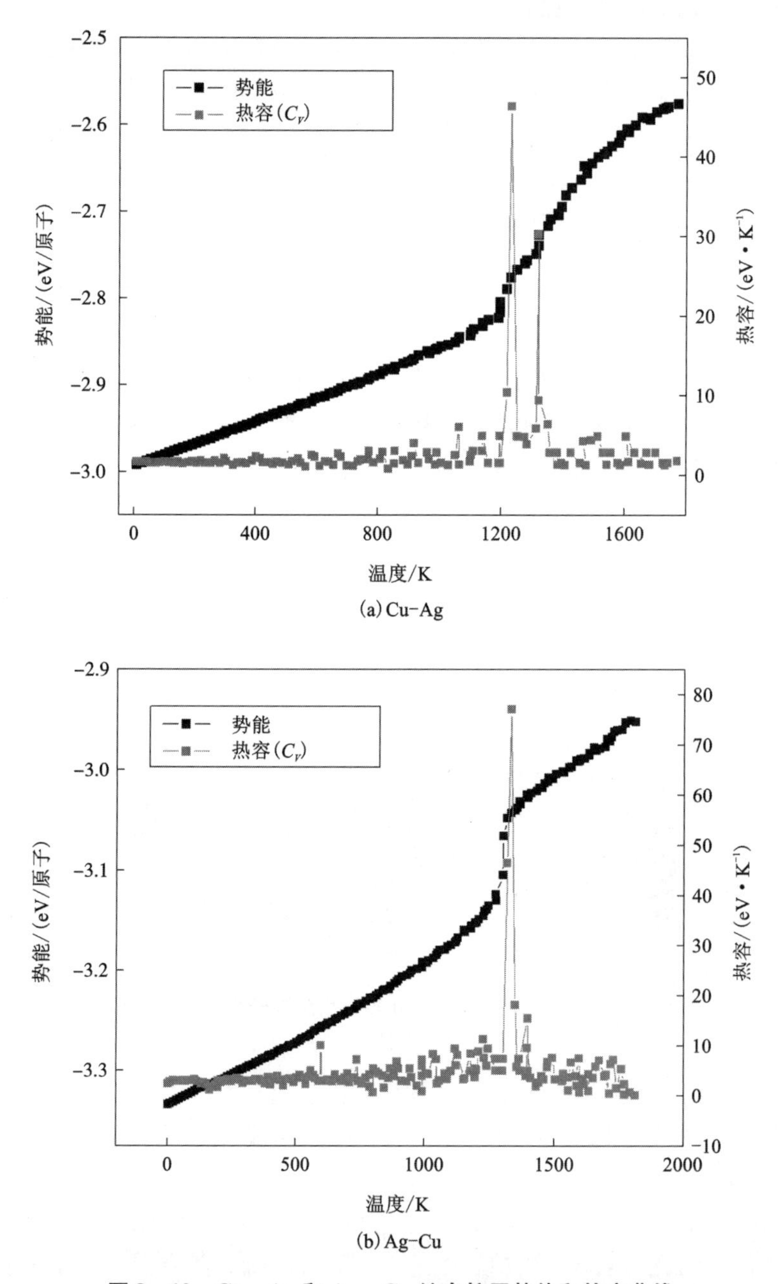

图 9-12 Cu-Ag 和 Ag-Cu 纳米粒子势能和热容曲线

如图9－13所示为Cu－Ag和Ag－Cu纳米粒子在800 K、1250 K和1350 K时的径向分布函数。在800 K时，在较短的距离内$g(r)$为0；与1250 K时的径向分布函数相比，800 K时的径向分布函数的波峰更加明显，各个峰的径向值分别对应最近邻、次近邻等配位的位置。由图9－13(a)可知，在1250 K时，第二个和第四个波峰消失，意味着Cu－Ag中的Ag壳已经开始熔化。然而从9－13(c)可以看到，这两个波峰仍然可见，意味着在1250 K时，Ag壳尚未开始熔化。对于Cu来说，情况又不相同，从图9－13(b)和(d)可以看出，在1250 K时Cu的第二个峰和第四个峰仍然可见，直到在1350 K时，纳米粒子完全熔化，这两个峰才消失，与此同时，第一个峰的宽度减小。在液相时，径向分布函数值不再表示配位情况，而是反映了此时其他原子相对于中心原子的位置的概率分布情况。

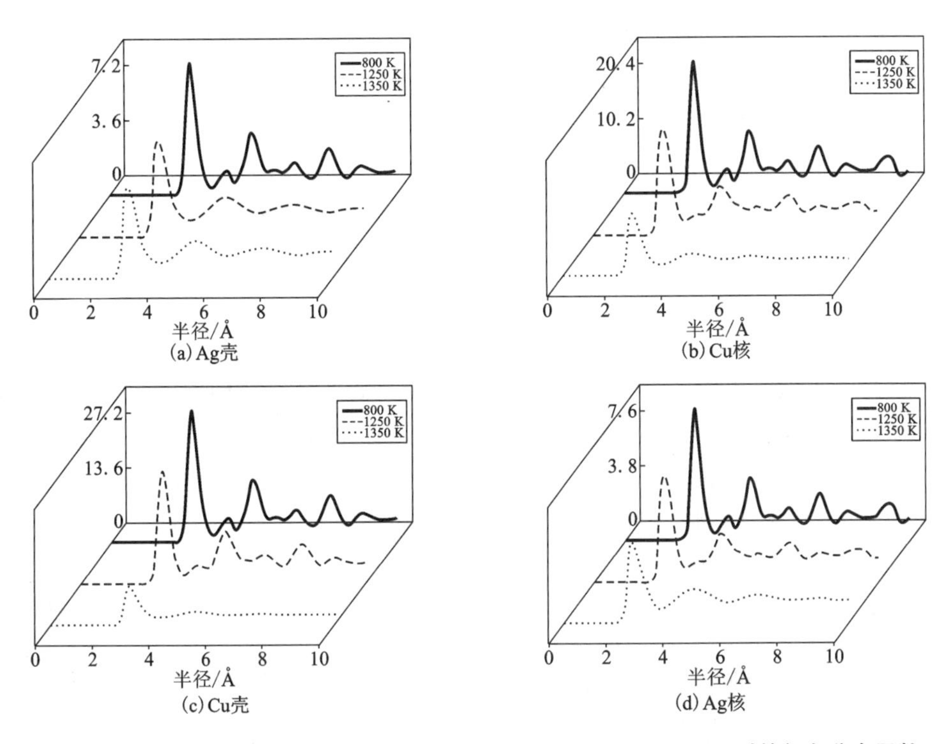

图9－13　Cu－Ag和Ag－Cu纳米粒子在800 K、1250 K和1350 K时的径向分布函数

这里采用分子动力学模拟研究了Ag－Cu核壳结构纳米粒子(Ag－Cu、Cu－Ag)的熔化过程。不同于纯金属纳米粒子，二元纳米粒子的熔化过程可以划分为两个阶段：对于核壳纳米颗粒来说，如果具有较高熔点的原子(与壳层原子相比)位于核心，这些原子在壳层原子熔化后才会熔化，如Cu－Ag核壳纳米粒子，Cu核会在Ag壳熔化之后才熔化。如果壳原子具有较高的熔化温度(与核心原子相比)，核心原子可能过热，如Ag－Cu核壳纳米粒子，Ag核在Ag的熔点之前并不会熔化，而直到温度升至Cu壳熔化的温度，Ag核才会熔化。以上的模拟结果有助于银铜合金纳米颗粒的设计。

9.3.2　举例2——纳米铜丝拉伸的模拟

人们很早就知道材料的力学性能会随尺寸发生变化。Bernnera发现金属单晶晶须拉伸强度与晶须直径呈反比。Fleck 在微米级细铜丝的扭转试验中观察到尺寸效应。纳米电机系统的出现迫切要求了解纳米尺寸下材料的力学行为，当前从实验上较难获得详细的信息，而分子动力学模拟可以提供相关细节。本节的例子中，作者采用分子动力学模拟了不同截面尺寸的方形纳米铜丝的拉伸过程，揭示尺寸效应对纳米丝拉伸特性的影响(可参阅参考文献[21])。

纳米铜丝初始构型按几何方法生成，横截面(XY面)为正方形，原子位置按理想点阵排列。如图 9-14 所示，纳米丝的 X、Y 表面为自由面，Z 向采用周期性边界条件。

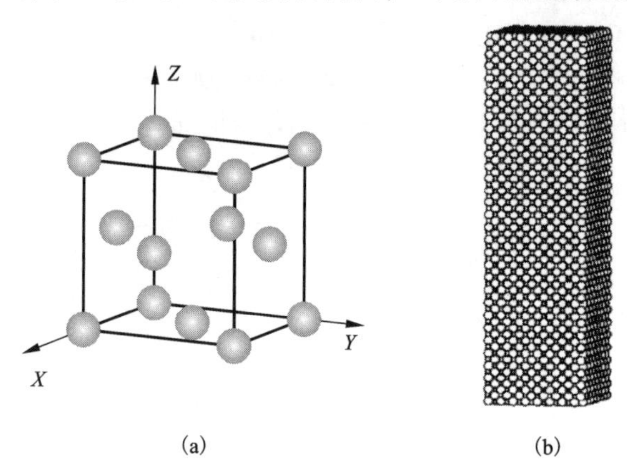

图 9-14　纳米铜杆初始构型

模拟过程分为两个步骤。第一步是初始构型弛豫。纳米丝初始构型按几何方法生成，表面原子因受力不平衡发生弛豫。表面原子弛豫导致截面形状和 Z 向长度均发生变化。第二步是对弛豫过的纳米丝沿 Z 轴均匀拉伸，每次施加 0.003 的拉伸应变，然后弛豫 1000 步，弛豫时间16×10^{-12} s，重复此拉伸、弛豫过程，直至总应变达到 0.3。

图 9-15 绘制了三根尺寸(用晶胞数目表示)分别为$3\times3\times30$、$6\times6\times30$、$10\times10\times30$ 纳米丝的拉伸应力-应变曲线(分别称为曲线 1、曲线 2、曲线 3)。纵向为纳米丝 Z 向应力平均值。从图 9-15 可以发现，应力第一次突降前，三条曲线初始斜率较小，存在明显弯曲段，曲线斜率随着应变的发展逐步增大并趋于稳定；三条曲线均出现应力峰值，随后应力下降了 50% 左右。继续拉伸则导致出现大量小规模滑移现象，曲线表现为锯齿状。随着界面尺寸减小，纳米丝的屈服推迟，屈服强度会提高。

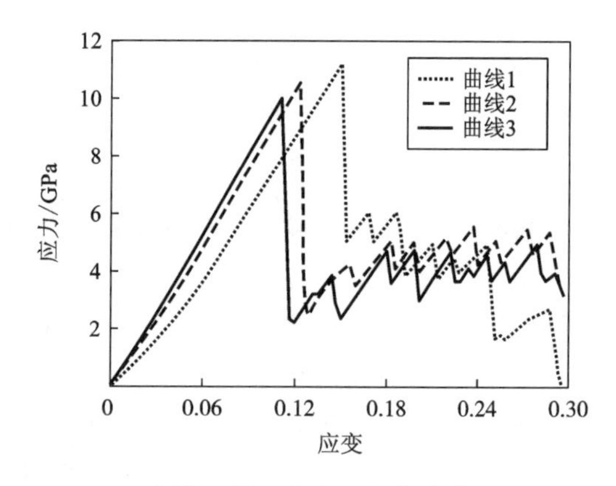

图 9-15　应力-应变曲线

纳米丝内部无位错源，拉伸过程中产生的位错起源于高能量的表面。图 9-16 为滑移系{111}<110>开动后纳米丝(尺寸为 $15\times15\times45$，以晶胞数目表示)的原子组态，可以观察到生成的堆垛层错和原子台阶。由于原子台阶处能量高且存在应力集中，易产生位错，因此因第一次滑移而出现表面台阶后，纳米丝的强度大大降低。

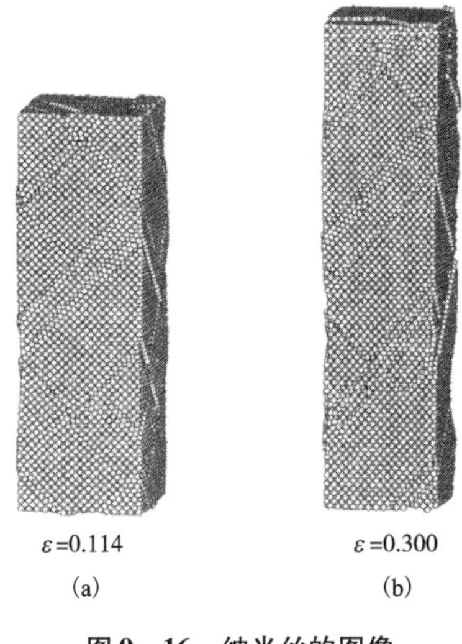

图9-16 纳米丝的图像

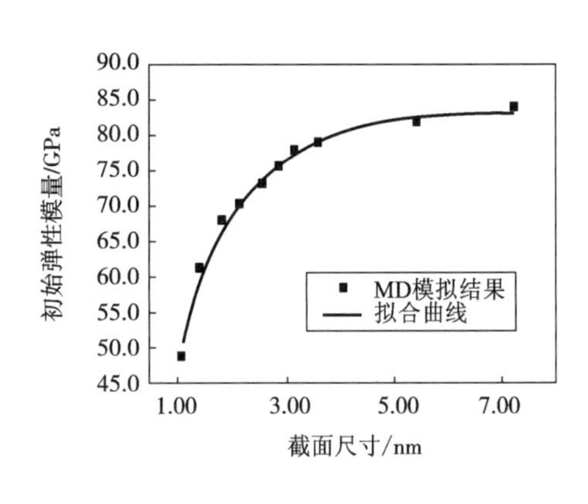

图9-17 初始弹性模量和截面尺寸的关系曲线

如图9-17所示纳米丝初始弹性模量和截面尺寸之间的关系曲线。很明显，随着截面尺寸的减小，特别是截面边长小于7 nm后，纳米丝的初始弹性模量开始下降。这与实验观察到纳米银薄膜的杨氏模量随着厚度变化的趋势基本一致。

以上模拟结果表明，截面尺寸对于纳米丝拉伸性能有明显的影响，若纳米丝截面面积减小，则纳米丝拉伸强度提高，屈服推迟，初始弹性模量软化程度增加。

思考与练习

1. 学习一种分子动力学软件。
2. 利用分子动力学方法计算BCC结构Fe的结合能。
   提示：势函数选用EAM势，0 K时的势能近似为结合能。
3. 利用分子动力学方法计算BCC结构Fe的空位形成能。
   提示：空位形成能计算公式为

$$E_{\mathrm{V}}=E_{\mathrm{d}}-\frac{N-1}{N}E_0$$

这里的E_{d}为含有一个空位时的结合能，E_0为不含空位的结合能。

4. 利用分子动力学软件计算Cu的(111)、(100)、(110)面的表面能。

提示：先计算没有表面的超晶胞的结合能E_0，再计算具有相同原子数并且具有表面的超晶胞的结合能E_{S}，若超晶胞的截面积为A，则计算表面能的公式为

$$\gamma=\frac{E_{\mathrm{S}}-E_0}{2A}$$

第 10 章 蒙特卡洛方法简介

10.1 基本概念

蒙特卡洛(Monte Carlo)是地中海沿岸摩纳哥的一个城市(图 10－1)，是世界闻名的赌城，用这个方法命名计算方法，表明该算法与随机、概率有着密切的联系。事实上，蒙特卡洛方法又称为随机模拟方法、随机抽样技术或者统计试验方法。

图 10－1 地中海沿岸的蒙特卡洛市

蒙特卡洛方法是通过一个合适的概率模型不断产生随机数序列来模拟一个过程。当然，蒙特卡洛方法也可以借助概率模型来解决间接具有随机性的确定性问题。蒙特卡洛是一种随机模拟方法，而本书第 9 章介绍的分子动力学方法则是一种确定性的模拟方法。

随机抽样方法可以追溯到 18 世纪后半叶的蒲丰(Buffon)投针实验，蒲丰发现了随机投针的概率和 π 之间的关系。但是一般将 Metropolis 和 Ulam 在 1949 年发表的论文作为蒙特卡洛方法诞生的标志。20 世纪 40 年代是电子计算机问世的年代，也是研制原子弹的年代。为解决原子弹在研制中的很多理论和技术问题(如中子输运和辐射)时，需要将随机抽样的方法和计算机技术相结合，由此便产生了蒙特卡洛方法。

蒙特卡洛方法是一种数学方法，在很多领域具有广泛的用途。与传统的数学方法相比，蒙特卡洛方法具有直观性强、简便易行的优点。该方法能够处理其他方法无法解决的复杂问题，在很大程度上可以代替许多大型的、难以实现的复杂试验或社会行为过程。

蒙特卡洛方法解决确定性的问题主要在数学领域，如计算多重积分、求逆矩阵、解线性代数方程组、解积分方程、解偏微分方程边界问题等。用蒙特卡洛方法解决随机性的难题则在众多科学及技术领域得到了广泛的应用，如排队问题、库存问题、动物的生态竞争、传染病的蔓延等。蒙特卡洛方法在材料计算领域中的应用也主要是解决随机性问题，如表面偏聚、薄膜生长、沉淀析出、固态相变等。

10.2　蒙特卡洛方法的基本思想

当所要求解的问题是某种事件出现的概率，或者是某个随机变量的期望值时，可以通过某种“试验”的方法，得到这种事件出现的频率，或者这个随机变数的平均值，并用它们作为问题的解，这就是蒙特卡洛方法的基本思想。在概率论和统计学中，期望值(或称数学期望、均值，亦简称期望，物理学中称为期待值)是指在一个离散性随机变量试验中每次可能结果的概率乘以其结果的总和。

蒙特卡洛方法实质是一种虚拟的数字实验模拟。基本步骤包括：第一步，建立研究的概率模型，使得其参量等于所求问题的解；第二步，对模型进行多次的随机抽样实验，应用蒙特卡洛算法进行求解；第三步，输出模拟结果并对其分析。

我们先看看蒲丰投针实验。

在平滑桌面上画一组相距为 s 的平行线，向此桌面随意地投掷长度 $l=s$ 的细针，如图 10 - 2 所示。

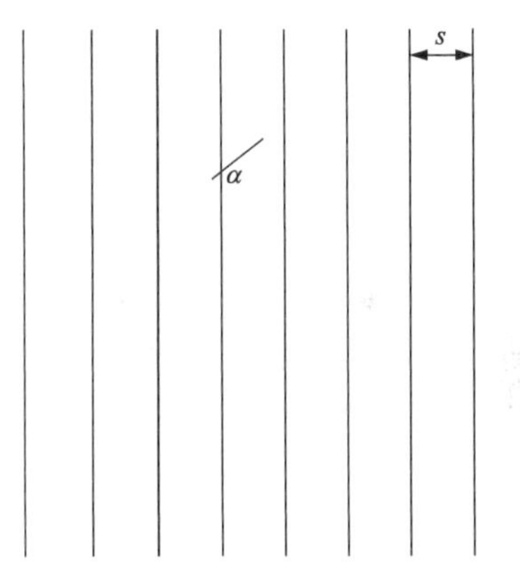

图 10 - 2　蒲丰投针示意图

针与线相交的概率为

$$\frac{l \cdot |\cos\alpha|}{s} = |\cos\alpha| \tag{10-1}$$

由于 α 在 $[0, \pi]$ 区间是均匀分布的，所以 $|\cos\alpha|$ 的平均值为

$$\frac{1}{\pi}\int_0^{\pi} |\cos\alpha| \mathrm{d}\alpha = \frac{2}{\pi} \tag{10-2}$$

若投针 N 次，M 次相交，当 N 足够大时就有

$$\frac{2}{\pi} = \frac{M}{N} \tag{10-3}$$

显然，求 π 的值转化为求一随机过程的参数。表 10 - 1 列举了历史上一些著名的投针实验结果。

表 10 - 1　一些投针实验结果

实验者	年份	投针次数	π 的实验值
沃尔弗(Wolf)	1850	5000	3.1596
斯密思(Smith)	1855	3204	3.1553
福克斯(Fox)	1894	1120	3.1419
拉查里尼(Lazzarini)	1901	3408	3.1415929

这里再给一个求解定积分的例子。

如计算定积分

$$I = \int_0^1 f(x)\,\mathrm{d}x,\ 0 \leqslant f(x) \leqslant 1 \qquad (10-4)$$

的值。这相当于求图 10－3 中函数 $f(x)$ 与 x 轴之间的面积。

用蒙特卡洛方法求解，相当于随机向正方形内掷点，总掷点 N，落于曲线下方的为 M，N 足够大时，积分 $I = M/N$。

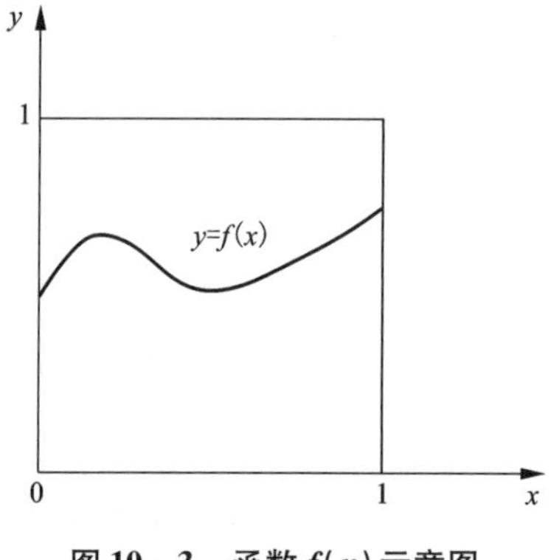

图 10－3　函数 $f(x)$ 示意图

10.3　随机数与伪随机数

蒙特卡洛方法的核心是随机抽样。在该过程中往往需要各种各样分布的随机变量，其中最简单的是在[0，1]上均匀分布的随机变量。在该随机变量中抽签的子样 ξ_1，ξ_2，…，ξ_n 称为随机数序列，其中每个个体称为随机数。

在电子计算机中可以用随机数表和物理方法产生随机数，但这两种方法占用大量的存储单元和计算时间，费用昂贵，因此使用很少。用数学方法产生的随机数是目前广泛使用的方法。该方法的基本思想是利用一种递推关系式

$$\xi_{n+1} = T(\xi_n) \qquad (10-5)$$

对于给定的初始值 ξ_1，逐个产生 ξ_2，ξ_3，…

这种方法产生的随机数存在两个问题：①整个随机数序列是完全由递推函数形式和初始值唯一确定的，严格来说不满足随机数互相对立的要求；②存在周期现象。基于这两个原因，我们将用数学方法产生的随机数称为伪随机数。伪随机数的优点是适用于计算机，产生速度快，费用低。一般计算机都带有“伪随机数发生器”。

实践告诉我们，通过选择恰当的递推函数，伪随机数是可以满足蒙特卡洛的要求的。选择递推函数要注意以下几点：①随机性好；②在计算机上容易实现；③省时；④伪随机数的周期长。

如前所述，产生伪随机数的最基本的方法是均匀分布的伪随机数。最早产生伪随机数的方法是 Von Neumann 和 Metropolis 提出的平方取中法。该方法是首先给一个 $2r$ 位的数，取其中间的 r 位数码作为第一个伪随机数，然后将这个数平方，构成一个新的 $2r$ 位的数，再取中间的 r 位数码作为第二个伪随机数。但该方法效率低，且有时会出现周期短甚至为 0 的情况。

目前，产生伪随机数的方法主要是同余法。同余法是一类方法的总称。该方法也是由选定的初始值开始，通过递推产生伪随机数序列。由于递推公式可以写成数论中的同余式，故称为同余法。该方法的递推公式为

$$x_{n+1} = [ax_n + c](\mathrm{Mod}m) \qquad (10-6)$$

式中：a、c、m 分别称为倍数、增值、模，均为正整数；当 $n=0$ 时，x_0 称为种子或者初值，也为正整数。$[x]$ 表示对 x 取整，运算 $B(\mathrm{Mod}m)$ 表示 B 被 m 整除后的余数。该方法所产生的伪随机数的质量（如周期长度、独立性和均匀性）都与式中的三个参数有关，该参数一般是通过定性分析和计算试验选取。例如当 $m=2^{35}$，$a=7$，$c=1$ 和 $x_0=1$ 时，可以获得较满意的伪随

机数序列。

式(10－6)是同余法的一般形式，根据参数 a 和 c 的特殊取值，该方法可以分为下述三种形式：

(1)$a \neq 1$，$c \neq 0$ 为混合同余法。该方法能产生最大的周期，但产生的随机数随机性不好，效率低。

(2)$a \neq 1$，$c = 0$ 为乘同余法。此时式(10－6)化简为 $x_{n+1} = ax_n(\mathrm{Mod}m)$。由于减少了一个加法，故效率提高，而且产生伪随机数的随机性好、周期长。

(3)$a = 1$，$c \neq 0$ 为加同余法。此时式(10－6)化简为 $x_{n+1} = [x_n + c](\mathrm{Mod}m)$。由于加法计算的速度比乘法快，所以加同余法比乘同余法更省时，但随机数的质量不如乘同余法。

10.4　物理量的计算

我们经常要计算一些物理量(如 A)的平均值

$$\langle A \rangle = \frac{\int A(x)f(x)\mathrm{d}x}{\int f(x)\mathrm{d}x} \tag{10-7}$$

式中：$f(x)$是物理上的概率分布函数(probability distribution function)。若是正则系综，$f(x)$就是玻尔兹曼因子，即$f(x) = \exp\left[-\frac{\Delta E}{k_B T}\right]$，此时，$A$ 的平均值

$$\langle A \rangle = \frac{\int \exp[-\Delta E/(k_B T)]A\mathrm{d}x}{\int \exp[-\Delta E/(k_B T)]\mathrm{d}x} \tag{10-8}$$

式中：$\mathrm{d}x$ 是对整个相空间积分。

式(10－8)的计算可以等价于用 Metropolis 法产生 M 个 A 来求平均。这里以二维情况为例。

N 个粒子处于任意组态，例如在晶格格点上。根据下式移动每一个粒子

$$\begin{aligned} X &\to X + \alpha\xi_1 \\ Y &\to Y + \alpha\xi_2 \end{aligned} \tag{10-9}$$

式中：α 是允许的最大位移，ξ_1 和 ξ_2 是介于 -1 到 1 之间的随机数。因此，我们移动一个粒子，等价于这个粒子将在以粒子原来位置中心边长 2α 的正方形中的任意位置(由于使用了周期性边界条件，若粒子一边移出超晶胞，则从超晶胞的另外一边又进入正方形)。

我们计算移动粒子前后的能量差 ΔE。如果 $\Delta E < 0$，说明这个移动的过程使得体系的能量降低，我们就接收这次移动，将粒子置于新的位置。如果 $\Delta E > 0$，我们将以概率 $\exp\left[-\frac{\Delta E}{k_B T}\right]$来接收这次移动，即在 0 到 1 之间产生一个随机数 ξ_3，若 $\xi_3 < \exp\left[-\frac{\Delta E}{k_B T}\right]$，则将粒子置于新的位置；若 $\xi_3 > \exp\left[-\frac{\Delta E}{k_B T}\right]$，则粒子将返回移动前的位置。不管粒子是否在新的位置还是原来的位置，我们在计算平均值的时候都算作一次移动。因此

$$\langle A \rangle = \frac{1}{M}\sum_{j=1}^{M} A_j \tag{10-10}$$

式中：A_j 是粒子根据上面的规则做了第 j 次移动后计算得到的 A 的数据。移动完一个粒子后，我们再移动下一个粒子。

可以证明，按照以上的方案，出现不同组态的概率是 $\exp\left[-\frac{\Delta E}{k_B T}\right]$。由于每个粒子在边长为 2α 的正方形内任意移动，可以想象，在做了大量的这种移动后，粒子可以到达正方形中的任意点。对于每个粒子都是这样，因此，这种方案可以出现体系的所有可能组态，也就是说，是各态遍历的(ergodic)。

以上就是蒙特卡洛中最常用的 Metropolis 算法的基本思路。关于 Metropolis 蒙特卡洛方法的细节可以参考 Metropolis 的文章(可参阅参考文献[22])，它是一篇经典论文，截至 2020 年 10 月，该论文已经被引用超过 42000 次。

10.5 应用举例——CoPt 纳米合金的有序无序转变

$L1_0$ 结构的有序 CoPt 纳米粒子被视为新一代的高密度记录介质的候选材料，由于其具有高价值的磁晶各向异性而备受关注。然而，目前技术制备出的 CoPt 纳米颗粒通常是无序的固溶体，具有面心立方结构(FCC)，如图 10－4 所示。要得到有序结构，必须使用退火技术。关于 CoPt 纳米粒子的有序无序转变已经有了大量的研究。如 Alloyeau 等已经成功地合成了尺寸为 2～3 nm 的有序 CoPt 粒子，并测定其有序无序转变温度 T_C 为 773～923 K。大量的研究表明，纳米微粒的有序化温度依赖于微粒尺寸。利用蒙特卡洛方法可以模拟 CoPt 纳米合金的有序无序转变。

Alloyeau 等利用正则蒙特卡洛方法模拟了不同尺寸 CoPt 粒子的有序无序转变。他们选用的势函数是嵌入原子势中的 TB 势。他们建立了 CoPt 有序纳米微粒，如图 10－5 所示。

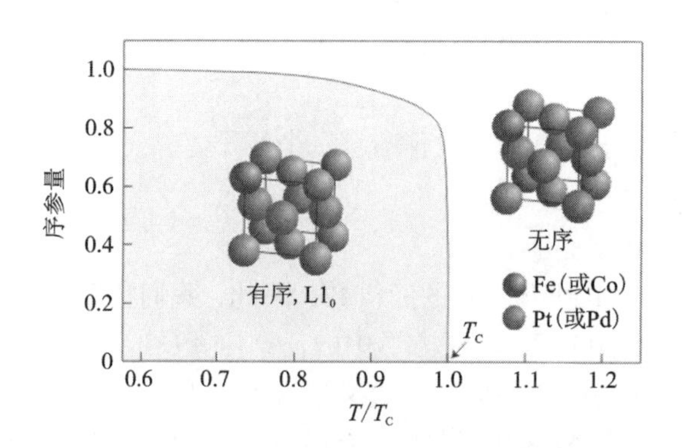

图 10－4 无序合金和有序合金转变示意图

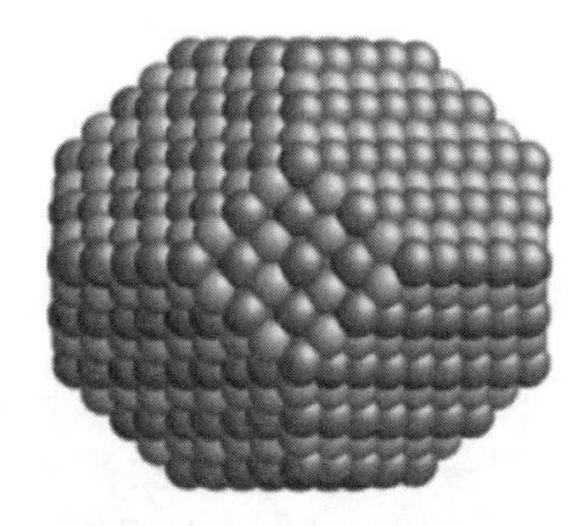

图 10－5 有序 CoPt 纳米微粒

模拟中，选择任意原子做任意的位移，任意选择两种不同类原子进行交换，利用势函数计算交换前后的能量差 ΔE，若 $\Delta E \leqslant 0$，接收这个位移或者原子交换作为原子新的位置，并做下一步模拟；若 $\Delta E > 0$，以概率 $p = \exp\left[-\frac{\Delta E}{k_B T}\right]$ 接受新构型，即产生一个随机数 ξ，如果 $\xi < p$，则接受新构型。模拟还采用周期性边界条件，且假定在每个方向上超晶胞可以膨胀。定义了一个长程有序度

$$\eta_i = (p_A - \frac{1}{2}) + (p_B - \frac{1}{2}) \tag{10-10}$$

式中：p_A 和 p_B 为在 $L1_0$ 结构中 A 原子和 B 原子分别占据理想结构中 A 原子和 B 原子格点的概率。显然，如果 $\eta = 1$ 是完全有序，$\eta = 0$ 是完全无序。我们就是通过有序度 η 的变化来确定相变温度的。

模拟结果如图 10-6 所示，从序参量的突变可以确定有序无序转变温度。可以看出，不同尺寸的有序无序转变温度是不同的，尺寸越小，有序无序转变温度越低；尺寸越大，有序无序转变温度越高，并趋于块体的转变温度。从模拟结果可明显看出，纳米微粒的有序无序转变具有尺寸效应，更详细的内容可参考文献[23]。

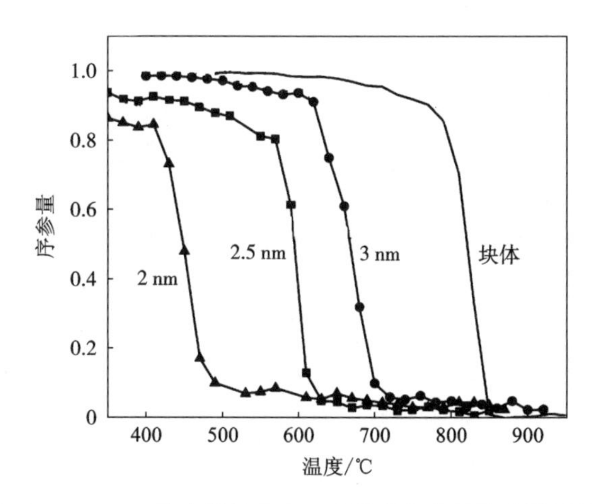

图 10-6　CoPt 纳米微粒有序无序转变的蒙特卡洛模拟结果

思考与练习

1. 蒙特卡洛方法可以用来研究材料科学中的哪些问题？

2. 查找一篇近两年内发表的利用蒙特卡洛方法模拟薄膜有序无序转变的文章，写出其主要的模拟思路和主要结果。

第 11 章 电子结构计算

11.1 第一原理与电子结构

物体所表现的宏观特性都由物体内部的微观结构决定，块状材料在力学、热学、电学、磁学和光学等方面的许多基本性质，如振动谱、电导率、热导率、磁有序、光学介电函数、超导等都由电子结构决定。因此，定量、精确地计算材料的电子结构在解释实验现象、预测材料性能、指导材料设计等方面都具有非常重要的意义和作用。

与其他理论计算方法类似，电子结构的计算方法大体上也可划分为两类：半经验（或经验）计算方法与第一原理（first-principles）计算方法［也有“从头算”（ab initio）这个叫法］。半经验（或经验）计算方法是指在总结归纳某些实验现象与结果的基础上建立起相应的理论模型、计算公式与参数，然后推广应用到研究其他现象和性质的理论方法。第一原理则指仅需采用5 个基本物理常数，即电子的静止质量 m_0、电子电量 e、普朗克（Plank）常数 h、光速 c 和玻尔兹曼（Boltzmann）常数 k，通过求薛定谔方程得到材料的电子结构，而不依赖于任何经验常数即可以预测微观体系的状态和性质，预测材料的组分、结构、性能之间的关系，进一步设计具有特定性能的新材料。在计算过程中，它只需知道构成体系的各个元素与所需要模拟的环境（如几何结构），因此在某些方面有着半经验方法不可比拟的优势。

第一原理需要解决的问题，如寻找（0 K）相应于势能面极小（全局极小，有时是局部极小）的原子平衡构型；比较几种不同原子构型的相对能量；计算（平衡构型下）系统的各种物理（力、电、磁、光）性质；模拟系统在有限温度下的行为；计算系统的热力学性质等。解决这些问题，我们都必须建立起描述系统势能面的总能模型，即将系统总能表示为所有原子坐标的函数。

材料的电子结构问题可以归为两大类：电子基态和电子激发态。电子基态决定了材料的平衡性质，如内聚能、平衡晶体结构、结构相变、弹性常数、电荷密度、磁性、介电常数、原子的振动和运动等。电子激发态决定的材料性质有金属中的低激发、光学性质、输运性质等。可见，电子（或者说电子密度）在材料中扮演着至关重要的角色。

薛定谔方程是描述原子和分子等微观粒子运动行为的基本关系式，它的作用相当于经典力学中的牛顿方程。密度泛函理论（density functional theory，简称 DFT）是一个非常有效的求解薛定谔方程的方法，而且预测得到了原子和分子结构也具有一定的实际含义的结论。密度泛函理论将量子力学理论从前沿少数物理学家和化学家掌握的一种专业科学，迅速变为化学、物理学、材料科学、地质学等众多研究者的常用工具。关于密度泛函理论的文献，从 1989 年的 SCI 数据库 60 篇，增加至 2019 年的 16500 篇。计算材料学课程中学习密度泛函理论的目的是理解他人所完成的计算，并促使自己能够利用已有的程序或软件进行一些必要的计算。

11.2　多电子体系薛定谔方程

20世纪最深远的一个科学进展是量子力学，无数实验观测已经证实该理论能描述我们周围宇宙万物的规律，它具有惊人的正确性。固定原子核的位置，可以求解描述电子运动的方程。给定势场中的一系列电子，可以得到能量最低的电子构型、电子态。最低能量的态称为电子的基态。

多电子与多原子相互作用的体系，其薛定谔方程可以写为

$$\left[\frac{h^2}{2m}\sum_{i=1}^{N}\nabla_i^2+\sum_{i=1}^{N}V(\boldsymbol{r}_i)+\sum_{i=1}^{N}\sum_{j<i}U(\boldsymbol{r}_i,\boldsymbol{r}_j)\right]\psi=E\psi \tag{11-1}$$

式中：波函数 $\psi=\psi(\boldsymbol{r}_1,\cdots,\boldsymbol{r}_N)$，可以近似为 $\psi=\psi_1(\boldsymbol{r}),\psi_2(\boldsymbol{r}),\cdots,\psi_N(\boldsymbol{r})$。

即便如此，我们发现一个 CO_2 分子，全波函数是66维。100个Pt原子的团簇，波函数超过23000维。这就是求解实际材料的薛定谔方程会让许多顶尖学者困扰大半个世纪的原因。

式中：虽然求解波函数非常困难，但是，物理上我们感兴趣的物理量其实就是一套 N 个电子位于某套坐标时的概率值，与此概率密切相关的一个物理量是空间中某个具体位置上的电荷密度 $n(\boldsymbol{r})$，可以用单电子波函数的形式将其写为

$$n(\boldsymbol{r})=2\sum_i\psi_i^*(\boldsymbol{r})\psi_i(\boldsymbol{r}) \tag{11-2}$$

式中：虽然 $n(\boldsymbol{r})$ 是三个坐标的函数，但它却含有方程全波函数解的大量信息，而全波函数是 $3N$ 个坐标的函数。如果能通过求解 $n(\boldsymbol{r})$ 而不是 ψ，则求解出多电子体系的薛定谔方程会成为可能。

11.3　密度泛函理论基本思路

Kohn 和 Hohenberg 证明了两个定理：

定理一：从薛定谔方程得到的基体能量是电荷密度的唯一函数。或者基态电荷密度唯一决定了基态的所有性质，包括能量和波函数。

这个结果的重要性在于，我们可以通过电荷密度来求解薛定谔方程，而不用求解 $3N$ 个变量的波函数。这样对于100个Pt原子的团簇问题，该定理将其从23000维转变为3维。

定理二：使整体泛函最小化的电荷密度就是对应于薛定谔方程完全解的真实电荷密度。

如果已知这个“真实的”泛函形式，则可以不断地调整电荷密度直到由泛函所确定的能量最小化，并可以找到相应的电荷密度。

将该定理描述的泛函写成单电子波函数的形式是一个较好的方法。根据式(11－2)定义的电荷密度，能量泛函可以写为

$$E[\{\psi_i\}]=E_{\text{known}}[\{\psi_i\}]+E_{\text{XC}}[\{\psi_i\}] \tag{11-3}$$

式中：将能量泛函写成 E_{known} 项和其他部分 E_{XC} 项之和。E_{known} 项有四个方面的贡献

$$E_{\text{known}}[\{\psi_i\}] = \frac{h^2}{m}\sum_i \int \psi_i^* \nabla^2 \psi_i \mathrm{d}^3 r + \int V(\boldsymbol{r}) n(\boldsymbol{r}) \mathrm{d}^3 r + \frac{\mathrm{e}^2}{2}\iint \frac{n(\boldsymbol{r})n(\boldsymbol{r}')}{|\boldsymbol{r}-\boldsymbol{r}'|}\mathrm{d}^3 r \mathrm{d}^3 r' + E_{\text{ion}} \tag{11-4}$$

式中：等号右侧依次是电子的动能、电子与核之间的库仑作用、电子之间的库仑作用、原子核之间的库仑作用。$E_{\text{XC}}[\{\psi_i\}]$是交换关联泛函，它所定义的是没有包含在$E_{\text{known}}$这一项中的所有其他量子力学效应。

Kohn 和 Sham 给出了这样一个结果：求解正确电荷密度可以表示为求解一套方程，而其中每个方程(Kohn-Sham 方程)都只与一个电子有关。

$$\left[\frac{h^2}{2m}\nabla^2 + V(\boldsymbol{r}) + V_{\text{H}}(\boldsymbol{r}) + V_{\text{XC}}(\boldsymbol{r})\right]\psi_i(\boldsymbol{r}) = \varepsilon_i \psi_i(\boldsymbol{r}) \tag{11-5}$$

Kohn-Sham 方程有三个势能项：第一个是电子与所有原子核之间的相互作用；第二个是 Hatree 势能，考虑一个电子与全部电子所产生的总电荷密度之间的库仑排斥作用。第三个形式上可以表示为交换关联能的“泛函导数”，即

$$V_{\text{XC}}(\boldsymbol{r}) = \frac{\delta E_{\text{XC}}(\boldsymbol{r})}{\delta n(\boldsymbol{r})} \tag{11-6}$$

这似乎陷入了这样一个循环，即为了求解 Kohn-Sham 方程，需要知道 Hatree 势能；而为了得到 Hatree 势能，又需要知道电荷密度；但为了找到电荷密度，又必须知道单电子波函数方程；为了知道这些波函数方程，又必须求解 Kohn-Sham 方程。

为了打破这一循环，我们需要用迭代算法：

(1)定义一个初始的、尝试性的电荷密度 $n(\boldsymbol{r})$；

(2)求解由尝试性电荷密度所确定的 Kohn-Sham 方程，得到单电子波函数 $\psi_i(\boldsymbol{r})$；

(3)计算由第(2)步 Kohn-Sham 单粒子波函数所确定的电荷密度

$$n_{\text{KS}}(\boldsymbol{r}) = 2\sum_i \psi_i^*(\boldsymbol{r})\psi_i(\boldsymbol{r}) \tag{11-7}$$

(4)比较计算得到的电荷密度 $n_{\text{KS}}(\boldsymbol{r})$和在求解 Kohn-Sham 方程时用的电荷密度 $n(\boldsymbol{r})$。如果电荷密度相同，则为基态电荷密度，并可以将其用于计算总能；如果电荷密度不同，则用某种方式对电荷密度进行修正，然后从第(2)步开始重新计算。

这就是自洽求解过程(self-consistent)。

以上自洽求解过程中，只有一个关键的难点：求解 Kohn-Sham 泛函，必须给定交换关联泛函 $E_{\text{XC}}[\{\psi_i\}]$。

我们不清楚交换关联的真实形式，尽管 Kohn 证明其是真实存在的。对于均匀电子气，电荷密度在空间所有点上是常数，即 $n(\boldsymbol{r})$ = 常数。这虽然对真实材料意义不大，但均匀电子气给出了使用 Kohn-Sham 方程的可行方法。可以将交换关联势能设定为已知的交换关联势能(已知交换关联势能是由均匀电子气计算的电荷密度而得到的)，即

$$V_{\text{XC}}(\boldsymbol{r}) = V_{\text{XC}}^{\text{electron gas}}[n(\boldsymbol{r})] \tag{11-8}$$

这是由局域密度来确定的近似交换关联泛函，称为局域密度近似(local density approximation，LDA)。LDA 能够使我们完完全全地写出 Kohn-Sham 方程。但需要注意的是，我们用这些方程所得到的结果并不能严格求解真实的薛定谔方程，因为我们并没有使用真实的交换关联泛函。

另外一种常用泛函——广义梯度泛函(generalized gradient approximation, GGA)是局域电荷密度和电荷密度的局域梯度。相比于 LDA, GGA 包含更多的物理信息，但它并不总是比 LDA 精确。目前的文献中大约有十几种不同的 GGA 泛函。对于固体来说，最常使用的 GGA 泛函是 Perdew-Wang(PW91)泛函和 Perdew-Burke-Ernzerhof(PBE)两种泛函。关于 GGA 泛函的描述，包括了电荷密度和电荷密度梯度的信息，这表明可以根据更多物理信息，建立更加复杂的泛函。

密度泛函理论的本质可以从图 11-1 看出。密度泛函理论将固体中具有相互作用的电子和真实势等价为独立的 K-S 虚拟粒子和有效势，当两种系统具有相同的电荷密度和能量时，可将不可求解的多电子薛定谔方程变成可求解的问题。另外，做密度泛函理论计算的人必须知道如何将少数原子的计算结果与具有物理相关性的真实材料联系起来。

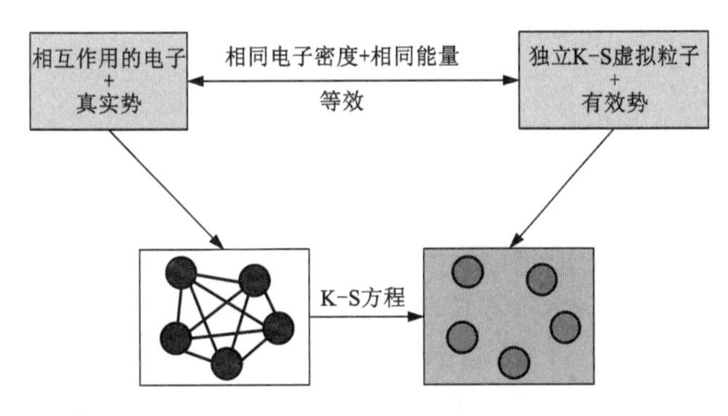

图 11-1 密度泛函理论的本质

对于 DFT 理论，我们必须知道 DFT 给出的不是薛定谔方程的精确解。DFT 计算的能量和薛定谔方程真实基态能量之间，本质上都存在着“测不准”。即 DFT 还有一些局限性，如：

(1)对于电子激发态，DFT 计算的精确性有限；

(2)DFT 计算的半导体和绝缘体材料带隙偏低；

(3)DFT 计算的范德华吸引力并不准确；

(4)DFT 通常只能计算数十个原子，无法对几百上千个原子进行计算。

但无论如何，DFT 是一个非常成功的理论，它的提出者 Kohn 因此而获得了诺贝尔化学奖就说明了这一点。

11.4 DFT 计算的基本要素

在讲 DFT 的计算要素之前，我们要先说一下收敛的概念。我们常常要讨论计算结果是否收敛，那么，“收敛”是什么意思?

DFT 所确定的原子构型基态电荷密度，就是由一组复杂的数学方程解给出的。为了在计算机上求解这一问题，必须进行一系列的数值近似，这类数值近似都能够在使用有限的计算机资源前提下得到越来越接近真实值的数值解，这一过程就称为收敛。对于采用了特定交换关联的 DFT 所描述的数学问题，“收敛良好的”计算能够给出与真实解尽可能接近的数值解。

11.4.1 k 空间

在周期性系统中求解薛定谔方程，它的解一定满足布洛赫定理，布洛赫函数式(5－2)也可以写成

$$\phi_{\mathrm{k}}(\boldsymbol{r})=\exp(\mathrm{i}\boldsymbol{k}\cdot\boldsymbol{r})u_{\mathrm{k}}(\boldsymbol{r}) \tag{11-9}$$

式中：$u_{\mathrm{k}}(\boldsymbol{r}+n_1\boldsymbol{a}_1+n_2\boldsymbol{a}_2+n_3\boldsymbol{a}_3)=u_{\mathrm{k}}(\boldsymbol{r})$。

该定理意味着可以用每一个 k 分别独立求解薛定谔方程。该定理也适用于由薛定谔方程的这些解所衍生出的其他物理量，如电荷密度。利用 k 求解 DFT 数学问题要比使用 r 更为方便，这一计算思想的方法被称为波函数计算。

在第 1 章中我们知道，在倒易空间定义一个 Wigner-Seitz 原胞，就是布里渊区(brillouin zone，BZ)。布里渊区对于材料能带理论具有核心意义。我们对布里渊区中几个特别重要的点也进行了单独的命名，如 $\boldsymbol{k}=0$ 点称为 Γ 点。

BZ 的体积记为 V_{BZ}

$$V_{\mathrm{BZ}}=\frac{(2\pi)^3}{V_{\mathrm{cell}}} \tag{11-10}$$

对于平面波 DFT 计算而言，布里渊区为什么这么重要？答案很简单：所需要进行的大量工作可以归纳为求下述形式的积分值：

$$g=\frac{V_{\mathrm{cell}}}{(2\pi)^3}\int_{\mathrm{BZ}}g(\boldsymbol{k})\,\mathrm{d}\boldsymbol{k} \tag{11-11}$$

该积分的主要特点是：它是在倒易空间中定义的，并对布里渊区所有可能的 $\boldsymbol{k}$ 值进行积分。

对于这个积分，我们有三个要点：

(1) 将被积函数在一系列离散点上进行估值，并在每一点上使用合适的权重，再对这些函数值加和，可以近似计算该积分；

(2)随着使用离散点的个数增加，这种积分可以给出更精确的结果。当使用的点非常多时，对其取极限，这些数值方法就收敛于积分的精确解；

(3)在近似求解函数积分时，对位置和权重的不同选择，会极大地影响该数值方法收敛到精确值的速度(计算速度)。

对于计算类似于式(11－11)提到的积分，消耗的 DFT 计算时间是非常长的。那如何快速估算这些积分呢？

最为普遍使用的方法是 Monkhorst 和 Pack 在 1976 年提出的方法，使用该方法，所需要的仅仅是确定在倒易空间每个方向上使用多少个 k 点。

对于每个晶格矢量长度都相等的超晶胞的计算，其倒格矢的长度也相等，因此每个方向上使用了相同数量的 k 点。如果在每个方向上都使用了 M 个 k 点，则将此计算标记为 $M\times M\times M$ 个 k 点。

k 的数目如何选择呢？

利用不同 k 点计算块体 Cu 的总能，结果如表 11－1 和图 11－2 所示。可以发现，当 $M>8$ 时，总能与 k 点的数目无关；对于较少的 k 点，能量随 k 点的变化仍然很大，即较少的 k 点无法得出收敛良好的结果。

表 11－1　利用 Monkhorst 和 Pack 方法选取不同 k 点时 FCC 结构 Cu 的总能

M	|E|/(原子/eV)	k 点的数目
1	1. 8061	1
2	3. 0997	1
3	3. 6352	4
4	3. 7054	4
5	3. 7301	10
6	3. 7541	10
7	3. 7676	20
8	3. 7671	20
9	3. 7680	35
10	3. 7676	35
11	3. 7662	56
12	3. 7665	56
13	3. 7661	84
14	3. 7659	84

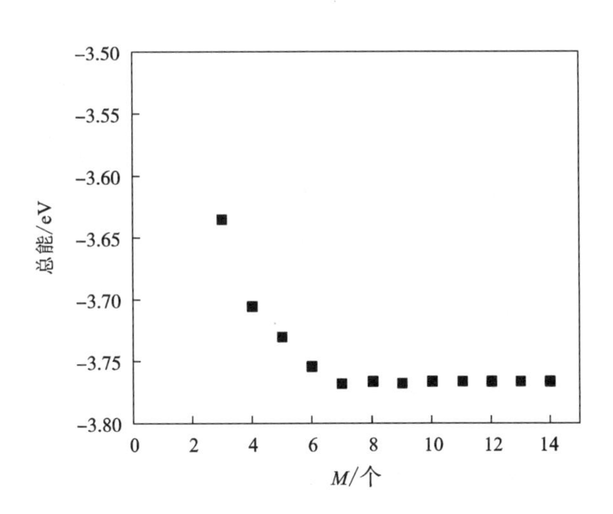

图 11－2　选取不同 k 点时 FCC 结构 Cu 的总能

由于布里渊区具有对称性，故倒易空间的积分并不需要使用全部的布里渊区来估算，而是使用一部分区域来估算这个积分。这个缩小的部分称为不可约布里渊区(IBZ)。如本例中，若采用 10×10×10(以晶胞数目表示)，在 k 空间中只有 35 个独立的点位于 IBZ 中，若没有使用对称性，则会有 1000 个点。

很多时候，采用晶格矢量长度不同的超晶胞是非常有好处的。一个最基本的原则就是：在倒易空间采用相似的 k 点密度，其计算结果的收敛精度也类似。

如对于晶胞

$$\boldsymbol{a}_1 = a(1,0,0),\ \boldsymbol{a}_2 = a(0,1,0),\ \boldsymbol{a}_3 = a(0,0,4)$$

采用8×8×2个(以晶胞数目表示)k点就可以得到合理的收敛精度。这种k点设置方法，定义了在倒易空间的每个方向具有相同的k点密度。

金属是k空间的一个特例。在金属中，布里渊区可以分为电子已经占满和电子未占满两个区域，k空间中将这两个区域分割开来的表面称为费米面(fermi surface)。这一情形的k空间计算是非常复杂的，因为被积函数从非零值不连续地变化为零(费米面上)。计算这些积分时，如果没有采取其他措施，就需要使用大量的k点才能得出收敛精度较高的结果。对于金属的不连续积分，一种处理方法就是模糊化处理方法。其基本思想就是，将任何台阶函数替换为光滑连续函数。如 Fermi-Dirac 函数，可以使用通常的方法对其积分，再将结果进行外推并得到最终极限值，从而使模糊化得以消除。

我们可以对k空间进行总结：

(1)对于感兴趣的体系进行大量的 DFT 计算之前，应当先考察计算结果对于k点数量的收敛性；

(2)应该给出计算中所使用的k点数量，因为如果不这样做，其他研究者很难对结果进行重现；

(3)增大晶胞体积会减少达到收敛时所需的k点数量；

(4)在倒易空间中选定k点时，需要使不同超晶胞倒易空间的k点密度大体相同；

(5)对称性可以减少实际计算时k点的数量，整体的收敛性是由全布里渊区中k点的密度所决定的；

(6)对于金属，必须使用合适的方法，才能更精确地处理k空间的问题。

11.4.2 截断能

对于超晶胞薛定谔方程的解，具有如下形式：

$$\phi_{\mathrm{k}}(\boldsymbol{r}) = \exp(\mathrm{i}\boldsymbol{k}\cdot\boldsymbol{r})u_{\boldsymbol{k}}(\boldsymbol{r}) \tag{11-12}$$

式中：$u_{\boldsymbol{k}}(\boldsymbol{r})$具有周期性，可以用一系列特殊的平面波展开

$$u_{\boldsymbol{k}}(\boldsymbol{r}) = \sum_{\boldsymbol{G}} c_{\boldsymbol{G}}\exp(\mathrm{i}\boldsymbol{G}\cdot\boldsymbol{r}) \tag{11-13}$$

式(11-12)中加和项是对$\boldsymbol{G} = m_1\boldsymbol{b}_1 + m_2\boldsymbol{b}_2 + m_3\boldsymbol{b}_3$所定义的所有矢量加和。将式(11-12)、式(11-13)合并得

$$\phi_{\boldsymbol{k}}(\boldsymbol{r}) = \sum_{\boldsymbol{G}} c_{\boldsymbol{k}+\boldsymbol{G}}\exp[\mathrm{i}(\boldsymbol{k}+\boldsymbol{G})\cdot\boldsymbol{r}] \tag{11-14}$$

式(11-14)可以表示为薛定谔方程的解，解中的动能是

$$E = \frac{h^2}{2m}|\boldsymbol{k}+\boldsymbol{G}|^2 \tag{11-15}$$

上述公式将波函数展开为平面波，主要是由于高能部分的平面波所占比例很少，而且大大影响了计算速度。另外，相比高能量部分的解，低能量部分的解在物理上的意义更重要。

通常将上述无穷能量的加和项截断为某个能量值，即

$$E_{\mathrm{cut}} = \frac{h^2}{2m}G_{\mathrm{cut}}^2 \tag{11-16}$$

则无限加和项可简写为

$$\phi_k(\boldsymbol{r}) = \sum_{|\boldsymbol{G}+\boldsymbol{k}|<G_{\text{cut}}} c_{\boldsymbol{k}+\boldsymbol{G}} \exp[\mathrm{i}(\boldsymbol{k}+\boldsymbol{G}) \cdot \boldsymbol{r}] \tag{11-17}$$

这里的某个能量值就是截断能。

图 11－3 给出了 Cu 结合能随截断能的变化关系。

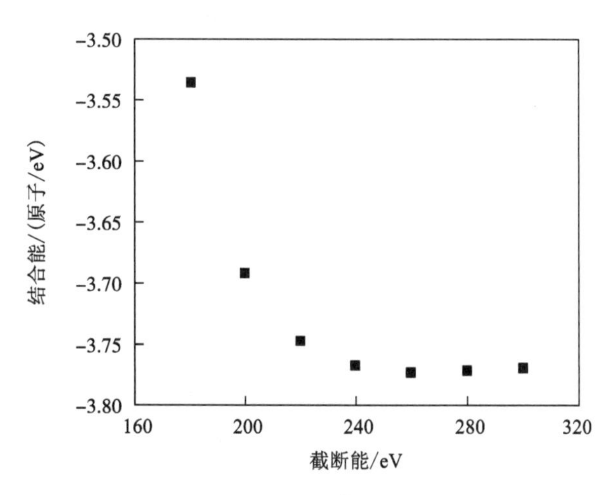

图 11－3　Cu 结合能随截断能的变化关系

对多体系进行 DFT 计算时，需要对计算得到的能量值进行比较，因此，需要在所有计算中使用完全相同的截断能。我们可以取不同体系最大的截断能作为最终的截断能。

11.4.3　赝势

赝势就是将内部电子(芯区电子)产生的电荷密度替换为符合真实离子实且其物理和数学特征电荷密度。赝势的采用可以减小由于计算内部电子所导致的计算负担(这些内部电子产生震荡尺度较小的平面波)。

现在的 DFT 程序计算大都提供了赝势库，包含了化学元素周期表中的每个(至少是绝大多数)元素。

对于每种元素的特定赝势，都详细确定了一个在使用时所需要的最小截断能。需要较高截断能的赝势称为“硬的”，而计算效率较高且具有较低截断能的赝势称为“软的”。目前使用最普遍的是 Vanderbilt 确定的赝势——超软赝势(ultra soft pseudo potential，简称 USPP)。目前的计算软件中，只含有那些经过仔细推演并经过严格测试的超软赝势，对于某些元素来说，DFT 计算软件给出了几种具有不同软度的超软赝势。

11.4.4　DFT 总能计算

最基本的 DFT 计算类型就是计算在空间中处于预设位置上的一组原子的总能。DFT 计算的主要目的就是要得到体系基态构型的电荷密度。

电荷密度用 Kohn-Sham 方程解可写为

$$\rho(\boldsymbol{r}) = \sum_j \psi_j(\boldsymbol{r})\psi_j^*(\boldsymbol{r})$$

Kohn-Sham 方程为

$$\frac{h^2}{2m}\nabla^2\psi_j(\boldsymbol{r})+V_{\text{eff}}(\boldsymbol{r})\psi_j(\boldsymbol{r})=\varepsilon_j\psi_j(\boldsymbol{r})$$

式中：$V_{\text{eff}}(\boldsymbol{r})$为有效势。该问题直接求解的难点在于有效势本身就是一个复杂函数。

求解该问题的一个有效的策略就是对该问题进行迭代计算：先估算一下全体电荷密度，然后将其作为实验值再去确定有效势；用有效势求解 Kohn-Sham 方程，从而确定一个新的电荷密度；如果新的电荷密度和旧的电荷密度不匹配，那么没有完成整个问题的求解，将新旧两种电荷密度以某种方式合并起来，得出一个更新的电荷密度试验值；使用这个更新的电荷密度作为试验值，确定一个新的有效势，进而得到一个最新的电荷密度，如此反复。如计算成功完成，这个迭代过程将会给出一个自洽解。这个过程就是一个迭代优化的问题。

DFT 计算流程图如图 11 -4 所示。

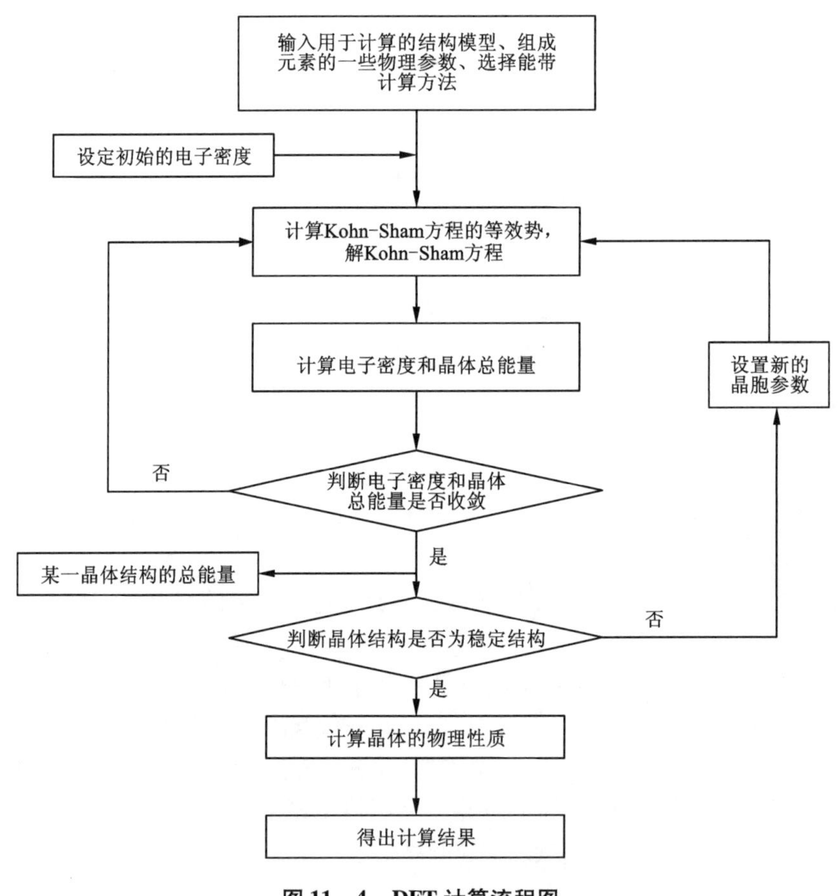

图 11 -4 DFT 计算流程图

DFT 计算也是一个几何优化的问题，即通过调节结构模型的几何参数来获得稳定结构的过程，其结果是使模型结构尽可能地接近真实结构。几何优化有几个判据：①自洽场判据：相继两次自洽计算的晶体总能量之差足够小，小于设定的值；②力判据：每个原子受晶体内作用力足够小，即单个原子受力小于设定的最小值；③应力判据：每个结构模型单元中的应力足够小，即应力小于设定的最大值；④位移判据：两次结构参数的变换引起的原子位移的分量足够小。这几个判据满足了，才算给出了自洽的结果。

11.5　DFT 计算程序

关于 DFT 计算的程序非常多，表 11－2 列出了常用的 DFT 计算软件和网址。

表 11－2　常用的 DFT 计算软件和网址

序号	名称	版权	网址
1	CASTEP	收费	www. castep. org
2	VASP	收费	www. vasp. at
3	WIEN2K	收费	www. wien2k. at
4	DMol	收费	www. accelrys. com
5	ADF	收费	www. scm. com
6	Crystal03	收费	www. crystal. unito. it
7	Gaussian03	收费	www. gaussian. com
8	ABINIT	免费	www. abinit. org
9	CALYPSO	免费	www. calypso. cn
10	CPMD	免费	www. cpmd. org
11	SIESTA	免费	https://departments. icmab. es/leem/siesta/
12	GAMESS	免费	https://www. msg. chem. iastate. edu/gamess/index. html

那么 DFT 程序能给我们哪些信息呢？简单说来，我们输入原子类型（电子、电荷）和位置，通过 DFT 计算，可以得到体系的波函数、电荷密度和能量等信息，基于这些信息，我们可以做进一步的计算，如图 11－5 所示。

图 11－5　DFT 程序的作用

11.6 应用举例

11.6.1 举例1——微量杂质引发的金属脆化

这是一个在著名刊物 *Nature* 上发表的关于DFT计算的成功例子。

铜是元件和电器设备之间传递电流的最常用材料。铜成本低、软、塑性好。常见的铜为多晶体，包含大量晶粒，晶粒接触区有大量复杂结构的晶界。一百多年前人们就知道，在铜中加入少量的某种杂质，可以将其塑性断裂变成脆性断裂(断裂之前没有塑性变形)。如当铜中Bi的含量低于100 μg/g时，铜就会发生脆化。对于铅和汞杂质，也观察到类似的现象。定性地说，这些杂质引发脆性断裂时，断裂总是倾向于发生在晶界处。因此杂质一定是在某个方面极大地改变了晶界的性质。

Bi的作用可能有以下三种情况：

(1)Bi原子与邻近Cu原子形成键，使这些Cu原子比纯Cu要硬，从而降低了Cu晶格平滑变形的能力；

(2)杂质原子改变了晶界处原子的电子结构，弱化晶界原子的成键；

(3)原子的尺寸效应，Bi原子尺寸比Cu原子尺寸大很多，Bi原子存在于晶界上时，会分离界面两侧的Cu原子，使两者的距离增大，被拉长的键弱化了原子间的键能，并使晶界容易断裂。

哪一种情况对呢?

Schweinfest、Paxton和Finnis使用DFT计算方法，明确描述了Bi是如何脆化铜的。他们的计算过程如下：

(1)计算了纯Cu和含Bi杂质的Cu的应力-应变曲线。若是上述原子键加强变硬，则添加Bi后，金属的弹性模量会增大。但DFT的计算给出了相反的结果，如表11-3所示，它意味着原子键强化的解释是不正确的。

表11-3 纯Cu及含杂质Cu的弹性模量和切变模量

名称	弹性模量(K)/GPa	切变模量(C')/GPa			切变模量(C_{44})/GPa			切变模量(μ_t)/GPa		
		0.011	0.012	0.013	0.011	0.012	0.013	0.011	0.012	0.013
Cu	190	35	25	18	99	74	54	56	41	27
$Cu_{26}Bi$	168	32	25		102	75		55	42	
Cu_7Bi	143	29		13	126		60	61		29
Cu_7Pb	150	27		16	125		69	60		34

注：表中的0.011、0.012和0.013指的是平衡体积，单位为nm^3。

(2)在更加复杂的一些计算中，他们直接给出了一些晶界的黏附功(A跟B黏附，黏附功=

AB之间的表面能－A的表面能－B的表面能)，这些晶界均被实验证明会被Bi脆化。计算表明，晶界的黏附功会由于Bi的存在而大幅降低。

(3)DFT结果可以直接给出晶界原子的电子结构，如图11－6所示，可以发现，晶界电荷作用的解释并不是导致脆化的原因。

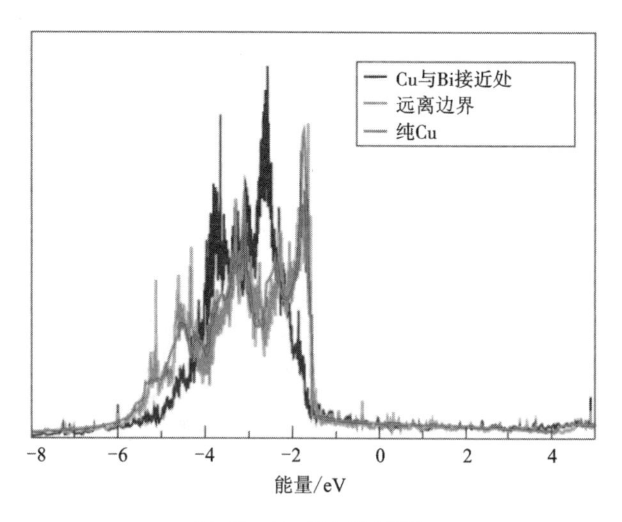

图11－6　晶界态密度

(4)晶界性质的巨大转变都可以从Bi原子所导致的超体积的角度加以解释，也就是尺寸效应。

总结计算结果表明：任何比Cu更大的原子，均强烈偏聚于晶界，从而可以使Cu脆化。这个结果也适用于上文提到的Pb和Hg杂质的作用。

详细的计算过程及分析可以参考文献[25]。这个例子说明，可以通过第一原理的方法解决一些实验中不能解决的实际问题。

11.6.2　举例2——掺杂二维黑磷的第一原理计算

黑磷是磷的一种同素异形体，由单层的磷原子堆叠而成，是禁带宽度为0.33 eV的p型二维半导体材料，本节的例子采用密度泛函理论研究了O、S、C掺杂的二维黑磷的电子结构、磁性和稳定性(全文请参阅文献[26])。

该计算工作使用CASTEP软件，且采用周期性边界条件，用超软赝势处理离子实与价电子之间的相互作用，用平面波基组描述体系电子的波函数，用Perdew-Burke-Ernzerhof的广义梯度近似描述电子之间的交换关联等方法。经过收敛测试，平面波截断能设定为280 eV。计算过程中先进行几何结构优化，得到稳定的结构后，再进行单点能、电子结构和性能计算。

黑磷具有褶皱的层状结构，如图11－7(a)所示。其模型是建立在结构优化后的晶胞基础上的，沿x和z基矢方向上分别扩展3个单位得到4×1×4(以晶胞数目表示)的超晶胞，然后删除y基矢方向的底层P原子，且为了消除二维黑磷层与层之间的相互作用，在垂直于二维黑磷平面方向选取了1 nm的真空层。对C、O和S元素掺杂，分别用一个C、O、S原子取代一个P原子，并分别记为C_P、O_P、S_P，优化后的结构如图11－7(b)～(g)所示。

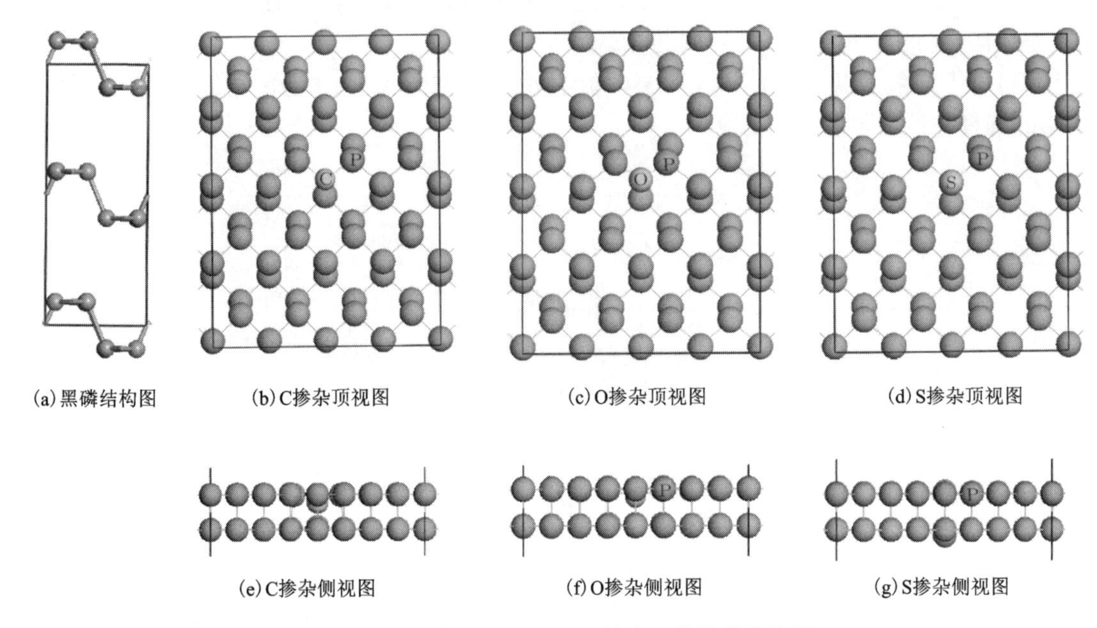

图 11-7　黑磷以及 C、O、S 掺杂二维黑磷结构图

通过计算，发现掺杂体系的结合能均为负值，这说明掺杂体系结构稳定。未掺杂黑磷晶体的能带结构图如图 11-8 所示。图 11-8 中零点为费米能级。从图 11-8 中可以看出黑磷是一种直接带隙半导体(G-G)，禁带宽度为 0.389 eV，与实验值 0.33 eV 相近。

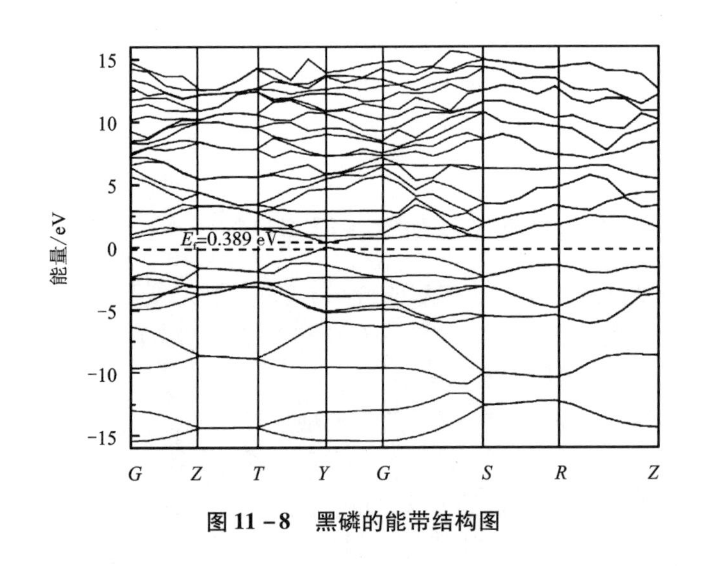

图 11-8　黑磷的能带结构图

掺杂体系的电子总态密度以及部分原子的分波态密度图如图 11-9 所示。图 11-9 中零点为费米能级。由于在 0 K 时费米能级以下的能量状态被电子完全占据，而费米能级以上的能量状态全部处于空态，并且常温时也只是费米能级附近的电子会发生跃迁，故此处只讨论费米面附近部分的电子态密度。

从图 11-9 可以看出，C、O、S 掺杂体系中，自旋向上和自旋向下的电子态密度分布均跨越了费米面，但两者有一定的偏移，出现了明显的劈裂，说明体系中的电子通过交换相互作用产生了自旋有序排列。自旋向下的电子数多于自旋向上的电子数，体系对外表现出净磁矩，呈现铁磁性。

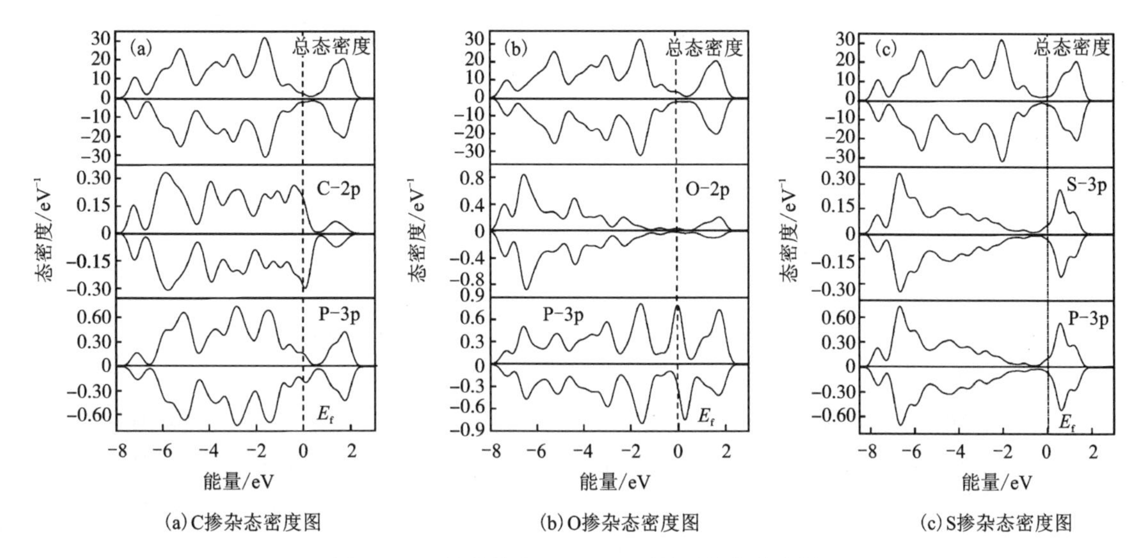

(a) C掺杂态密度图　(b) O掺杂态密度图　(c) S掺杂态密度图

图11-9　黑磷掺杂C、O、S后体系的态密度图

为了更详细地了解磁性起源机制，给出了C、O原子的2p电子和S、P原子的3p电子的分波态密度图(图11-9)，从图中可发现C_{2p}、O_{2p}、S_{3p}电子态与P_{3p}电子态在费米面附近产生较为明显的重叠，即P_{3p}电子与掺杂原子p电子在费米面附近具有较强的杂化，这种相互作用导致费米面附近的能级劈裂，致使自旋向上的电子数和自旋向下的电子数不相等，体系产生铁磁性，即C、O、S掺杂二维黑磷的铁磁性源于C、O、S的p电子与P_{3p}电子间的p-p耦合作用。

二维黑磷本身无磁矩，对此模型的研究工作表明，C、O、S掺杂后都具有1 μ_B的总磁矩。

思考与练习

1. 第一原理计算与分子动力学模拟相比，有哪些优势和不足？

2. 密度泛函理论与薛定谔方程有何关系？密度泛函理论的两个基本定理是什么，有什么重要性？

3. 利用密度泛函理论计算系统总能的步骤是什么？

4. 学习一种DFT计算程序(如Materials Studio中的Castep)，并试着利用该模块计算Si的能带、态密度。

5. 计算确定Pt在简单立方、FCC或HCP晶体结构中，更倾向于哪一种？将DFT预测得到的最优晶格参数与实验观测值进行比较。

6. 针对FCC金属的(100)、(110)、(111)表面，建立适合于计算的超晶胞。为了考察每种表面的弛豫现象，试计算每个表面单胞的尺寸，并计算Pt(100)、Pt(110)、Pt(111)的表面能。

第 12 章 计算材料学的新进展

12.1 材料基因组计划简介

材料是所有产业的基础和先导，材料从研发到投入市场的时间跨度很长。其关键在于，长期以来材料的研发过度依赖科学直觉与试错式的实验或经验积累，且制备过程漫长和充满变数。传统的材料研发模式主要是以实验为主的“试错法”，其效率低，从新材料的最初发现到最终工业化应用一般需要 10～20 年。如目前的移动电子设备所用的锂电池，从 20 世纪 70 年代中期的实验室原型到 20 世纪 90 年代实现应用，前后花了近 20 年时间，然而至今它还不能完全、充分地应用于电动汽车上。变革材料的研究与开发方式、提高材料从发现到应用的速度成为世界各国共同的追求。

为了加快材料的研发，2011 年 6 月美国设立“材料基因组计划(material genome initiative, MGI)”，借鉴生物基因组的理念，利用先进的计算手段和数据方法，以集成化的“多尺度计算－高通量实验－数据库技术”为核心，旨在达到新材料研发周期缩短一半、研发成本降低一半的目的，最终支撑先进制造和高新技术的发展。

白宫科技政策办公室在 2011 年 6 月发布的白皮书《具有全球竞争力的材料基因组计划》中阐述了材料创新基础设施的 3 个平台，即计算工具平台、实验工具平台和数字化数据(数据库及信息学)平台，如图 12－1 所示，明确指出材料基因组计划不仅要开发快速可靠的计算方法和相应的计算程序，而且要开发高通量的实验方法以对理论进行快速验证并为数据库提供必需的输入。另外，还要建立普适可靠的数据库和材料信息学工具，以加速新材料的设计和使用。

我国材料基因组计划最早开始于 2011 年年底召开的香山科学会议。该会议的主题为“材料科学系统工程”，提出中国应尽快自主建立以高通量材料计算模拟、高通量组合材料实验、材料共享数据库为基础的“材料基因组计划”平台。2012 年 12 月，由中国工程院领衔的“材料科学系统工程发展战略研究——中国版材料基因组计划”重大项目启动，启动会上探讨了当前在我国开展材料基因组计划研究的难点和重点，并提出了具体建议。2013 年 11 月，中国科学院“材料基因组计划”咨询项目研讨会在北京召开，有关人员就材料基因组中的高通量计算与材料预测、高通量材料组合设计实验、数据库建立与科学管理和先进物性实验及表征等内容做了专题报告，并于 2014 年在上海召开了材料基因组工程研究进展研讨会，对相关工作进行进一步的研讨。2016 年 2 月，科技部发布了关于“国家重点研发计划高性能计算等重点专项 2016 年度项目申报指南的通知”，启动了“材料基因工程关键技术与支撑平台”重点专项。该专项的主要研究内容是，构建高通量计算、高通量制备与表征和专用数据库 3 大示范

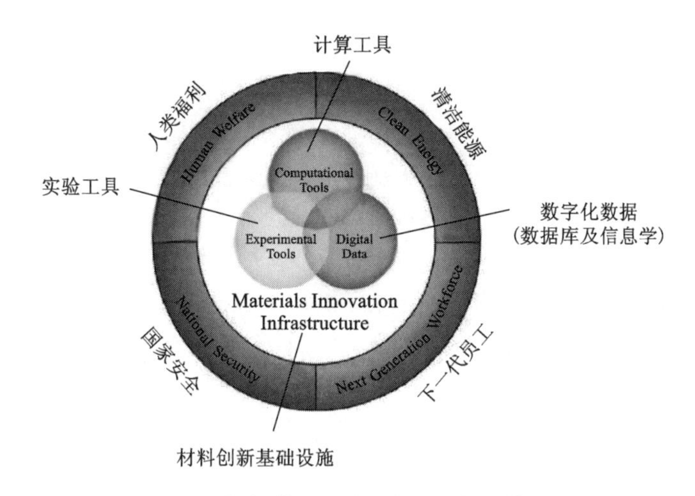

图 12－1　材料基因组计划中材料创新基础设施

平台；研发多尺度集成化高通量计算方法与计算软件、高通量材料制备技术、高通量表征与服役行为评价技术以及面向材料基因工程的材料大数据技术 4 大关键技术；在能源材料、生物医用材料、稀土功能材料、催化材料和特种合金等支撑高端制造业和高新技术发展的典型材料上开展应用示范。专项共部署 40 个重点研究任务，实施周期为 5 年。自此材料基因工程进入了一个快速发展时期。

12.2　材料基因组技术发展现状

目前较为著名的材料基因组大规模高通量计算平台和材料数据库有劳伦斯伯克利国家实验室(LBNL)与 MIT 联合的 Materials Project、Duke 的 Aflow. org 以及 Northwest 的 OQMD 等。

美国伯克利 Ceder 课题组同 Persson 课题组的 materialsproject. org 平台在世界范围内有很大影响。Materials Project 包含了一个存储信息量很大(有近 6 万个晶体结构)的数据库，可以存储高通量材料性质计算的结果，例如各种计算信息，既包含能带态密度信息，也包含电池材料的充放电曲线、相图等，所有材料计算的研究工作者可以在这个开发的平台上下载结构、搜索材料性质、查看材料相图，甚至可以利用这个网站的平台搜索未知的材料。此外这个网站还开放了数据库接口，利用这个数据库，大家可以使用写代码的方式，搜寻筛选材料。在这样的工作模式下，材料重复计算的次数被减少了，在做材料计算时，人为操作的次数变少，计算机智能化的判断设计变多了，材料计算速度得到了极大的提升。

Ceder 等在早期主要是利用蒙特卡洛方法计算有固定晶体结构位点的金属合金氧化物材料，接着，他又做了许多关于锂电池材料的结构和相的研究，在这些研究工作中，他们使用了一种从冶金学计算蒙特卡洛方法发展而来的团簇展开方法：这种方法是使用部分已知的密度泛函计算结果，对体系的总能量进行拟合，然后再利用拟合的结果预测未知体系的总能的方法。该方法虽本身依赖于密度泛函理论计算，但又使用了一些统计的概念，加速了普通的密度泛函计算，也就是一个类似于现在材料基因组计算方法的工具。其核心是牺牲一部分精度，换取更快的计算速度，然后在更快的计算中进行材料的筛选。从 2003 年起，Ceder 等陆续发表了一些含有“数据挖掘”“高通量计算”等标题的论文。可以说，这是最初的利用计算机技术来加速传统材料工业发展的材料基因组技术构想的萌芽。就目前而言，该平台在发展材料基因组技术上处于相对领先的地位。这是因为，他们有成熟的材料数据库、较为成熟的材料计算方法和材料筛选机理经验积累、成熟的研究材料基因组的科研人员以及很多相关的运用材料基因组技术的成功案例。但其离真正系统性指导实验、加速实验还有一定差距，仍需要突破很多瓶颈。

美国西北大学材料与机械教授 Chris Wolverton 的研究组是一个具有交叉学科背景的研究组，其成员的研究背景涉及材料、物理、化学、机械工程和数学等领域。他们研究的内容也非常广泛，包括电池材料、储氢材料、太阳能材料、热电材料和机器学习数据挖掘等。Wolverton 研究组的计算资源丰富，有 1008 个核的 Linux 机群，此外他们还与西北高性能计算系统合作，有大量机时可以使用。Wolverton 受到了 Ceder 的 Materials Project 启发，按照自己的思路于 2013 年建立了“开放量子材料数据库”(the open quantum materials database, OQMD)，并免费在 http：//oqmd. org 上公开。这是一个基于密度泛函理论(DFT)计算的材料的热力学和结构的数据库。这个数据库有友好的网络界面，适合小规模访问。另外，它还提供了 API 接口，可下载整个数据库。目前，该数据库不仅包含 471857 个条目，还包含一些全新的结构。OQMD 中除了给出了材料的晶体结构、能量、空间群、形成能、数据来源、能带等性质之外，能清楚地显示出材料的相图也是该数据库的一大特色。

此外，该研究组从数千个 DFT 计算的数据库(OQMD)中构建了机器学习的模型。利用模型，可预测任意化合物的热力学稳定性，而不需其他的任何输入，这比 DFT 计算的时间少了 6 个数量级。Wolverton 等使用该模型扫描了大约 160 万个新型三元化合物的候选组合，成功预测了 4500 种新型的稳定材料。同样利用机器学习的方法，Wolverton 课题组研究了氧化锆中掺杂剂稳定性的力量驱动机制问题，他们创建一个聚类排序建模(CRM)自动化方法，用于发现大型性质数据库中的强大化学描述符，并将 CRM 应用于氧化锆掺杂剂的稳定性研究。CRM 作为一种通用方法，在实验和计算数据两方面都可以进行操作，识别掺杂氧化物的电子结构特征。当掺入氧化物溶解在氧化锆中时，它能很好地预测氧化物的稳定性。他们还利用一种被称为元素替换法的高通量计算方法，用 DFT 计算了 378 种 XYZ 型(X = Cr、Mn、Fe、Co、Ni、Ru、Rh，Y = Ti、V、Cr、Mn、Fe、Ni，Z = Al、Ga、In、Si、Ge、Sn、P、As、Sb)的 half - Heusler 合金的电子结构、磁性和结构稳定性。通过计算，可得到相图以及预测全新的热力学稳定相和几十个具有负的形成能的半导体、半金属和接近半金属。应该说，该研究团队目前在数据库建设、材料基因组技术方法开发及应用领域上均具有一定的领先优势。

中国科学院物理研究所陈立泉团队在中国独立研究开发了自动化高通量计算方法及软件平台。通过超级计算机，能够从无机晶体学数据库中 30 万条数据中选择含锂材料，通过快速“键价和”方法及高精度第一性原理分子动力学方法，计算材料的电子结构、三维离子导电通道、离子迁移活化能，从而建立电解质与电极材料的数据库。通过该数据库，进一步建立数据挖掘方法，有利于新的固体电解质材料的筛选。该高通量计算方法已经预测了一种硫化物电解质，并获得实验验证。

吉林大学马琰铭团队依据化学组分来开展物质结构预测的相关理论和模拟方法研究，并结合第一性原理计算和高压实验测量，探索高压等限域条件下物质的新奇物理与化学性质，设计并合成新型非常规高压相多功能材料，揭示结构与宏观性质之间的内在联系，为发展新的物理理论奠定基础。基于晶体对称性的分类检索思想，结合粒子群多目标优化算法，引入成键特征矩阵，研究组提出并发展了 CALYPSO（crystal structural analysis by particle swarm optimization）结构预测方法，在此基础上开发了拥有自主知识产权的 CALYPSO 结构预测程序。CALYPSO 软件包的输入量是化学组分和外界条件（如压力），通过结构演化和总能的计算来合理确定物质的结构，并可以根据需要进行功能材料（如超硬材料等）的结构设计。CALYPSO 软件不仅可以开展三维晶体的结构研究，还可以开展二维层状材料和二维表面重构以及零维团簇的结构研究。在未来，它还可以用来开展其他结构现象的热点研究（如界面、过渡态、化学反应等）。

此外，在世界其他国家和地区，材料基因组研究也在蓬勃发展。针对在高通量计算中遇到的结构寻找高对称点和 K 点路径的问题，瑞士洛桑的科学家和日本东京大学的课题组在 materialscloud. org 上发布了一个关于寻找结构对称性的软件，推动了材料基因组的高通量计算的研究。在这个软件包中，该课题组对于结构的对称性、对称操作等性质进行了详细地分析，并且使其以代码的形式存在。此外，在 materialscloud. org 网站中，还有许多关于赝势的信息和下载的渠道。虽然这个网站没有直接涉及材料基因组的工作，但是这些基础的工作也为材料基因组的工作提供了很好的基础和平台，加速了材料基因组的研究。

12.3　机器学习方法简介

传统新材料的开发过程多采用试错法，实验步骤繁琐，从研发到应用的周期长，且往往达不到预期效果。同时，目前材料表征技术手段越来越多，对应的数据以及维度也越来越复杂，依靠人力的传统实验分析手段有时无法挖掘出材料特征与性能的深层联系。材料计算模拟方法，诸如第一性原理方法、分子动力学、蒙特卡洛技术、相场理论以及有限元分析等，可以对材料的结构以及性能进行不同尺度的计算预测。但其常常只针对特定体系，而且当前对复杂体系往往存在难以承受的计算量，部分理论方法的发展达不到定量描述材料性质的要求，这些都限制了新材料研发的发展。

随着材料理论与实验研究的不断发展，人们开始将实验和计算模拟中所产生的数据（包括失败的数据）整合起来，形成具有一定规模的数据库。譬如，基于实验研究获得的无机晶体材料数据库（ICSD）、剑桥结构数据库（CSD）、晶体学开发数据库（COD）、鲍林文件（Pauling file）等；基于理论模拟的开放量子材料数据库（OQMD）、哈佛清洁能源项目（HCEP）、材料发现的自动流程（AFLOW）以及材料项目（materials project）等。基于这些材料数据库，机器学习针对特定材料属性建立模型，快速实现对材料性能的预测，从而有望加速新材料的设计，缩短材料研发周期。近年来，机器学习预测新材料的方法越来越受到研究者的青睐，已经在超导、拓扑绝缘体、磁性、铁电、热电、光伏、催化、高熵合金及超硬材料等方面取得了一系列成果。机器学习的成功应用，被认为是材料发展的一种创新模式。

图 12 - 2 给出了材料机器学习的四个主要步骤：收集数据与建立数据库；特征工程与数据预处理；选择模型与优化调参；模型预测与实验验证。

收集数据是整个流程中最细致的工作之一，数据收集首要保证的是数据的可靠性，可从材料信息数据库、网络文献或组内实验中收集所需数据。应尽可能收集较多的数据，在收集足够数据之后再建立小型数据库以方便数据的管理。

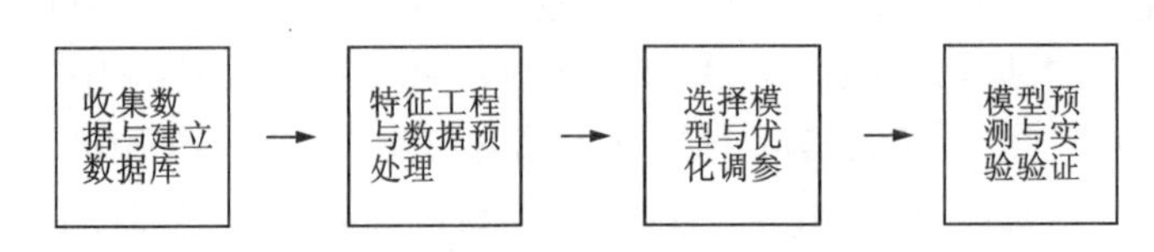

图 12-2 机器学习的主要步骤

特征工程，是将收集的数据转换为计算机可以"理解"的数据，应针对不同的问题采取不同的特征工程。特征工程通常和特征选择结合，使特征从少到多，再从多到少，降低特征"信噪比"，筛选出模型"理解"的真正重要的特征。数据预处理与不同的模型相关，支持向量机和神经网络通常需进行归一化处理，而基于树的模型则不用。

选择模型是材料机器学习的核心。应针对不同问题，选择不同模型。线性方法针对目标函数先验假设函数公式，通过学习样本数据来求解特征的权重。线性方法简单、速度快，应用极其广泛，多用于对计算速度要求较高的在线学习和增量学习。集成方法多基于决策树模型，主要有随机森林和梯度提升树。梯度提升树根据上一个预测模型的错误不断改正预测误差，在合理调节模型超参数的情况下，梯度提升树多是最好算法。与随机森林相比，虽然梯度提升树的模型准确率略有提升，但限于超参数数目众多和模型运行缓慢等原因，其在材料机器学习中应用不多。支持向量机因在"小数据"上性能优异，故是最受欢迎的材料机器学习算法之一。

除模型选择之外，超参数调节也是机器学习的重点。超参数调节一般分为手动调节和自动调节两类。手动调节有贪心搜索和网格搜索等，而自动调节多运用贝叶斯优化，通过权衡方差和均值的价值实现自动调参。

最后，借助训练好的模型预测未知材料的性质，并通过实验验证预测结果。这是材料机器学习可靠性检验的重要步骤。它将实验验证结果作为新的数据输入到数据库中，从而得到循环优化的机器学习模型。

12.4 机器学习方法应用举例

12.4.1 热电材料的预测

2013 年，Gaultois 等收集了绝大多数材料的热电性能、价格和开采难易程度，用大数据的多维度图形象地展示各个性能之间的关系。如图 12-3 所示，x 轴是电阻率，y 轴是 Seebeck 系数，点的大小代表功率因子，高清图可参考文献[33]。由此可以看出，功率因子较高的热电材料，多位于锥形包络线之外的位置，性能越高则越靠外，这表明热电材料的功率因子是以锥形包络线为上限和下限分布的。虽然 Gaultois 没有使用机器学习的研究手段，但其通过大数据高维图来研究多个变量之间关系的思想，却为后人提供了一个很好的学习范例。2015 年，Gaultois 以上述热电材料数据库和机器学习技术为基础，以选取元素的原子半径、平均原子数和泡利电负性作为化合特征，分别对化合物的电导率、Seebeck 系数、热导率和禁带宽度进行学习，搭建了热电材料推荐系统。由于热电材料的输运参数不仅与所构成化合物的主要元素有关，还与材料的微量掺杂元素、显微组织结构有关，因此 Gaultois 选取的主要组成元素的特征并不能很好地反映化合物所应该表现出来的宏观物理特性，其工作也因此未得到大家的关注。

2016 年，Oliynyk 等通过随机森林方法预测新型半哈斯勒合金。虽然，该方法成功训练了可分辨哈斯勒合金的分类模型，但并未更进一步筛选出潜在的热电材料。2018 年，Furmanchuk 通过机器学习的方法预测热电材料的 Seebeck 系数，他利用元素的性质特别设计了适用于绝大多数体系的特征工程。为保证预测的精准度，他针对热电材料 4 个不同的工作温度(300 K、400 K、700 K 和 1000 K)分别训练了 4 个不同的回归模型。2018 年，Laugier 通过卷积神经网络和梯度提升树学习元素特征和计算的带结构图来预测 2 种、819 种、682 种化合物的功率因子，虽然用最先进的方法学习了海量的数据，但预测的平均绝对误差只有 0.55，距可用的模型还有较大差距。2019 年，Xu 用数据竞赛中常用的融合(stacking)方法来预测类金刚石化合物的禁带宽带，通过第一性原理计算验证了 50 种化合物的预测结果，取得了 77.73% 的准确率。

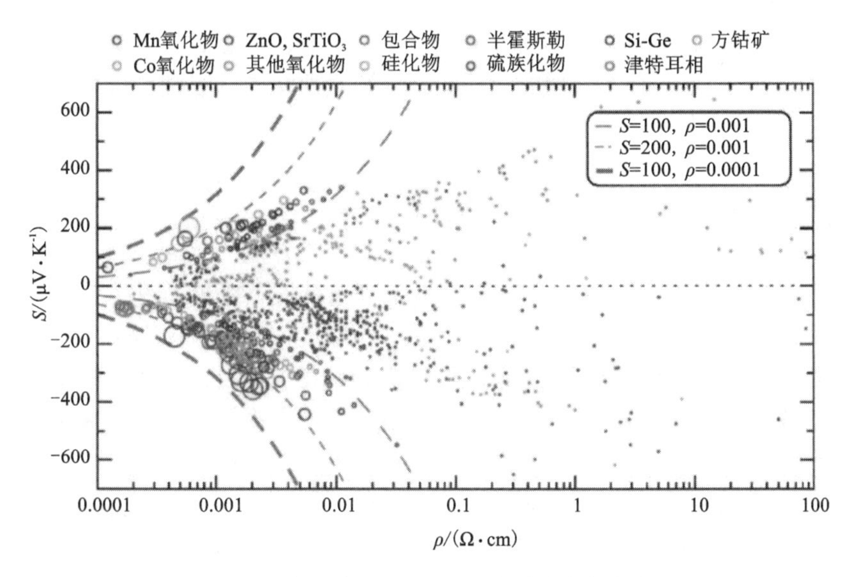

图 12-3　电阻率和 Seebeck 系数的大数据多维图

12.4.2　钙钛矿光伏材料的发现与设计

具有钙钛矿结构的材料能展示出诸如超导、铁电、光电、磁致电阻以及离子电导等新颖特性，在电子学、能源转化以及催化等应用中扮演着重要角色。鉴于钙钛矿材料的优异性能，对其材料与结构的数据收集就显得很有必要。早期，人们手动收集了约 500 种 ABX_3 型化合物的实验数据以判断其是否能够形成钙钛矿，但存在数据筛选不全面、判断错误等问题。Xu 等采用八面体共顶连接形成的拓扑网络作为钙钛矿结构的判断标准，基于 MP 数据库，筛选出 590 种 ABX_3 和 538 种 $A_2B'B''X_6$ 化学式的化合物。他们利用机器学习方法，以原子序数、离子半径、电负性、八面体因子以及容忍因子等作为描述符，判断上述结构是否具有钙钛矿的结构属性，精度达到 90% 以上。这不仅丰富了以前的钙钛矿数据集，修正了先前判断错误的 11 种 ABO_3 化合物的钙钛矿属性，还构建了更大的钙钛矿材料数据库，为机器学习提供了数据基础。

钙钛矿结构具有化学元素的多样性。理论上，潜在的钙钛矿材料数目可达上万种，因此它成为了机器学习设计新材料的一个理想的运用体系。目前实验上确认的钙钛矿材料约1000种。相较于元素周期表中众多元素替代A、B和X位，稳定存在的钙钛矿材料还有庞大的挖掘空间。Lu等基于机器学习和密度泛函理论(DFT)计算开发了一种靶向驱动法以用于发现稳定的无铅有机-无机杂化钙钛矿(HOIPs)。该方法从212种已经报道的HOIPs带隙值中训练机器学习模型，然后成功地从5158种未开发的潜在HOIPs种筛选出6种具有合适带隙和室温热稳定性的无铅HOIPs，其中2种在可见光区域具有直接带隙和环境稳定性。Li等从双钙钛矿卤化物结构$A_2B(I)B(III)X_6$出发，通过元素置换，获得14190种可能的钙钛矿材料；并结合机器学习和高通量第一性原理计算的方法，选择354种钙钛矿的稳定性计算结果作为训练集。通过机器学习建立了钙钛矿稳定性与原子半径的隐式映射关系，其表现出比传统描述符(容忍因子t)更好的性能。通过与不在训练集内的246种实验合成的钙钛矿材料比较，机器学习模型预测的结构稳定性趋势与实验结果一致，这表明模型的泛化能力。结合机器学习和密度泛函理论的新材料设计与筛选方法，基于有限的数据训练集，可以实现高效准确的钙钛矿性能预测，这不仅为实验合成稳定、高效的钙钛矿材料指明方向，而且为其他功能材料的设计与发现提供借鉴意义，从而避免冗杂的实验工程与复杂的计算模拟过程。

12.5 机器学习与高通量计算相结合

机器学习与高通量筛选也有一些互通性，将高通量筛选与机器学习结合起来也许会进一步提升理论模拟计算的效率。高通量筛选的方法可以在短时间内同时对上千种可能的材料进行过滤，寻找其中符合特定性能标准的体系以供实验参考。目前，高通量筛选的计算步骤主要由以下几个部分构成：从数据库中选择合适的数据；生成输入文件；选择合适的算法对性质进行模拟计算；生成输出文件并进行数据分析；将处理过的数据添加到现有数据库中进行扩充，如图12-4所示。高通量筛选方法筛选出来的材料依然很难达到直接投入到实际应用的水平，究其原因，主要是因为筛选条件和筛选方法还有待完善和提高。筛选条件的选择是影响高通量筛选的决定性因素。对于新材料的筛选，不仅需要满足各种热力学和动力学上的理论性质，同时还要考虑实际应用过程偏离理论的影响，包括材料中可能存在的各种缺陷，材料的尺寸效应、表面效应以及掺杂等，这对筛选条件的选择提出了极高的要求。筛选方法方面，主要包括两种方法：一种是基于原子间势的方法，包括分子动力学方法，而另一种则是电子结构方法，尤其是基于密度泛函理论的计

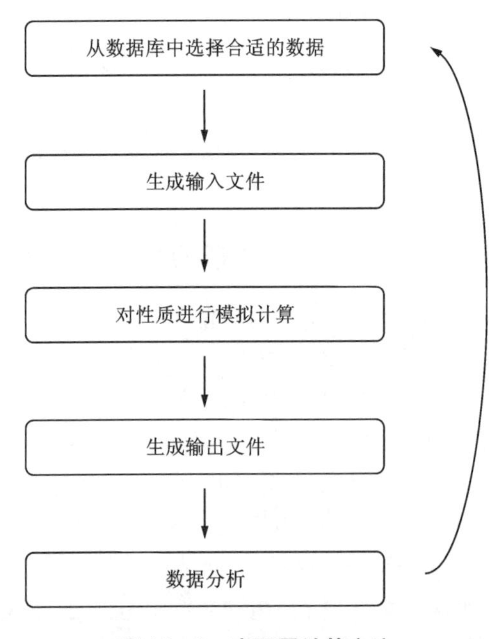

图12-4 高通量计算方法

算方法。

高通量筛选方法和机器学习在一定程度上有着一定的相似性。高通量筛选在新材料的设计过程中表现出来的主要特点为自动化程度高，可同时处理的样本量大，另外还具有可并行、可扩展的优点；而机器学习为人工智能领域的一个分支，其自动化程度更高。此外，机器学习的算法可处理的数据量也很大，甚至机器学习对于数据量还存在一定的依赖性，数据量过小反而可能导致机器学习出现过拟合的现象而使得方法的有效性降低。同时，机器学习方法里也包含增量学习和在线学习的方法，所以机器学习同样可以具有可并行、可扩展的特点。二者具有相似的特点，所以这两种方法具备结合起来同时应用到新材料的开发之中的潜质，值得去尝试。

另外，针对高通量筛选与机器学习两者各自的缺陷，将这两种方法结合起来应用可以起到互利互补、扬长避短的效果。高通量筛选中的筛选方法可以不局限于基于密度泛函理论的第一性原理计算方法，也可以用数据驱动的机器学习来结合与补充，以达到进一步加快和优化算法的目的；高通量筛选的筛选条件的制定需要研究者对材料的结构与性质之间的关联有更深刻的理解和认知，这一步可以由机器学习的方法去探索结构性质的关联性，以为研究者提供指导意见。目前的高通量筛选方法已经形成了巨大的数据库，这些数据正好可以用作机器学习方法中用于提升算法的训练数据。高通量筛选与机器学习的相似性与互补性为二者的结合奠定了坚实的基础，如果将这两种方法程序性地结合起来，则有希望让新材料的筛选工作得到进一步的加速与提升。

2019年4月克里斯托夫·沃尔弗顿、阿佩瓦·梅赫塔等发表的论文《通过迭代机器学习和高通量实验，加速金属玻璃的研发》表明，在寻找Co－V－Zr中新的金属玻璃的过程中，机器学习与高通量实验的结合将有助于加速材料的发现速度(图12－5)。实验观察结果与模型预测结果一致，但预测的成分存在定量差异。他们使用这些差异来重新训练机器学习模型，显著提高了准确度。通过迭代使用机器学习和高通量实验，他们快速地发现了三种新的金属玻璃，有望大大加速新的金属玻璃材料的开发过程。他们相信这种开发范式也可以适用于更广泛的材料研究。

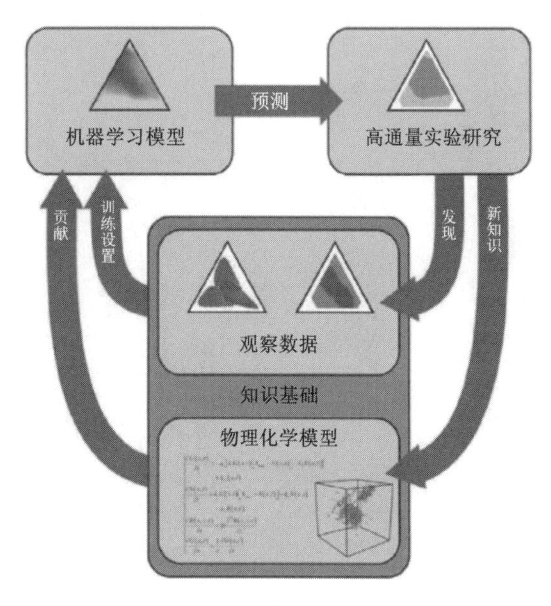

图12－5　机器学习与高通量实验结合将加速材料的发现

在材料科学领域，高通量筛选主要还是依靠基于DFT的第一性原理计算，先前已经有一些工作指出了结合这两种方法的可能性。例如，Tanaka实验组提出了基于密度泛函理论构建材料大数据，然后将其用作机器学习的训练集，该方法就体现了将高通量筛选方法与机器学习相结合的思想。有实验组通过高通量筛选与机器学习的方法相结合的方式以应用于新型有机发光二极管分子的筛选，通过机器学习方法和DFT计算的结合，从160万种候选结构中筛选出数千种具有研究价值的材料体系。还有一些实验组利用机器学习的高效性，将其与高通量筛选相结合，可快速准确地识别用于 CO_2 捕获的金属有机框架材料。令人鼓舞的是，机器学习的应用使得计算时间降低了一个数量级，能实现大型结构库的快速搜索。随着计算机计算能力的发展以及人类对于机器学习方法的深入研究，机器学习必将在材料科学中大显身手。

思考与练习题

1. 何为材料基因组计划？试举例说明，应如何利用基因组技术进行材料研究。
2. 说说机器学习的方法思路及用途。
3. 何为高通量计算？有何重要意义？
4. 查文献综述计算材料在近两年的发展情况。

附录 A　量子力学基础①

1. 基本概念

爱因斯坦假定电磁辐射是由光子组成，每个光子的能量和动量分别为

$$E = h\nu = \hbar\omega, \quad p = \frac{h\nu}{c} = \frac{h}{\lambda} = \hbar k \tag{A-1}$$

式中：ν 和 λ 分别为辐射的频率和波长，$\hbar = h/2\pi$，而 $k = 2\pi/\lambda$ 为波矢。式[A－1(a)]被称为爱因斯坦关系。

德布罗意假设式(A－1)也适用于粒子，即

$$\omega = E/\hbar, \quad \lambda = \frac{h}{p} \quad 或 \quad k = \frac{p}{\hbar} \tag{A-2}$$

海森堡提出，粒子的坐标和动量的不确定量(Δx 和 Δp)，满足下面的关系式

$$\Delta x \Delta p \approx \hbar \tag{A-3}$$

对于时间和能量，也有类似的关系：

$$\Delta t \Delta E \approx \hbar \tag{A-4}$$

式中：Δt 通常指粒子的寿命。

2. 薛定谔方程

德布罗意波满足薛定谔方程

$$i\hbar \frac{\partial}{\partial t}\Psi(\boldsymbol{r}, t) = \left[-\frac{\hbar^2}{2m}\nabla^2 + V\right]\Psi(\boldsymbol{r}, t) \tag{A-5}$$

式中：Ψ 为粒子的波函数；V 为粒子的势能。$|\Psi(\boldsymbol{r}, t)|^2 \mathrm{d}^3 r$ 为 t 时刻在体积元 $\mathrm{d}^3 r$ 中找到粒子的概率。波函数必须满足归一化条件

$$\int |\Psi|^2 \mathrm{d}^3 r = 1 \tag{A-6}$$

的积分遍及整个空间。

如果 V 与时间无关，则 Ψ 可以分解为

$$\Psi = \psi(\boldsymbol{r}) = \mathrm{e}^{-\mathrm{i}(E/\hbar)t}$$

而且与空间有关的部分 $\psi(\boldsymbol{r})$ 满足

$$\left[-\frac{\hbar^2}{2m}\nabla^2 + V\right]\psi(\boldsymbol{r}) = E\psi(\boldsymbol{r}) \tag{A-7}$$

---

① 本部分内容参考了 M. A. Omar, *Elementary Solid State Physics*(1975)的相关资料。

式(A-7)被称为薛定谔方程。在适当的条件下求解此方程，可以得到允许的能级以及与此相应的波函数。

3. 一维情况

自由粒子的能量和波函数为

$$E=\frac{\hbar^2k^2}{2m},\quad \psi_k=Ae^{ikx} \tag{A-8}$$

式中：A 为常数；k 为平面波的波矢量。

在长为 L 的某盒子里，一个粒子的能量与波函数与式(A-8)相同，只是 k 被量子化为：

$$k=n\frac{2\pi}{L},\ n=0,\ \pm1,\ \pm2,\ 等 \tag{A-9}$$

这可以从周期性边界条件中得出，于是有

$$E_n=\frac{\hbar^2}{2m}\left(\frac{2\pi}{L}\right)^2n^2,\quad \psi_n=\frac{1}{L^{1/2}}e^{i(2\pi/L)nx} \tag{A-10}$$

上述的结果可以直接推广至三维盒子。

谐振子的能量为：

$$E_n=\left(n+\frac{1}{2}\right)\hbar\omega,\ n=0,\ 1,\ 2,\ 等 \tag{A-11}$$

式中：ω 为振子的经典固有角频率。

4. 角动量

轨道角动量的大小是按照下式被量子化的：

$$L=\sqrt{l(l+1)}\hbar \tag{A-12}$$

式中：$l=0$, 1, 2 等；状态 0, 1, 2 等分别被称为 s, p, d 态等；角动量 z 分量也是被量子化的，即

$$L_z=m_1\hbar \tag{A-13}$$

式中：$m_l=-l$, $(-l+1)$, …, $(l-1)$ 或 l。

自旋角动量也按式(A-12)和式(A-13)量子化，只是量子数 s 的值仅允许 $s=\frac{1}{2}$ 而已。

5. 氢原子和多电子原子

将库仑势代入薛定谔方程并求解之，可以得到所允许的能级为

$$E_n=\frac{-\hbar^2}{2a_0^2m}\frac{1}{n^2} \tag{A-14}$$

式中：n 为正整数，通常称为主量子数；$a_0=4\pi\hbar^2\epsilon_0/me^2$ 为第一玻尔半径。

对于每一个 n，允许的轨道角动量量子数 $l=0$, 1, 2, …, $n-1$；而对于每一个 l，m_1 允许的值为 $-l$ 和 l 之间(包含 $-l$ 和 l)的所有整数。通过吸收和发射光子，能使电子在两个能级之间跃迁，此时光子的频率应该满足下面的关系：

$$\Delta E=\hbar\omega \tag{A-15}$$

式中：ΔE 为两个能级的能量差；式(A-15)称为玻尔频率公式。

任意一个状态的波函数可以写为：

$$\psi = {}_{nlm_l}(r, \theta, \phi) = R_{nl}(r) Y_{lm_l}(\theta, \phi) \tag{A-16}$$

式中：r，θ 和 ϕ 为球面极坐标。径向函数 $R_{nl}(r)$ 是一个振荡函数，其峰值确定了各原子壳层（玻尔轨道），而 $Y_{lm_l}(\theta, \phi)$（球谐函数）则描述电子围绕质子的转动。

在多电子原子中，从最低能级开始，各电子占据允许的态，按照泡利不相容原理：一个量子态至多能容纳两个自旋相反的电子，每个原子壳层（即给定的 n 值）最多能够容纳 $2n^2$ 个电子。

电子所占据的最外壳层（即价壳层），决定原子的化学性质。如果价壳层未被填满，则原子是活泼的，而价壳层未必充满的原子，就是惰性原子。

每个壳层内，各支壳层（即不同的 l）有不同的能量。这些能量，相应于电子相对于核的不同分布方式。特别是，s 支壳层（$l=0$）能量最低，因为该支壳层的电子以相当大的概率出现在接近核的地方。

6. 微扰理论

在实验中，研究原子通常要加一外场，并观察它对原子性能的影响。磁场和电场都会改变原子光谱，从这里可以得到有关原子结构的信息。

有外场存在时，势能改变为：

$$V = V_0(\boldsymbol{r}) + V'(\boldsymbol{r})$$

式中：$V_0(\boldsymbol{r})$ 是原子的势能；$V'(\boldsymbol{r})$ 为外场引起的势能。原则上，我们必须用新的，包括外场作用的势能去求解薛定谔方程。可惜的是，只有极个别特殊情况才可以这样做。但是，如果外场弱，则附加的势能 $V'(\boldsymbol{r})$ 比较小，此时可用近似的方法，把波函数用泰勒级数展开成外场的幂。只要展开式中有足够高的幂，便能使能量和波函数达到所希望的精度。这个方法称为微扰理论，在各量子力学书中均可以找到详细叙述。其最后结果为

$$E_n \approx E_n^{(0)} + \langle n | V' | n \rangle - \sum_m{}' \frac{|\langle m | V' | n \rangle|^2}{E_m^{(0)} - E_n^{(0)}} \tag{A-17}$$

和

$$\psi_n \approx \psi_n^{(0)} - \sum_m{}' \frac{|\langle m | V' | n \rangle|^2}{E_m^{(0)} - E_n^{(0)}} \tag{A-18}$$

式中：$E_n^{(0)}$ 和 $\psi_n^{(0)}$ 是无外场时任意能级 n 的能量和波函数，即无微扰能量和波函数，而 E_n 和 ψ_n 为外场存在时相应的量。尖括号表示

$$\langle n | V' | n \rangle \equiv \int \psi_n^{(0)*} V' \psi_n^{(0)} \mathrm{d}^3 r$$

$$\langle m | V' | n \rangle \equiv \int \psi_m^{(0)*} V' \psi_n^{(0)} \mathrm{d}^3 r$$

式（A-17）和式（A-18）中的求和，遍及除开所研究的 n 态外的所有量子态（求和符号加一撇就表示求和中不包括 $m=n$ 的项）。所给出的能量和波函数都精确到 V' 的二次项作为微扰理论的一个重要应用，现讨论一下晶体场的分裂。

当一个原子被置于晶体内部时，其波函数（或原子轨道）将发生变化，因为近邻离子对该原子的电场施加一电场，从而导致轨道的畸变和能级的分裂，这个电场被称为晶场，若该场不太大，则可以使用微扰理论。

晶体场取决于近邻离子的数目及其几何配置。对于配位数是2、4和6的情形，其周围离子是直线、四面体和八面体配置。通过观察能级分裂，可以确定环境的对称性，这与配位数是等价的。这里分析一个p轨道的影响，则可以说明这一点。

如图A-1(a)所示，假定排列是线状的，沿z轴有两个正离子，图中示出了3个p轨道：p_x、p_y和p_z。由此可以看出，p_z轨道基本上使电子沿着轴呈哑铃状分布，受到正离子的强烈吸引。故相对于p_x和p_y而言，p_z轨道的能量被降低了，结果，原来能量相等的三个轨道，现在获得了不同的能量，因而使能级分裂，如图A-1(b)所示。能级分裂对于材料的光学和磁性性能有重要的意义。

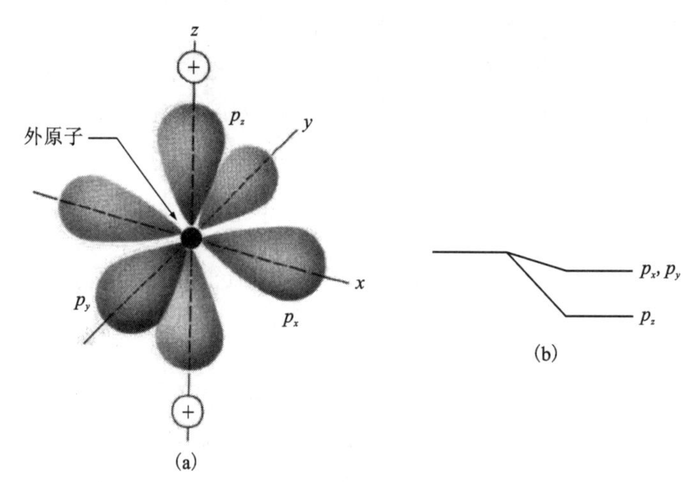

图A-1 晶体场分裂

(a)p_x、p_y和p_z轨道的电荷分布；(b)轨道的能级分裂

7. 共价键

考虑一个氢分子离子H_2^+的情况。当电子处于其中一个质子附近时，其行为与它在氢原子的1s轨道上的行为相似。故可以合理地认为，H_2^+分子轨道是中心位于两个质子的两个1s轨道的线性组合。这种组合有两种可能性，即

$$\psi_e = \psi_1 + \psi_2 \qquad (A-19)$$

和

$$\psi_o = \psi_1 - \psi_2 \qquad (A-20)$$

式中：ψ_1和ψ_2表示中心分别在两个质子处的1s态，角标e和o分别表示线性组合为偶组合和奇组合。从对称性考虑，应该排除其他任何组合，这是因为电子的电荷分布相对于两个质子而言必须对称，且只有上述两种组合才能满足对称性要求。图A-2画出了分子轨道ψ_e和ψ_o的略图。

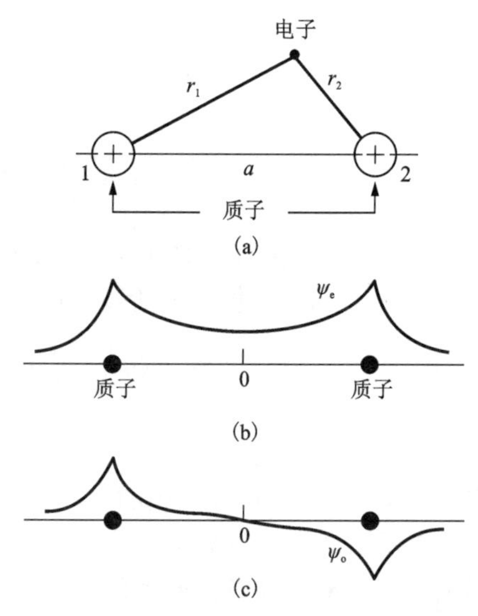

图A-2 分子轨道ψ_e与ψ_o的略图

(a)氢分子离子；(b)波函数ψ_e；(c)波函数ψ_o

这两个轨道的电荷分布为$|\psi_e|^2$和$|\psi_o|^2$(图 A－3)。由此可以看出，对于ψ_e，电子主要出现在质子之间的区域；而对于ψ_o，电子则出现在各质子的周围，并远离中间区域。

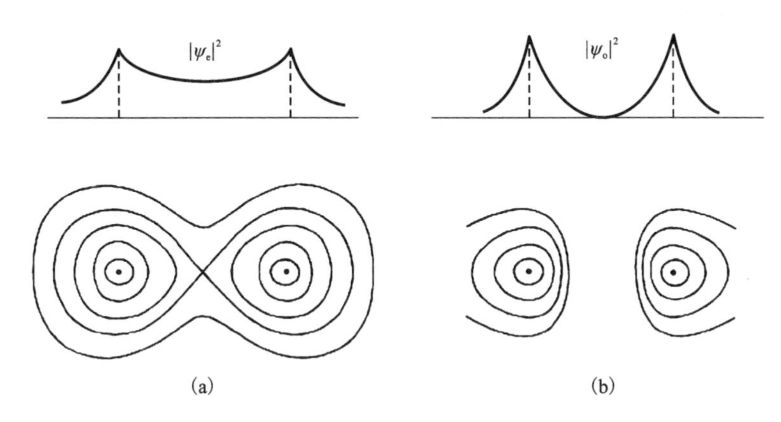

图 A－3　电荷分布的剖面图和等密度线

(a)ψ_e；(b)ψ_o

这两个分子轨道具有不同的能量，如图 A－4 所示，图中给出了能量与核间距的函数关系。对于偶轨道，通常用$\sigma_g 1s$表示，比奇轨道$\sigma_u 1s$的能量要低。因此，电子倾向于偶轨道。而且，偶轨道具有负能量(选一个基态氢原子的总能量为零)。所以，这是一个导致稳定态的成键轨道。在平衡时，能量最低，相应的核间距为$a \approx 2a_0 \approx 1.06$ Å，结合能为－2.65 eV。而奇轨道是反键的(不稳定)，在平衡距离时有 10.2 eV 的能量。

另外，我们注意到H_2^+是稳定的，电子和两个质子之间的吸引不仅能补偿两个质子之间的排斥，而且绰绰有余。适当地调整电子的轨道，电子就能够使两个质子结合在一起(像“胶水”一样)，这就是所谓的单电子键。

上述的概念自然也适用于两个电子的氢分子。若两个电子自旋相反，则它们都可以占据成键轨道$\sigma_g 1s$。当然，两种电子彼此有某种程度的排斥，为此必须对轨道做些调整。H_2分子的能量与核间距之间的函数关系如图 A－5 所示。

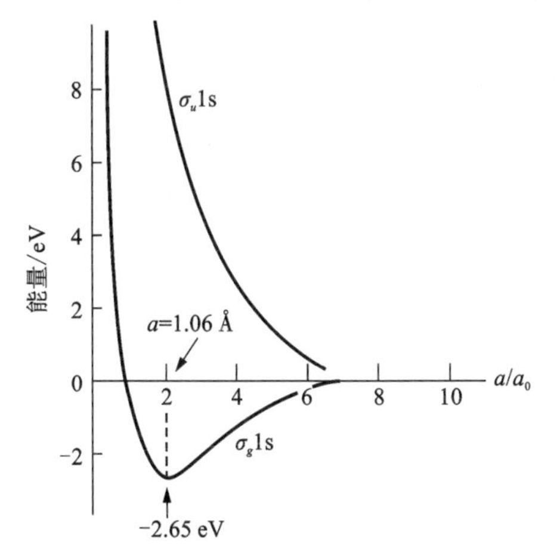

图 A－4　氢分子离子的基态和激发态能量与核间距的关系(a_g = 0.53 Å 为玻尔半径)

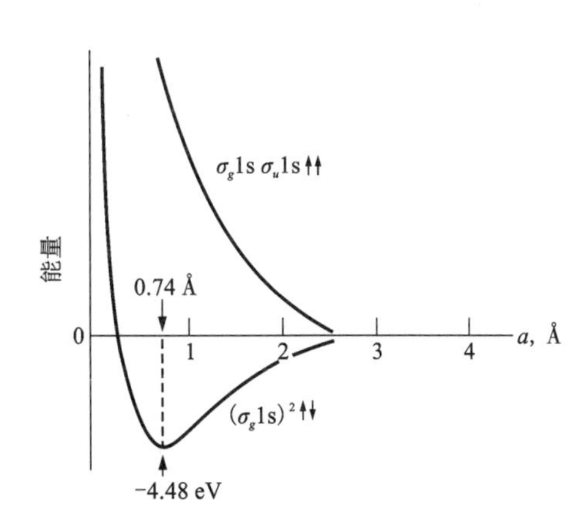

图 A－5　氢分子的基态和激发态的能量与核间距的关系

核之间的平衡间距为0.74 Å，其结合能为4.48 eV(相对于两个无限远离的基态氢原子而言)。因为两个电子都处于σ_g1s 态，所以两个电子分布在两个核之间，因而两个质子共有电子的情况相同。文献中会反复强调共价键共有电子的概念。

8. 共价键的方向性

在金刚石晶体结构中，每1个碳原子周围均是形成正四面体的其他4个碳原子(图1-11)。如2.3.2节所述，金刚石中碳原子所形成共价键的夹角严格是109.5°，我们可以从价电子轨道的空间分布来说明为什么是109.5°。

1个孤立碳原子有4个价电子：2个2s电子和2个2p电子，s电子能量稍低，s态是球对称的；2个p态电子，其电荷在三个直角坐标轴的其中两个轴附近分布。但这样还无法解释在金刚石中观察到的电荷空间分布规律，因为金刚石中的荷是沿四面体键分布的。实际上，电荷沿四面体键的分布可以这样理解：其中1个2s电子被激发到2p态，而得到1个$2s2p^3$的组态，因为2s和2p轨道间的能量差相当小，这种激发是完全可能的。现在我们做下面的线性组合

$$
\begin{aligned}
\psi_1 &= \frac{1}{2}(s + p_x + p_y + p_z) \\
\psi_2 &= \frac{1}{2}(s + p_x + p_y - p_z) \\
\psi_3 &= \frac{1}{2}(s + p_x - p_y - p_z) \\
\psi_4 &= \frac{1}{2}(s - p_x - p_y - p_z)
\end{aligned}
\qquad (A-21)
$$

如果画出相应于这些新轨道的概率密度$|\psi_1|^2$、$|\psi_2|^2$等，即可发现，它们确实是沿着图1-11的四面体方向分布。这就说明，与来的s，p_x，p_y和p_z轨道相比，新轨道给出了较好的电子态表示。

由于占据了新轨道，相邻原子的电子会有一个最大的交叠程度，这便是化学稳定性的基本定则。虽然把1个2s电子激发到2p态需要若干能量，但足以被与近邻原子相互作用能的减小所抵偿(分子中的最低能量电子态可以不同于孤立原子中的电子组态)。

在式(A-21)中，s态和p态的混合态通常称为杂化，金刚石中的上述特殊杂化称为sp^3杂化。可以看到，通过不同类型的杂化，可以获得很多不同类型具有特定取向的共价键。

sp^3杂化也出现在硅和锗中。在硅中，一个3s态和3p态组合成4个四面体键，而在锗中，sp^3杂化包含1个4s电子和3个4p电子。

附录 B　Materials Explorer 软件使用方法简介

Materials Explorer(以下简称 ME)是由富士通公司开发的一种商业化多用途分子动力学模拟软件，可适用于 Windows 操作系统的个人计算机以及 Linux 系统的集群式计算机。ME 软件的功能非常强大，可以用来模拟有机物、高聚物、生物大分子、金属与合金、陶瓷材料、半导体等晶体、非晶体、溶液、流体、液体和气体的相变、碰撞、压缩、拉伸、缺陷等。目前，ME 软件独立发行的最高版本是 5.0 版本，Scigress 软件平台也集成了 ME 5.0 的计算模块。ME 5.0 软件界面如图 B-1 所示，软件操作是标准的 Windows 界面，非常利于初学者学习。

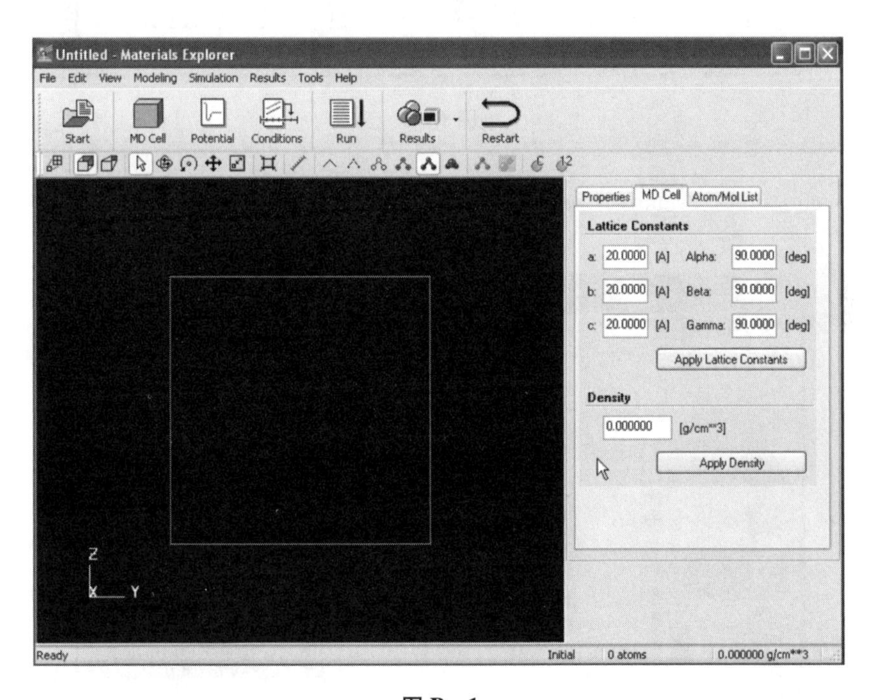

图 B-1

分子动力学模拟可以分为五个步骤：①建模；②选取势函数；③确定模拟条件；④运行；⑤分析模拟结果。下面我们主要演示操作过程。若要深入掌握，需要学习者不断地上机练习，并结合具体算例，仔细思考琢磨。

1. 建模

ME 软件有多种建模方法，这里以模版 Template 法为例。

单击下拉菜单“Modeling”，选“Create MD Cell”，出现如图 B-2 所示的对话框。

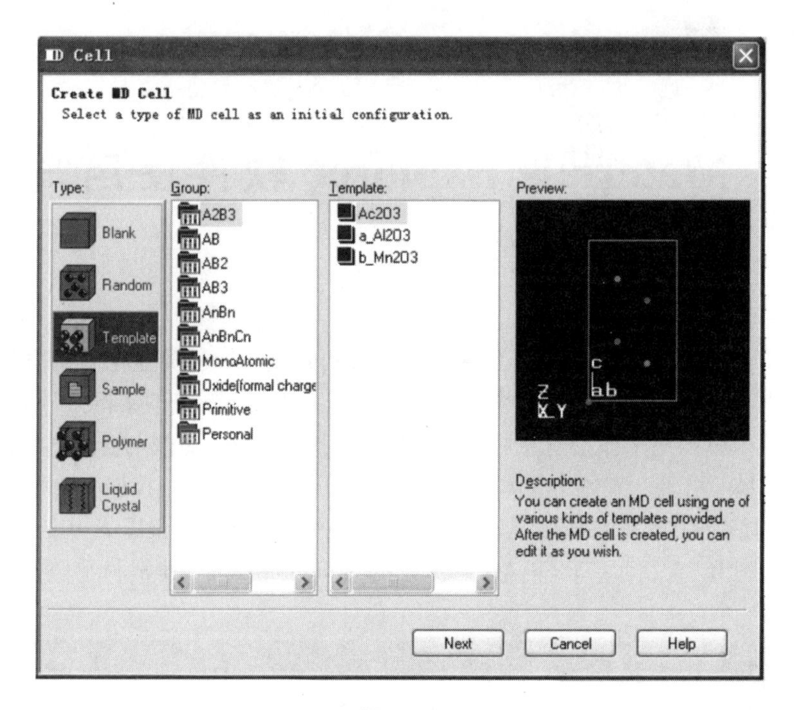

图 B-2

选取“Template”→“Primitive”→“BCC(α-Ag)”，出现如图 B-3 所示的对话框。

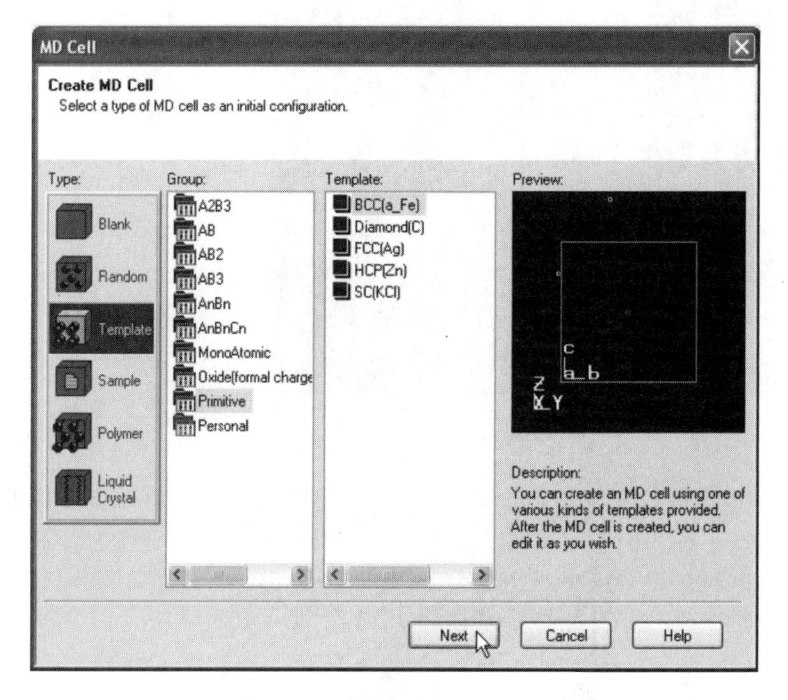

图 B-3

点击“Next”，出现如图 B-4 所示的对话框。

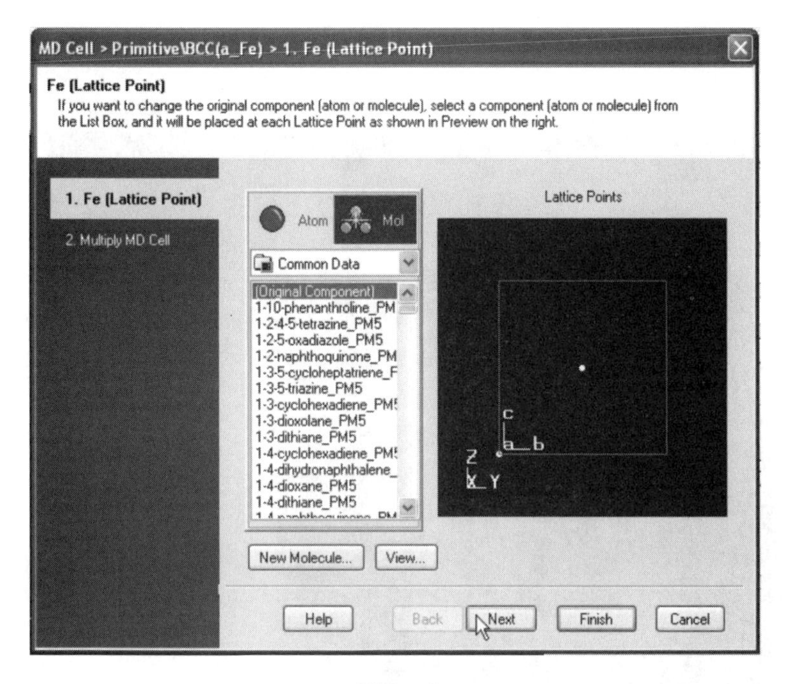

图 B－4

系统默认的是 BCC 结构的 Fe，当然我们可以将其更换为其他原子，只要点击对话框中的“Atom”确认就可以了。这里我们暂不替换，点击“Next”，再点击“Finish”，得到 Fe 的晶胞，如图 B－5 所示。

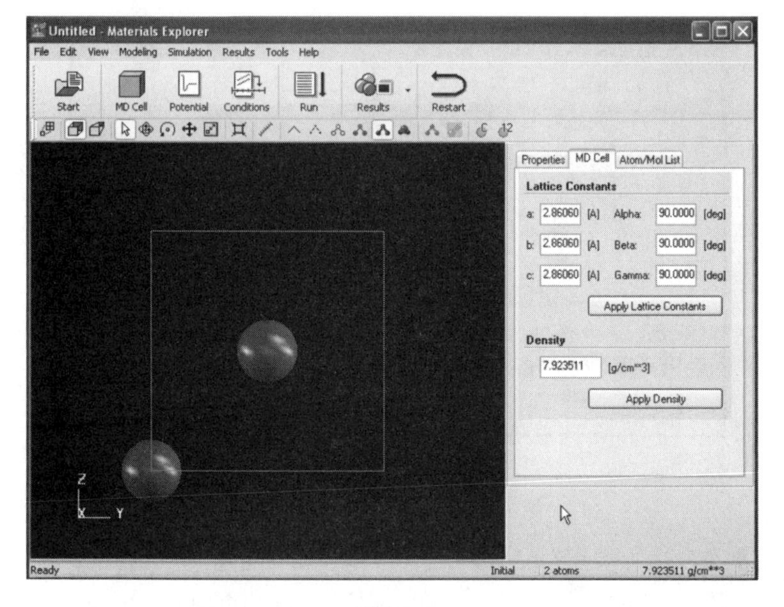

图 B－5

可以在右边“Lattice Constants”栏改变其晶格参数，注意改变后一定要点击“Apply Lattice

Constants”确认。这里我们暂不做修改。

下面我们建立超晶胞。点击“Modeling”下拉菜单中的“Multiply MD Cell”，如图 B－6 所示。

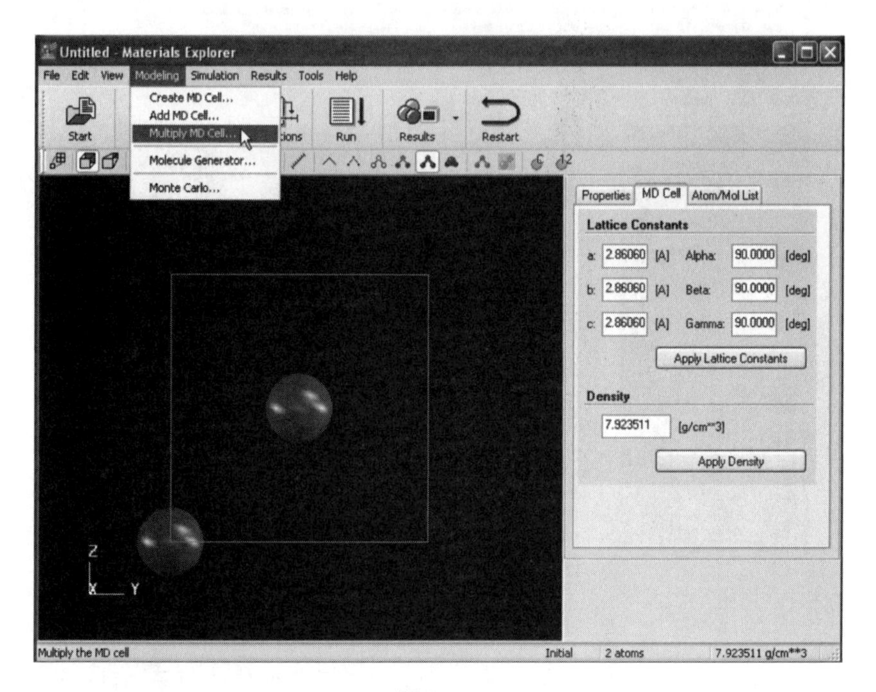

图 B－6

出现如图 B－7 所示对话框。

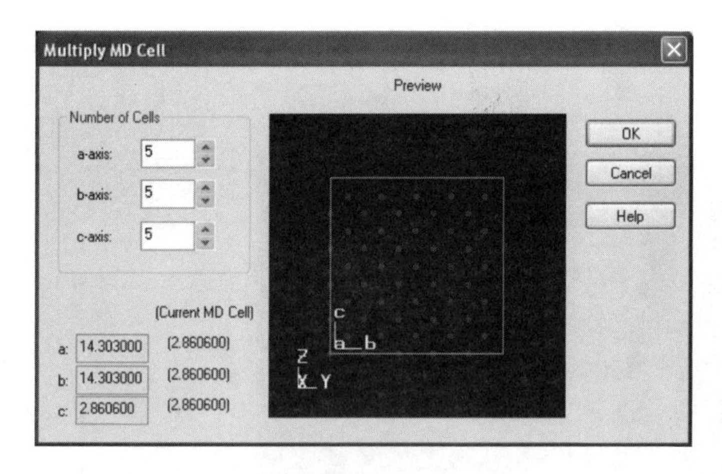

图 B－7

如果我们需要建立一个 5 ×5 ×5（以晶胞数目表示）的超晶胞，则在“a-axis”、“b-axis”和“c-axis”对话框中都输入“5”，点击“OK”，则出现“You will not be able to undo this operation，continue?”，意思是说这个操作确认后不可返回取消。点击“Yes”，出现如图 B－8 所示的对话框。

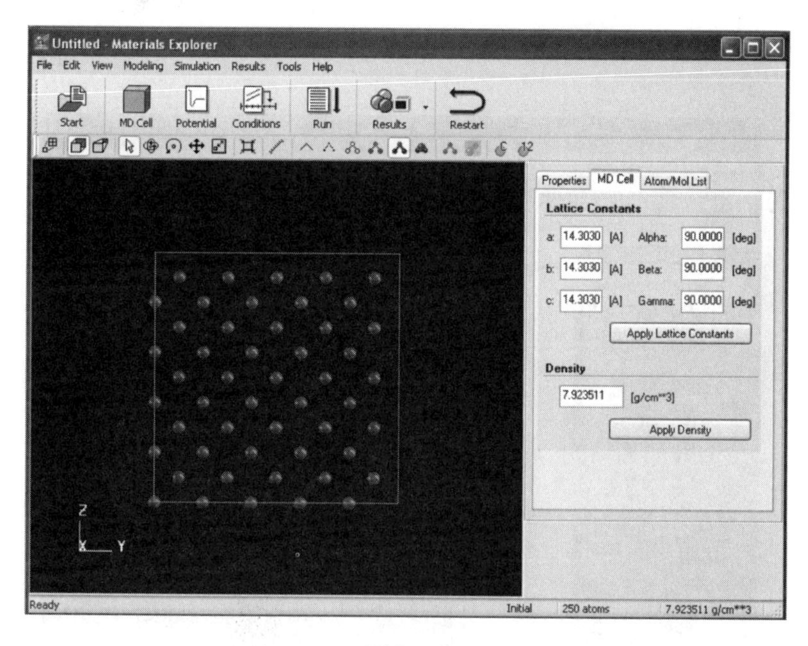

图 B－8

这样一个 5×5×5(以晶胞数目表示)的 BCC 结构 Fe 超晶胞就建成了。

2. 选取势函数

这里以 NaCl 晶胞为例，通过向导式选取势函数。点击“Navigation Bar”下拉菜单中的“Potential”，如图 B－9 所示。

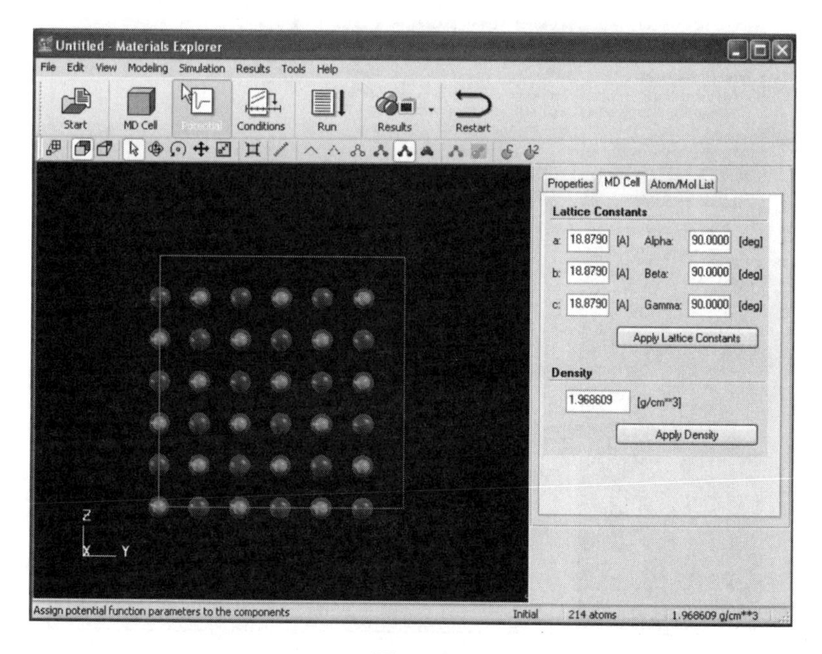

图 B－9

出现如图 B－10 所示的对话框。

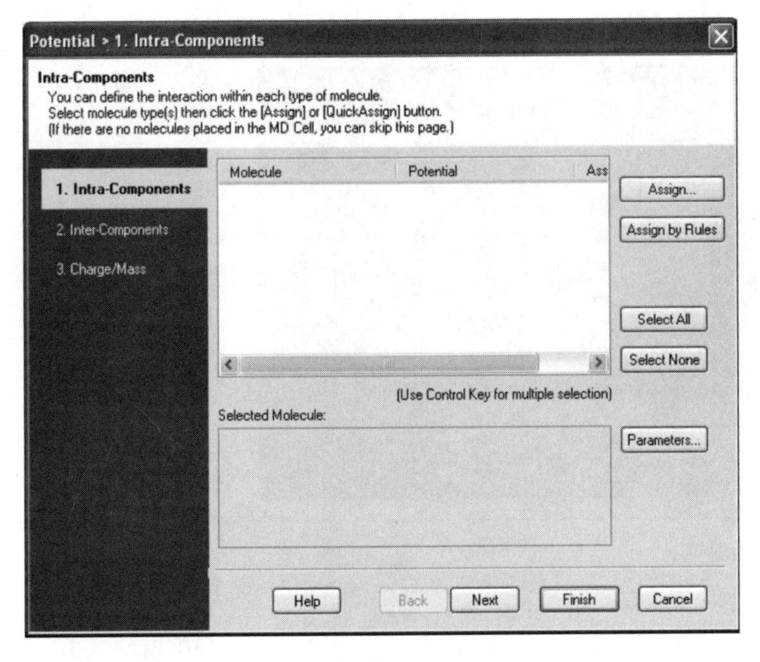

图 B－10

这里的“Intra-Components”指设置分子内的相互作用势，由于 NaCl 中没有分子，因此这里不用设置。点击“Inter-Components”，出现如图 B－11 所示的对话框。

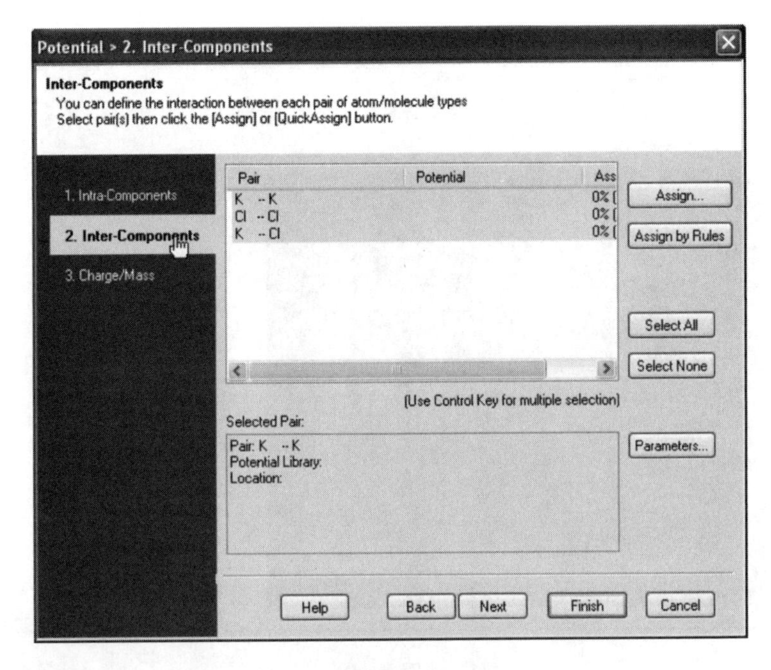

图 B－11

所有需要设置势函数的原子对出现在中间的对话框中。我们将其全部选中，再点击右边的“Assign”，出现一个对话框，如图 B－12 所示。

点击对话框右上角的显示模式，出现软件自带的势函数库，找到“KCl”，并点击“OK”，则返回上一个对话框如图 B－13 所示。

图 B－12

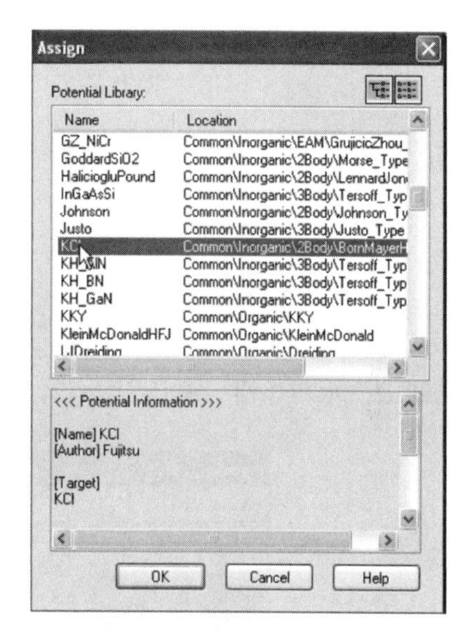

图 B－13

上一级对话框中原子对后面 Assigned 一栏全部变为 100%，说明这些原子对已经成功选取了势函数，如图 B－14 所示。

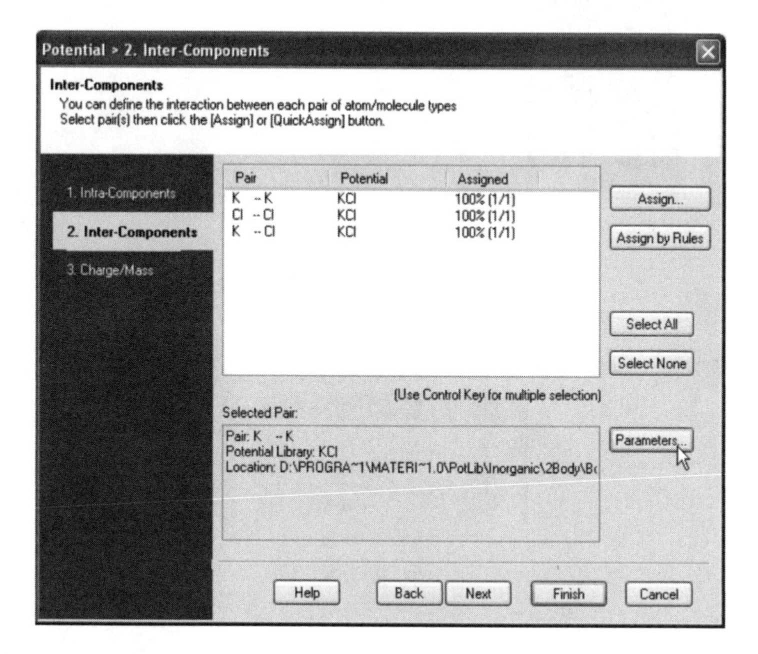

图 B－14

点击右边按钮“Parameters”可以查看势函数的参数取值，如图 B－15 所示。

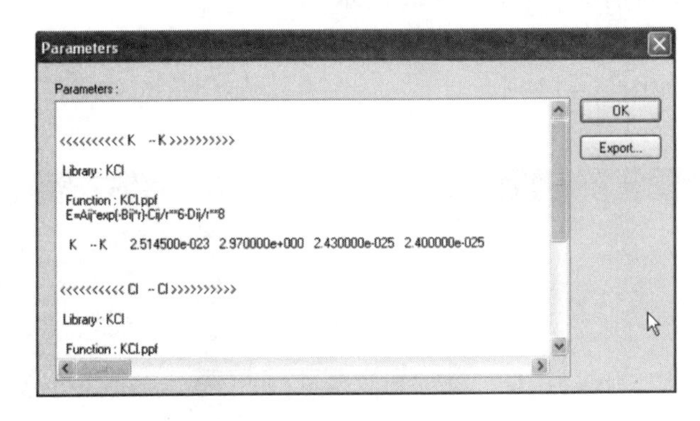

图 B－15

返回上一级对话框，点击“Next”，设置电荷电量，如图 B－16 所示。

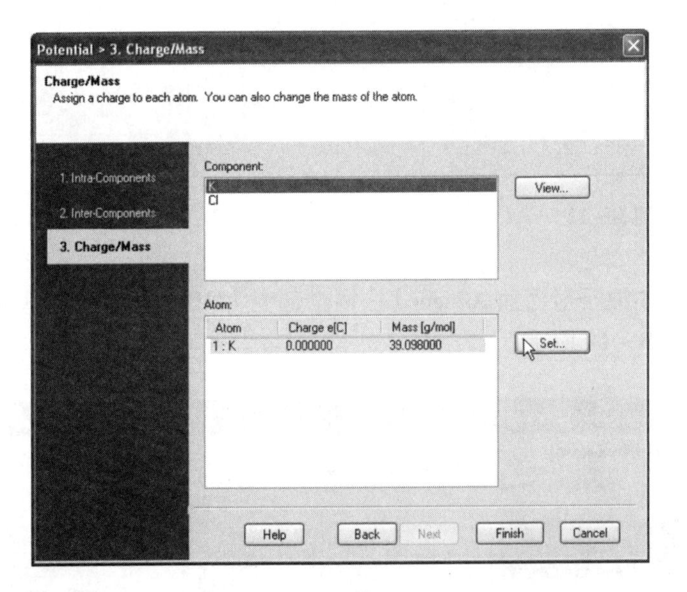

图 B－16

选取 K 元素，点击右边“Set”按钮，将“Charge”改为“1”，再点击“OK”返回上一级对话框，如图 B－17 所示。

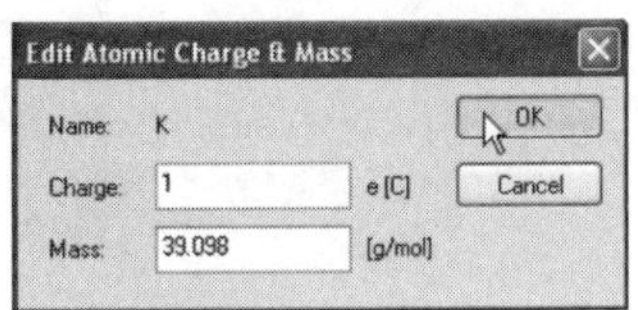

图 B－17

选取 Cl 元素，点击右边“Set”按钮，将“Charge”改为“－1”，再点击“OK”返回上一级对话框。再点击“Finish”按钮，KCl 的势函数设置完成。

3. 确定模拟条件

这里以向导式设置 NaCl 的模拟条件为例。点击导航栏中“Conditions”，如图 B－18 所示。

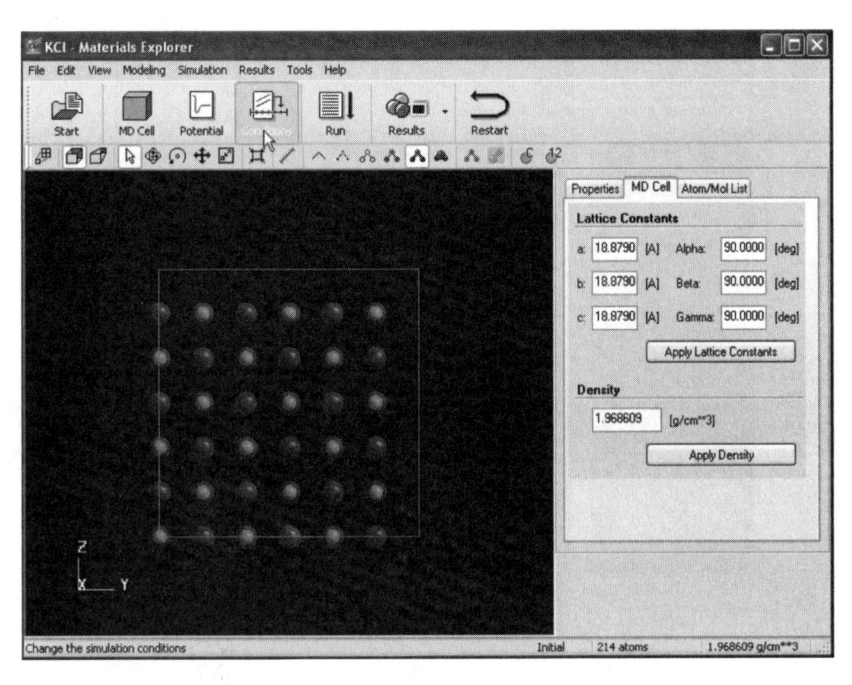

图 B－18

出现如图 B－19 所示的对话框，“Current Settings”栏右边给出的是系统默认的条件。

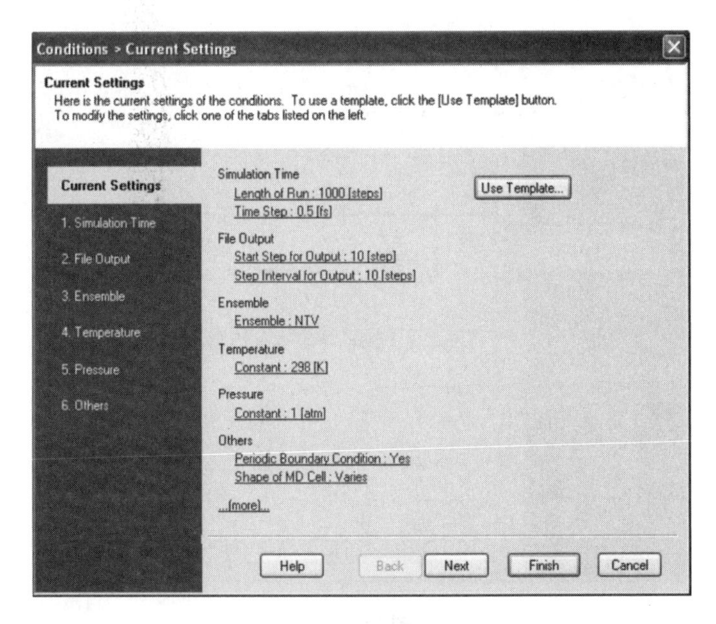

图 B－19

点击“Next”，在对话框“Length of Run”中输入运行的总步长“3000”，也就是说总共模拟3000步，“Time Step”中输入“0.5”，其单位是fs，这样总共的模拟时间就是3000×0.5=1500 fs，总共的模拟时间自动出现在“Total Simulation Time”一栏，如图B-20所示。

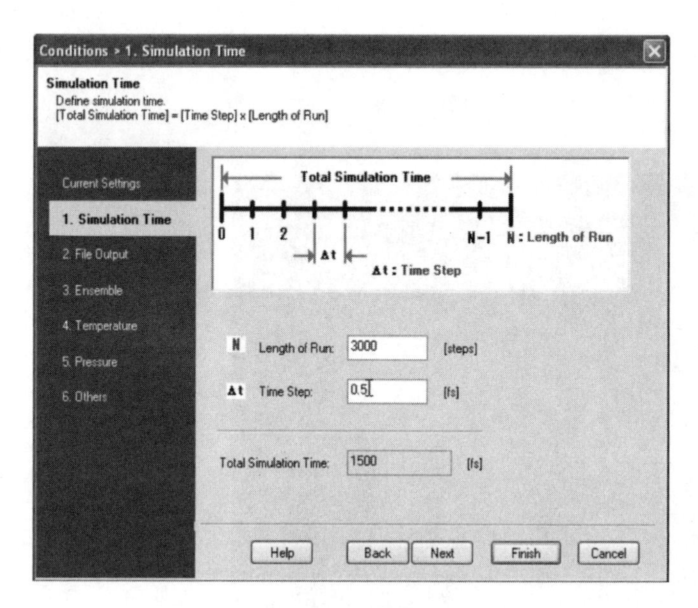

图 B-20

点击“Next”进入下一步“Start Step”，表示从第几步开始记录结果，“Step Interval”表示每隔多少步记录一次模拟结果。如“Start Step”为10，“Step Interval”也为10，则3000步模拟共记录300个数据，如图B-21所示。

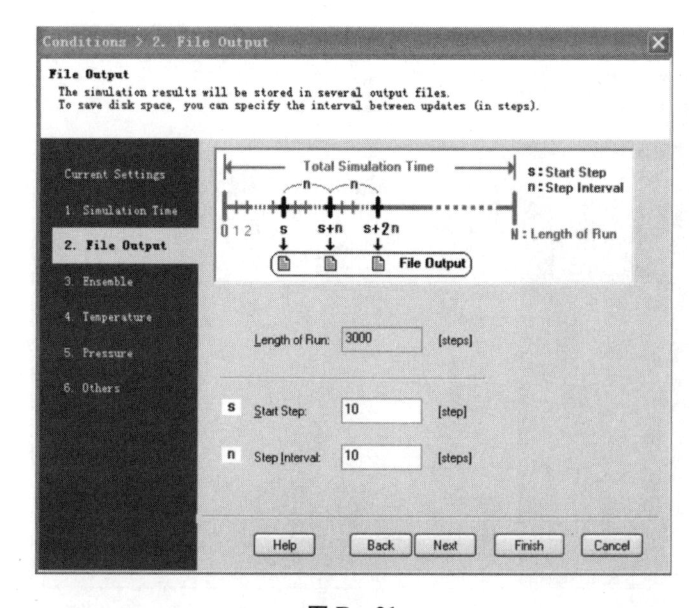

图 B-21

点击“Next”，出现系综选取页面。根据模拟的需要，这里我们选取 NTP 系综，如图 B－22 所示。

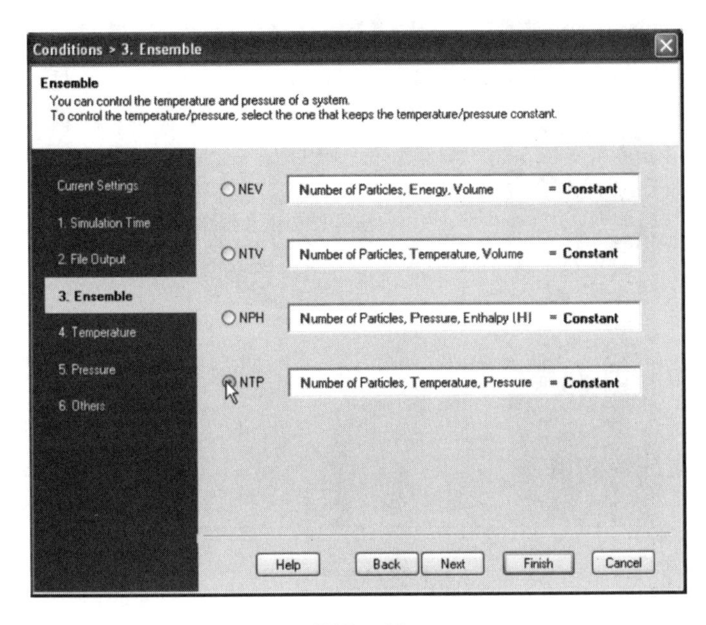

图 B－22

点击“Next”，进入温度设置页面，可以设置为恒温模拟，也可以设置为变温模拟。这里我们设置恒温 300 K，如图 B－23 所示。

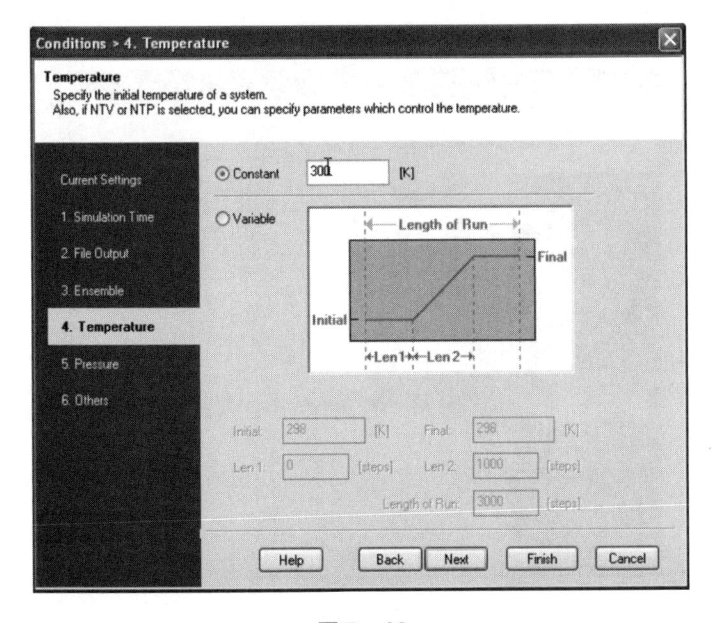

图 B－23

点击“Next”，进入压强设置，与温度设置类似，可以设置为常压模拟，也可以设置为变压模拟，这里我们取1个大气压，在“Constant”中输入“1”，如图B－24所示。

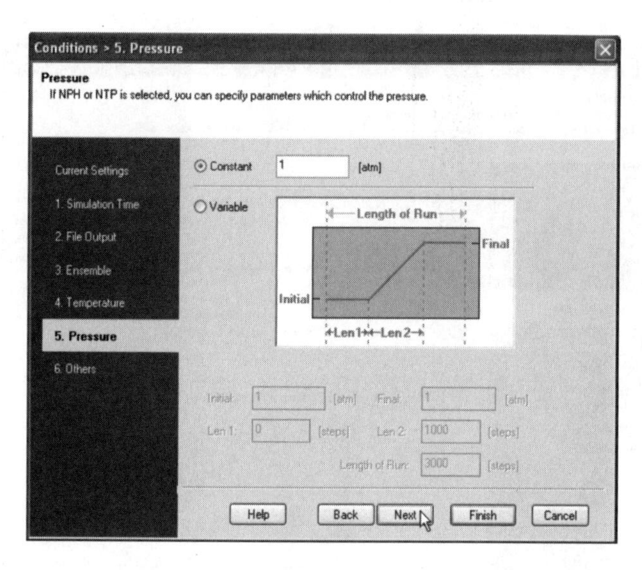

图B－24

点击“Next”进入下一步。“Shape of MD Cell”是说模拟过程中显示的超晶胞的形状是否变化，“Varies”是变化，“Remains Cubic”表示超晶胞保持立方体型，“Remains Rectangular”表示超晶胞的三个轴保持正交。这里选“Varies”。“Apply Periodic Boundary Condition”前面的框如果勾选，则使用周期性边界条件（三个方向都使用）；如果没有勾选，则不使用周期性边界条件。如图B－25所示。

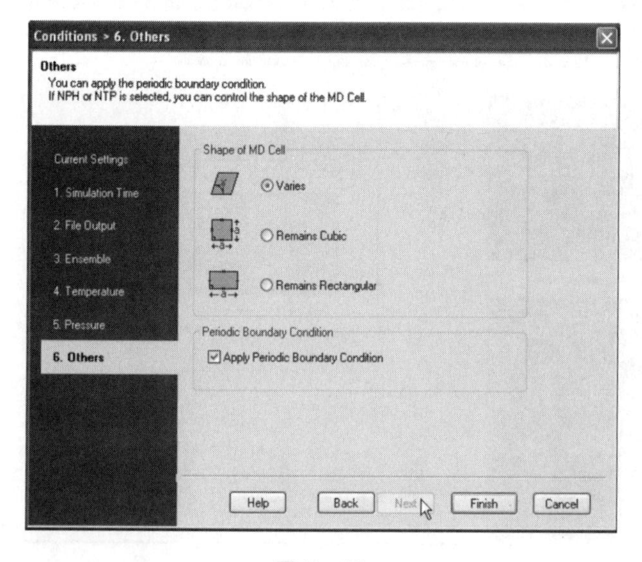

图B－25

选完以后点击“Finish”，则模拟条件的选择完成。

4. 运行

点击导航栏中的“Run”，出现提示“Save this document before running MD simulation”，即在运行前保存文档，如图 B－26 所示。

点击“OK”后输入文件名，点击“Save”后出现提示对话框，显示模拟完后输入文件的大小，利用这个数据可以判定硬盘是否有足够的空间存储文档。点击“Run”运行，如图 B－27 所示。

弹出运行状态，如图 B－28 所示。

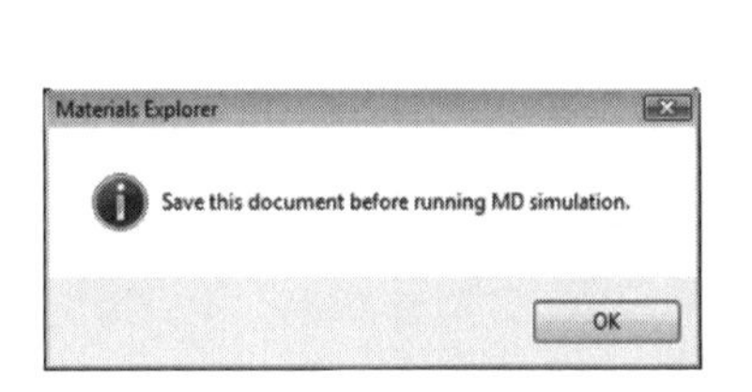

图 B－26

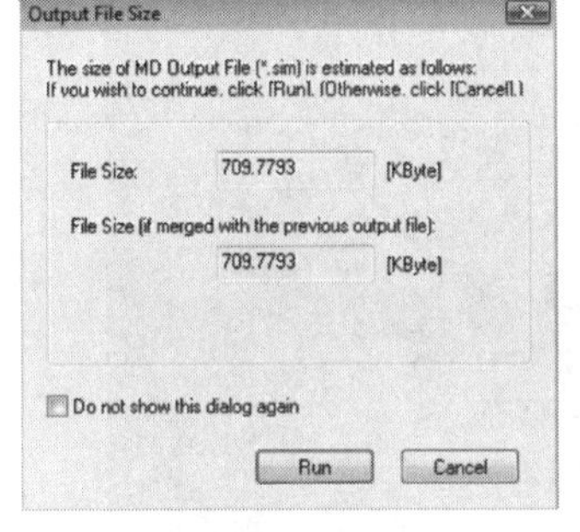

图 B－27

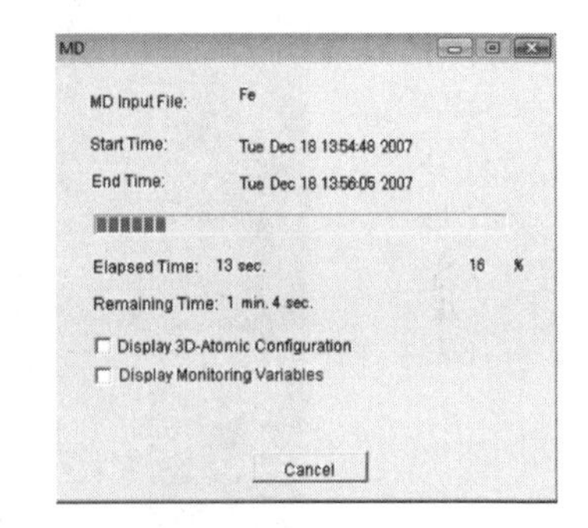

图 B－28

可以点击“Cancel”取消运行。在运行提示对话框中，勾选“Display 3D-Atomic Configuration”，弹出模拟过程中原子运动动画；去掉勾选，动画消失。如图 B－29 所示。

在运行提示对话框中，勾选“Display Monitoring Variables”，弹出模拟过程中热力学量的动态变化图；去掉勾选，动态变化图消失，如图 B－30 所示。

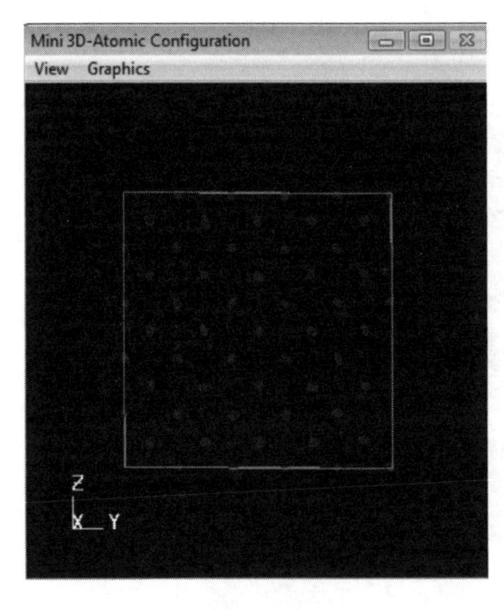

图 B－29

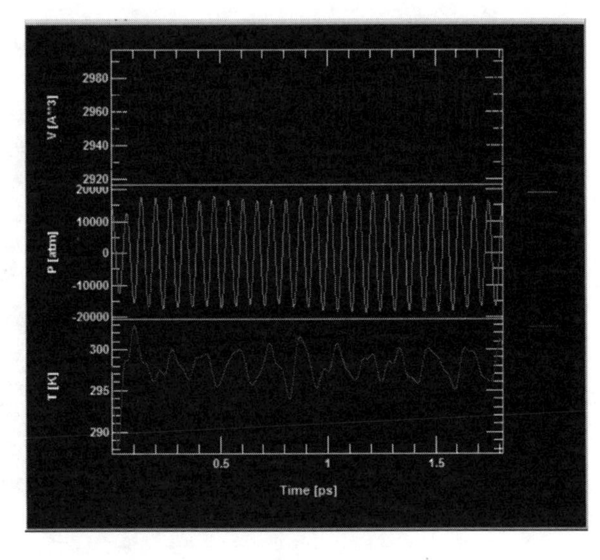

图 B－30

模拟完成后，跳出 MD 运行状态说明以及 3D-Atomic Configuration 两个窗口，如果出现这两个窗口，说明模拟已经结束，可以开始分析模拟结果了。

5. 分析模拟结果

点击“Results”下拉菜单中的“3D-Atomic Configuration”，如图 B－31 所示。

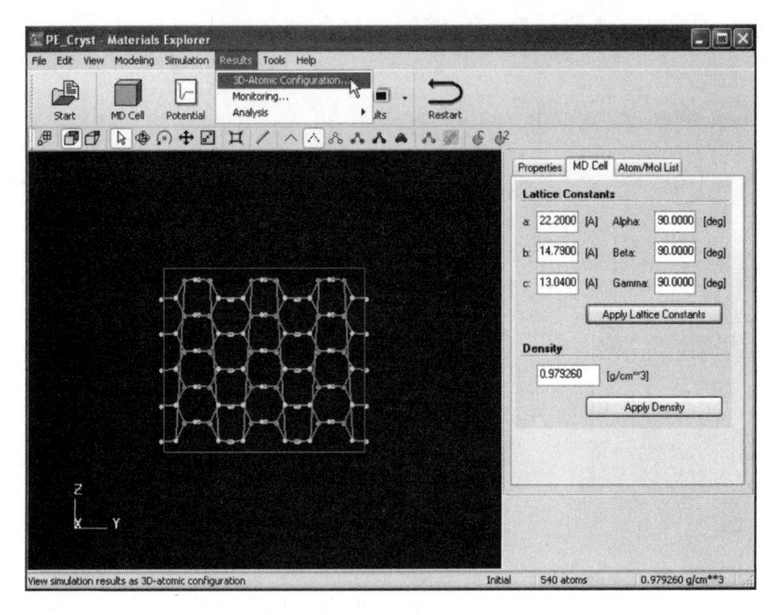

图 B－31

出现如图 B－32 所示对话框，点击下面的播放按钮“▶”，可以动态重现模拟过程中原子的运动，利用对话框中的按钮可以对显示进行控制。

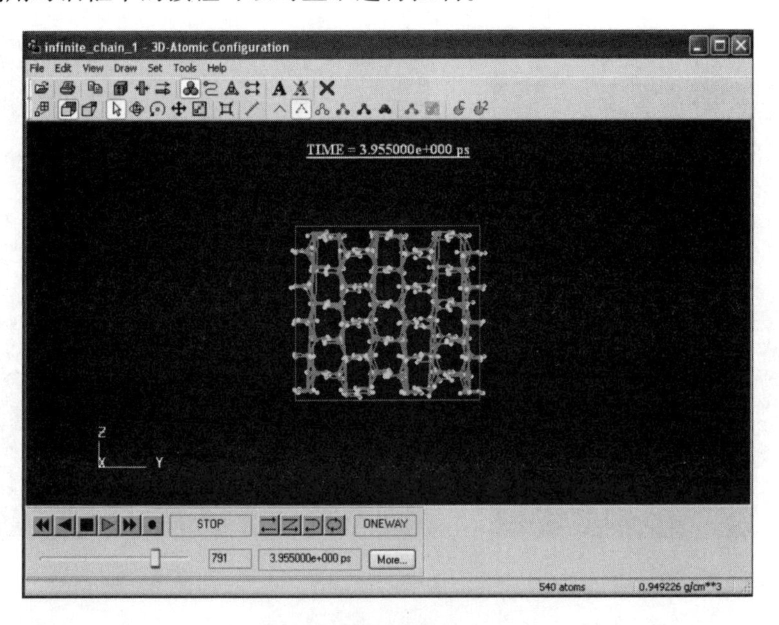

图 B－32

点击“Results”下拉菜单中的“Monitoring”，弹出一个窗口，显示热力学量在模拟过程中的变化，如图 B－33 所示。

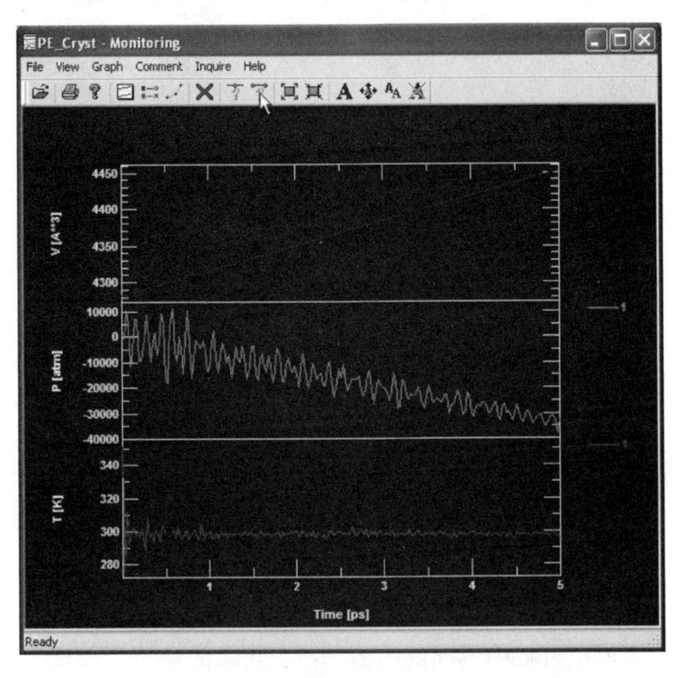

图 B－33

点击窗口中下拉菜单“Graph”中的“2D-Graph”，如图 B－34 所示。

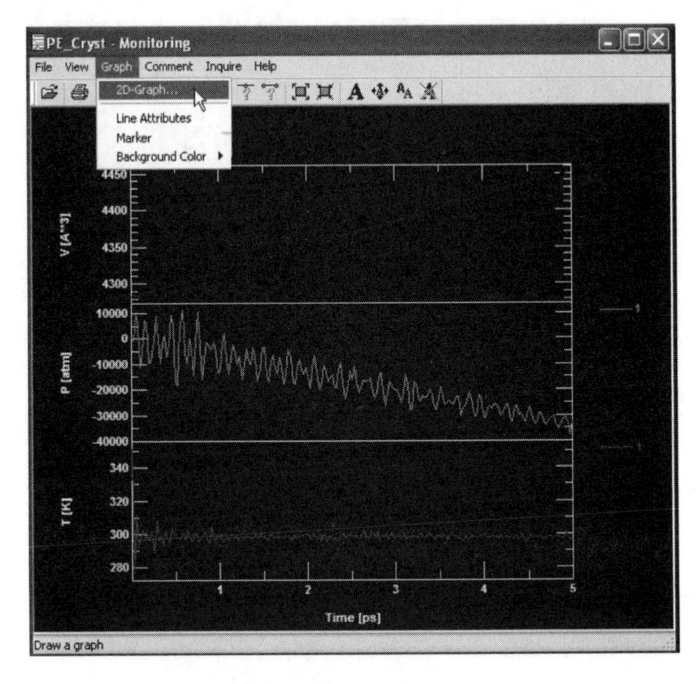

图 B－34

出现一个对话框，如图 B－35 所示。

图 B－35

可以根据需要显示模拟过程中不同的热力学量，默认的是显示温度、压强和体积。如我们要显示内能随晶格常数 c 的变化，则去掉“Temperature”，“Pressure”和“Volume”前面的勾，勾选“Internal Energy”，再点击“Time－Time”边上的下拉勾，并选取“Lattice Constant(c)”。如图 B－36 所示。

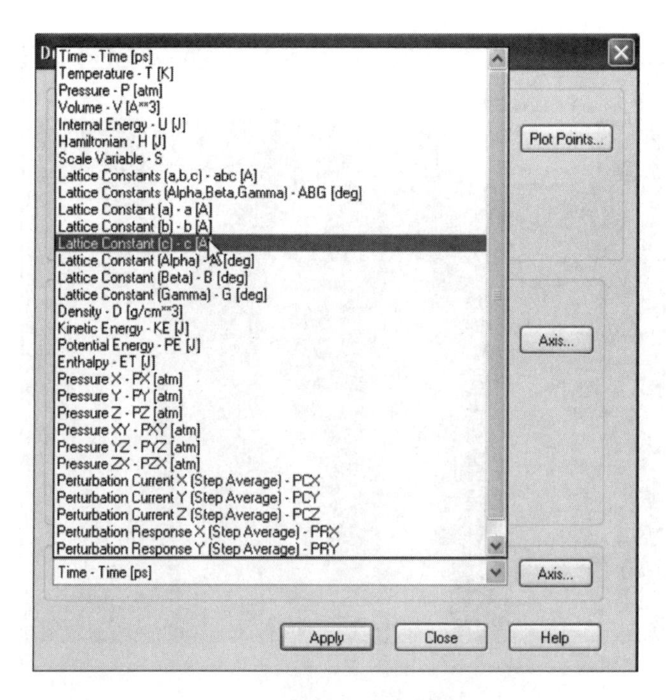

图 B－36

依次点击“Apply”按钮、“Close”按钮，就出现内能随晶格常数 c 的变化图，如图 B－37 所示。

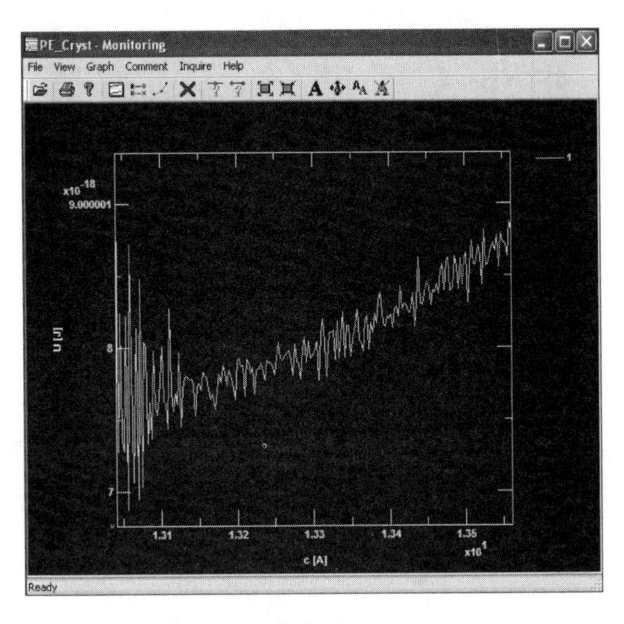

图 B－37

利用模拟结果，我们还可以进行均方根位移、扩散系数、径向分布函数、干涉函数、弹性模量等一系列分析，这些分析通过“Results”下拉菜单的“Analysis”中的模块实现，此处不一一详述。如图 B－38 所示。

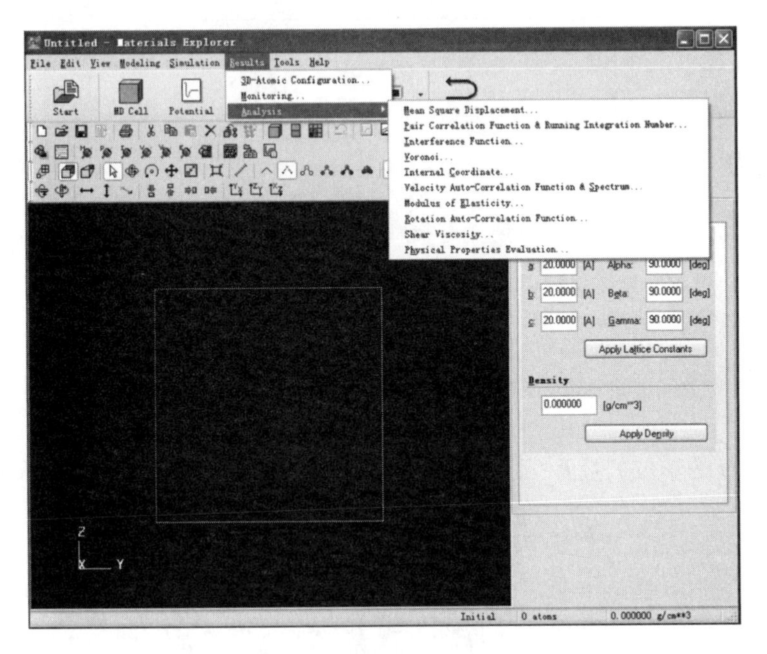

图 B－38

附录 C　部分习题解答

第 1 章

第 7 题

解　根据图 1－1 金刚石结构，画出(110)的二维倒易点阵原胞。如图 C－1 所示。

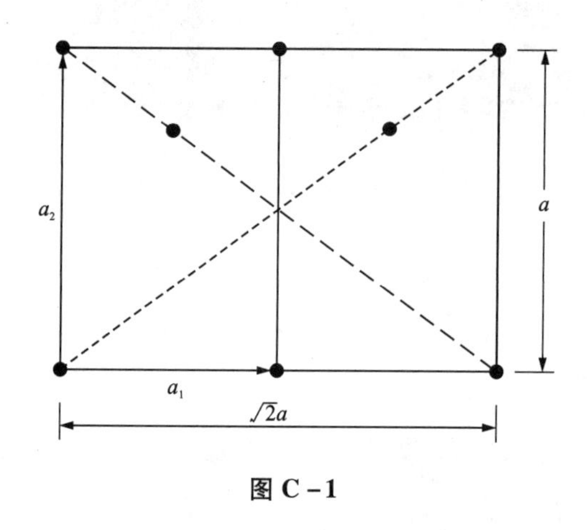

图 C－1

原胞基矢为

$$\boldsymbol{a}_1 = \frac{\sqrt{2}}{2}a\boldsymbol{i}$$

$$\boldsymbol{a}_2 = a\boldsymbol{j}$$

原胞体积

$$\Omega = \boldsymbol{a}_1 \cdot \boldsymbol{a}_2 = \frac{\sqrt{2}}{2}a^2$$

引入垂直于 $\boldsymbol{i}$ 和 $\boldsymbol{j}$ 的单位矢量 $\boldsymbol{k}$，则金刚石结构(1，1，0)面二维格子的倒格子基矢

$$\boldsymbol{b}_1 = \frac{2\pi(\boldsymbol{a}_2 \times \boldsymbol{k})}{\Omega} = \frac{2\sqrt{2}\pi}{a^2}a\boldsymbol{j} \times \boldsymbol{k} = \frac{2\sqrt{2}\pi}{a}\boldsymbol{i}$$

$$\boldsymbol{b}_2 = \frac{2\pi(\boldsymbol{k} \times \boldsymbol{a}_1)}{\Omega} = \frac{2\sqrt{2}\pi}{a^2}\boldsymbol{k} \times \frac{\sqrt{2}}{2}a\boldsymbol{i} = \frac{2\pi}{a}\boldsymbol{j}$$

(2)倒格子矢量 $\boldsymbol{G}_h$

$$\boldsymbol{G}_h = n_2\boldsymbol{b}_1 + n_2\boldsymbol{b}_2 = \frac{2\pi}{a}(\sqrt{2}n_1\boldsymbol{i} + n_2\boldsymbol{j})$$

布里渊区边界方程

$$\boldsymbol{G}_h \cdot \left(\boldsymbol{k} + \frac{1}{2}\boldsymbol{G}_h\right) = 0$$

此处 $\boldsymbol{k}(k_x, k_y)$表示二维矩形晶格中电子状态，上述方程可写成

$$\frac{4\pi^2}{a^2}(2n_1^2 + n_2^2) = \frac{4\pi}{a}(\sqrt{2}n_1k_x + n_2k_y)$$

即

$$\sqrt{2}n_1k_x + n_2k_y = \frac{\pi}{a}(2n_1^2 + n_2^2)$$

于是

$$n_1 = \pm 1,\ n_2 = 0\ \text{时},\ k_x = \pm\frac{\sqrt{2}\pi}{a} \tag{C-1}$$

$$n_1 = 0,\ n_2 = \pm 1\ \text{时},\ k_y = \pm\frac{\pi}{a} \tag{C-2}$$

$$n_1 = \pm 1,\ n_2 = \pm 1\ \text{时},\ \pm\sqrt{2}k_x + k_y = \frac{3\pi}{a} \tag{C-3}$$

$$n_1 = \pm 2,\ n_2 = 0\ \text{时},\ k_x = \pm\frac{2\sqrt{2}\pi}{a} \tag{C-4}$$

$$n_1 = 0,\ n_2 = \pm 2\ \text{时},\ k_y = \pm\frac{2\pi}{a} \tag{C-5}$$

这样由式(C－1)和式(C－2)围成的是第一布里渊区，而式(C－1)～式(C－5)围成的是第二布里渊区，如图 C－2 所示。

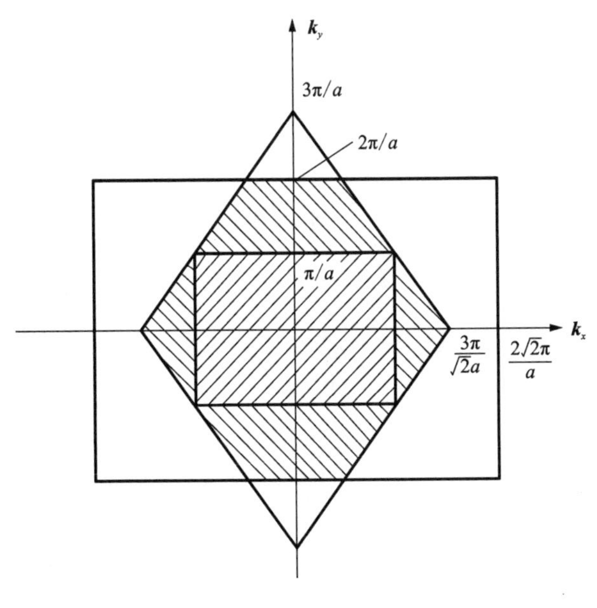

图 C－2

第 2 章

第 6 题

解 (1)$\dfrac{u(r)}{4\varepsilon} \sim \left(\dfrac{r}{\sigma}\right)$函数为

$$\frac{u(r)}{4\varepsilon}=\left(\frac{\sigma}{r}\right)^{12}-\left(\frac{\sigma}{r}\right)^{6}=\frac{1}{\left(\dfrac{r}{\sigma}\right)^{12}}-\frac{1}{\left(\dfrac{r}{\sigma}\right)^{6}}$$

取若干不同的$\left(\dfrac{r}{\sigma}\right)$值，计算对应的$\left(\dfrac{u(r)}{4\varepsilon}\right)$值，并列于表 C－1，画出这种相互作用势曲线于图 C－3 中。

表 C－1

$\frac{r}{\sigma}$	0.7	0.8	0.9	1	1.05	1.12	1.2	1.3	1.5	1.6
$\frac{u(r)}{4\varepsilon}$	64	10.6	1.7	0	-0.19	-0.25	-0.22	-0.16	-0.08	-0.06

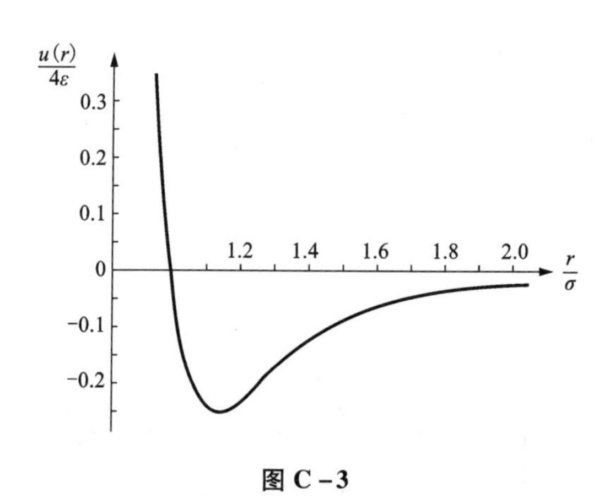

图 C－3

(2)由极值条件

$$\left.\frac{\mathrm{d}u}{\mathrm{d}r}\right|_{r_0}=0$$

得

$$4\varepsilon\left(-12\frac{\sigma^{12}}{r_0^{13}}+6\frac{\sigma^{6}}{r_0^{7}}\right)=0$$

故

$$r_0=2^{1/6}\sigma\approx 1.12\sigma$$

此时 $u(r_0)$取极小值，且

$$u(r_0)=4\varepsilon\left[\left(\frac{\sigma}{r_0}\right)^{12}-\left(\frac{\sigma}{r_0}\right)^{6}\right]=4\varepsilon\left(\frac{1}{4}-\frac{1}{2}\right)=-\varepsilon$$

由于$|u(r_0)|$是两原子间的结合能，所以ε也是两原子处于平衡时的结合能。

又把$r=\sigma$代入两惰性气体原子相互作用势能表达式

$$u(r=\sigma)=4\varepsilon\left[\left(\frac{\sigma}{\sigma}\right)^{12}-\left(\frac{\sigma}{\sigma}\right)^{6}\right]=0$$

这时原子间的相互吸引势能等于相互排斥势能。显然，从图C－3还可以看到

$$\begin{cases}r>\sigma,\ u(r)<0\\ r<\sigma,\ u(r)>0\end{cases}$$

所以，σ是具有长度的量纲。它的物理意义是：σ是相互作用能为零时两原子间的距离。$r<\sigma$时，吸引势能小于排斥势能；$r>\sigma$时，吸引势能大于排斥势能；$r=\sigma$时，吸引势能与排斥势能相等，但并不处于能量最低的稳定状态。

故对惰性气体来讲，ε、σ是两个重要参数。只要知道ε、σ，雷纳德－琼斯势就清楚了，由此可以理解惰性气体的一系列物理化学性质。

第7题

解　(1)设晶体由N个原子组成，它们总的相互作用势能

$$U(r)=\frac{1}{2}\sum_i\sum_j{}'u(r_{ij})=\frac{N}{2}\sum_j{}'u(r_{ij})$$

此式是基于晶体表面层原子数目远少于晶体内部原子的考虑，而忽略了表面原子与体内原子对势能贡献的差别。

又设两原子间的最短距离为r，有

$$r_{ij}=\alpha_j r$$

于是

$$U(r)=2N\varepsilon\left[A_{12}\left(\frac{\sigma}{r}\right)^{12}-A_6\left(\frac{\sigma}{r}\right)^{6}\right]\tag{C-6}$$

式中

$$A_{12}\equiv\sum_j{}'\frac{1}{\alpha_j^{12}},\ A_6\equiv\sum_j{}'\frac{1}{\alpha_j^{6}}$$

显然，A_{12}和A_6都是只与晶体几何结构有关的常数。

由热平衡条件

$$\left.\frac{\partial u}{\partial r}\right|_{r_0}=0$$

可求得平衡时晶体中原子间距r_0，

$$\left.\frac{\mathrm{d}U}{\mathrm{d}r}\right|_{r_0}=\frac{N\varepsilon}{2}\left(-A_{12}\frac{12\sigma^{12}}{r^{13}}+A_6\frac{6\sigma^6}{r^7}\right)\bigg|_{r_0}=0$$

得到

$$r_0=\left(\frac{2A_{12}}{A_6}\right)^{\frac{1}{6}}\sigma\tag{C-7}$$

将式(C－7)代入式(C－6)，求得在热平衡时晶体总的相互作用势能

$$U_0 = 2N\varepsilon\left[A_{12}\left(\frac{2A_{12}}{A_6}\right)^{-2} - A_6\left(\frac{2A_{12}}{A_6}\right)^{-1}\right] = -N\frac{\varepsilon A_6^2}{2A_{12}} \tag{C-8}$$

现在来求只计及次次近邻原子之间的相互作用时面心立方晶体 A_{12} 和 A_6 值。图 C－4 是面心立方晶格一个原胞，参考点取在 O，标号为 1 的原子是其最近邻原子，距离为 r_0，一个坐标面上与标号为 O 的原子的最近邻原子有 4 个，所以面心立方格子的任一原子有 12 个最近邻原子；标号为 2 是 O 原子的次近邻，上下左右前后共有 6 个，其相互间的距离为$\sqrt{2}r_0$；标号为 3 的原子是原子 O 的次次近邻，其距离等于$\sqrt{3}r_0$，角顶 O 原子周围一共有 8 个如图 C－4 所示的晶胞，一个晶胞有 3 个原子是 O 原子次次近邻原子，故面心立方布拉维格子的任一原子有 24 个次次近邻原子，于是

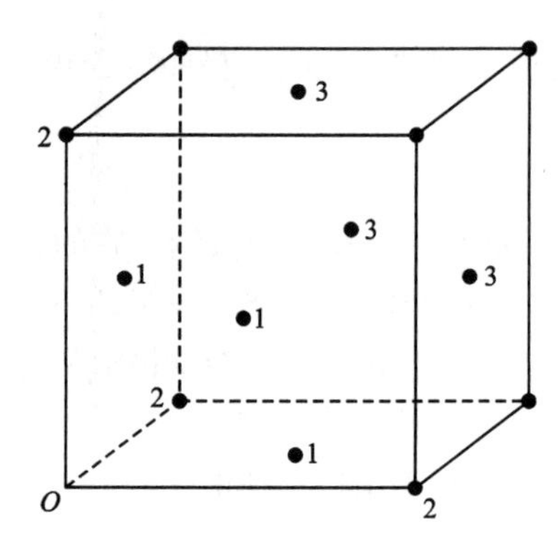

图 C－4

$$A_6(3) = 12\times\left(\frac{r_0}{r_0}\right)^6 + 6\times\left(\frac{r_0}{\sqrt{2}r_0}\right)^6 + 24\times\left(\frac{r_0}{\sqrt{3}r_0}\right)^6$$

$$\approx 12 + 0.750 + 0.8898 = 13.640$$

$$A_{12}(3) \approx 12 + 0.094 + 0.033 = 12.127$$

将 $A_6(3) = 13.640$，$A_{12} = 12.127$ 分别代入式(C－7)和式(C－8)，得到

$$r_0 = \left(\frac{2A_{12}}{A_6}\right)^{\frac{1}{6}}\sigma = \left(\frac{2\times 12.127}{13.640}\right)^{\frac{1}{6}}\sigma \approx (1.778)^{\frac{1}{6}}\sigma \approx 1.10\sigma \tag{C-9}$$

$$U_0 = -\frac{13.640^2}{2\times 12.127}N\varepsilon \approx -\frac{186.022}{2\times 12.127}N\varepsilon \approx -7.67N\varepsilon \tag{C-10}$$

(2)(a)1 mol Kr 分子晶体的结合能。

把 $\varepsilon = 0.014$ eV 代入式(C－10)，得到

$$E_b = E_0 = -7.67N_{0\varepsilon} = -7.67\times 6.022\times 10^{23}\times 0.014 = 6.466\times 10^{22}(\text{eV/mol})$$

而晶体中每一原子势能等于

$$\frac{U_0}{N_0} = -7.67\varepsilon = -7.67\times 0.014 = -0.107(\text{eV})$$

实验测得 Kr 惰性元素晶体每一原子势能为 －0.11 eV。这表明理论计算相当接近实验值。

(b)晶体的晶格常数

把 $\sigma = 3.65$ Å 代入式(C－9)，

$$r_0 = 1.10\sigma = 1.1\times 3.65 \approx 4.02(\text{Å}) = 4.02\times 10^{-10}(\text{m})$$

在面心立方结构情况下，晶格常数

$$a = \sqrt{2}r_0 = \sqrt{2}\times 1.10\sigma = \sqrt{2}\times 1.10\times 3.65 \approx 5.68(\text{Å}) = 5.68\times 10^{-10}(\text{m})$$

(c)晶体的体弹性模量

$$K = \left(\frac{\partial^2 U}{\partial V^2}\right)_{V_0}\cdot V_0 = \left[\frac{\partial}{\partial V}\left(\frac{\partial U}{\partial V}\right)\right]_{V_0}\cdot V_0 = \left[\frac{\partial}{\partial V}\left(\frac{\partial U}{\partial r}\cdot\frac{\mathrm{d}r}{\mathrm{d}V}\right)\right]_{V_0}\cdot V_0$$

$$= \left(\frac{\mathrm{d}r}{\mathrm{d}V}\right)_{r_0}\cdot\left[\frac{\partial}{\partial V}\left(\frac{\partial U}{\partial V}\right)\right]_{V_0}\cdot V_0 = \left(\frac{\mathrm{d}r}{\mathrm{d}V}\right)_{r_0}^2\cdot\left(\frac{\partial^2 U}{\partial r^2}\right)_{r_0}\cdot V_0 \tag{C-11}$$

V_0 是平衡时晶体体积。在面心立方结构情况下，每个晶胞有 4 个原子，如果晶体中共有 N 个

原子，则它的晶胞数为$\frac{N}{4}$，而每个晶胞的体积为 a^3，所以热平衡时晶体体积

$$V_0=\frac{N}{4}a^3=\frac{N}{4}(\sqrt{2}r_0)^3=\frac{\sqrt{2}}{2}Nr_0^3 \tag{C-12}$$

一般情况下，晶体体积为

$$V=\frac{N}{4}a^3=\frac{N}{4}(\sqrt{2}r)^3=\frac{\sqrt{2}}{2}Nr^3 \tag{C-13}$$

所以

$$\left(\frac{\mathrm{d}V}{\mathrm{d}r}\right)_{r_0}=\frac{\sqrt{2}}{2}N\cdot 3r_0^2=\frac{3\sqrt{2}}{2}Nr_0^2 \tag{C-14}$$

对式(C－6)求二次偏导数

$$\left(\frac{\partial^2 U}{\partial r^2}\right)_{r_0}=\frac{2N\varepsilon}{r_0^2}\left[12\times 13A_{12}\left(\frac{\sigma}{r_0}\right)^{12}-6\times 7A_6\left(\frac{\sigma}{r_0}\right)^6\right]=\frac{12N\varepsilon}{r_0^2}\left(26A_{12}\frac{\sigma^{12}}{r_0^{12}}-7A_6\frac{\sigma^6}{r_0^6}\right) \tag{C-15}$$

相继将式(C－12)、式(C－14)、式(C－15)代入式(C－11)，则可得体弹性模量

$$K=\left(\frac{\sqrt{2}}{3}\right)^2\frac{1}{N^2r_0^4}\cdot\frac{12N\varepsilon}{r_0^2}\left(26A_{12}\frac{\sigma^{12}}{r_0^{12}}-7A_6\frac{\sigma^6}{r_0^6}\right)\cdot\frac{\sqrt{2}}{2}Nr_0^3=\frac{\sqrt{2}}{3}\cdot\frac{4\varepsilon}{r_0^3}\left(26A_{12}\frac{\sigma^{12}}{r_0^{12}}-7A_6\frac{\sigma^6}{r_0^6}\right)$$

代入 $r_0=\left(\frac{2A_{12}}{A_6}\right)^{\frac{1}{6}}\sigma$，得

$$K=\frac{\sqrt{2}}{3}\cdot\frac{4\varepsilon}{\sqrt{2}}\cdot\frac{1}{\sigma^3}\left(\sqrt{\frac{A_6}{A_{12}}}\right)^{12}\left(26A_{12}\frac{A_6^{12}}{4A_{12}^2}-7A_6\frac{A_6}{2A_{12}}\right)=4\frac{\varepsilon}{\sigma^3}\left(\frac{A_6^{5/2}}{A_{12}^{3/2}}\right)=4\times\left(\frac{13.639^{\frac{5}{2}}}{12.127^{\frac{3}{2}}}\right)\frac{\varepsilon}{\sigma^3}$$

$$=4\times 16.26771778\cdot\frac{\varepsilon}{\sigma^3}=4\times 16.26771778\times\frac{0.014\times 1.602\times 10^{-19}}{(3.65\times 10^{10})^3}$$

$$\approx 3.0\times 10^{-9}(\mathrm{N/m^2})$$

(d)抗张强度

晶体所能负荷的最大张力叫作抗张强度，负荷超过抗张强度时，晶体就会断裂。显然，两原子间的最大抗张力就是原子间的最大吸引力，若此时原子间距离是 r_m，有

$$\left.\frac{\partial f(r)}{\partial r}\right|_{r_m}=-\left.\frac{\partial^2 U}{\partial r^2}\right|_{r_m}=0$$

对式(C－6)取二次偏微商，

$$\left(\frac{\partial^2 U}{\partial r^2}\right)_{r_m}=\frac{2N\varepsilon}{r_m^2}\left[12\times 13A_{12}\left(\frac{\sigma}{r_m}\right)^{12}-6\times 7A_6\left(\frac{\sigma}{r_m}\right)^6\right]=0$$

得

$$r_m=\sqrt[6]{\frac{26A_{12}}{7A_6}}\sigma=1.22032\sigma \tag{C-16}$$

这时相应的晶体体积为 V_m，在面心立方情况下，应为

$$V_m=\frac{\sqrt{2}}{2}Nr_m^3$$

根据热力学关系，施加在晶体上的张力(压力)p 应为

$$p=-\frac{\partial U}{\partial V}$$

而抗张强度 p_m，应为晶体体积等于 V_m 时的张力

$$p_m = -\left(\frac{\partial U}{\partial r}\right)_{V_m} = -\left(\frac{\mathrm{d}r}{\mathrm{d}V}\right)_{r_m} \cdot \left(\frac{\partial U}{\partial r}\right)_{r_m} \tag{C-17}$$

对式(C－13)取导数，令 $r=r_m$，

$$\left(\frac{\mathrm{d}V}{\mathrm{d}r}\right)_{r_m} = \frac{3\sqrt{2}}{2}Nr_m^3 \tag{C-18}$$

又对式(C－6)取导数，令 $r=r_m$，

$$-\left(\frac{\partial U}{\partial r}\right)_{r_m} = \frac{2N\varepsilon}{r_m}\left[12A_{12}\left(\frac{\sigma}{r_m}\right)^{12} - 6A_6\left(\frac{\sigma}{r_m}\right)^6\right] = \frac{12N\varepsilon}{r_m}\left[2A_{12}\left(\frac{\sigma}{r_m}\right)^{12} - A_6\left(\frac{\sigma}{r_m}\right)^6\right] \tag{C-19}$$

把式(C－19)代入式(C－18)，式(C－19)代入式(C－17)，得

$$p_m = \frac{\sqrt{2}}{3}\frac{1}{Nr_m^3} \cdot \frac{12N\varepsilon}{r_m}\left[2A_{12}\left(\frac{\sigma}{r_m}\right)^{12} - A_6\left(\frac{\sigma}{r_m}\right)^6\right] = \frac{4\sqrt{2}\varepsilon}{r_m^3}\left[2A_{12}\left(\frac{\sigma}{r_m}\right)^{12} - A_6\left(\frac{\sigma}{r_m}\right)^6\right]$$

把式(C－16)代入上式，得

$$p_m = 4\sqrt{2}\sqrt{\frac{7A_6}{26A_{12}}}\frac{\varepsilon}{\sigma^3}\left[2\left(\frac{7A_6}{26A_{12}}\right)^2 A_{12} - \frac{7A_6}{26A_{12}}A_6\right] \approx 2.935\sqrt{\frac{A_6}{A_{12}}}\frac{\varepsilon}{\sigma^3}\left[0.145\frac{A_6^2}{A_{12}} - 0.269\frac{A_6^2}{A_{12}}\right]$$

$$= -2.395 \times 0.124 \times A_{12}\left(\frac{A_6}{A_{12}}\right)^{\frac{5}{2}} \cdot \frac{\varepsilon}{\sigma^3} = -2.395 \times 0.124 \times 12.127 \times \left(\frac{13.640}{12.127}\right)^{\frac{5}{2}} \cdot \frac{\varepsilon}{\sigma^3}$$

$$\approx -5.920468\frac{\varepsilon}{\sigma^3}$$

将 $\varepsilon = 0.014\ \mathrm{eV} = 0.014 \times 1.602 \times 10^{-19}\ \mathrm{J}$，$\sigma = 3.65\ \mathrm{Å} = 3.65 \times 10^{-10}\ \mathrm{m}$ 代入，则有

$$p_m = -5.920468 \times \frac{0.014 \times 1.602 \times 10^{-19}}{3.65^3 \times 10^{-30}} = -2.731 \times 10^8(\mathrm{N/m^2})$$

把上述计算结果与实验测量值一并列入下表。

	$r_0/(10^{-10}\ \mathrm{m})$	结合能 E_b/eV	$K/(10^9\ \mathrm{N \cdot m^{-2}})$
计算	4.02	0.107	3.0
理论	3.98	0.11	3.5

由表可见，上述理论计算结果接近实验测量值，尤其是结合能的计算。

第 8 题

解 由 N 个 Na^+、Cl^- 组成的 NaCl 晶体的相互作用能

$$U(r) = -\frac{N}{2}\left(\frac{Me^2}{4\pi\varepsilon_0 r} - \frac{B}{r^n}\right) \tag{C-20}$$

在热平衡条件下

$$\left.\frac{\mathrm{d}U(r)}{\mathrm{d}r}\right|_{r_0} = -\frac{N}{2}\left.\left(-\frac{Me^2}{4\pi\varepsilon_0 r^2} + \frac{nB}{r^{n+1}}\right)\right|_{r_0} = 0$$

得

$$r_0 = \left(\frac{4\pi\varepsilon_0 nB}{Me^2}\right)^{\frac{1}{n-1}}$$

r_0 是平衡下最近邻离子间距，代入式(C－20)，NaCl 晶体结合能

$$U_0 = U(r_0) = -\frac{N}{2}\left(\frac{Me^2}{4\pi\varepsilon_0 r_0} - \frac{B}{r_0 \cdot r_0^{n-1}}\right) = -\frac{NMe^2}{8\pi\varepsilon_0 r_0}\left(1 - \frac{1}{n}\right) \tag{C-21}$$

由式(C－21)得知，只需知道 r_0 和 n 值，就可求出 NaCl 晶体的结合能。

首先由 NaCl 晶体的相对密度求 r_0 值。NaCl 晶体是由 Na^+ 与 Cl^- 两种离子各自构成的面心立方结构的子晶体沿坐标轴移动 $\frac{a}{2}$(a 是晶格常数)套构而成的($a=2r$)，而 NaCl 晶体的一个晶胞内含有 8 个离子(Na^+ 和 Cl^- 各 4 个)，故其体积

$$V = \frac{N}{8} \cdot 8r^3 = Nr^3 \tag{C-22}$$

每摩尔 NaCl 晶体中含有 N_0(阿伏加德罗常量)个 NaCl 分子，每个分子的质量应为

$$\frac{23+35.45}{N_0}(\mathrm{g})$$

NaCl 晶体的每一晶胞中有 4 个 NaCl 分子，故一个晶胞的质量为

$$4\times\frac{23+35.45}{N_0}(\mathrm{g})$$

NaCl 晶体的相对密度

$$D = \frac{4\times\frac{23+35.45}{N_0}}{8r_0^3} = \frac{58.45}{2N_0 r_0^3} = \frac{29.225}{N_0 r_0^3}$$

所以

$$r_0 = \sqrt[3]{\frac{29.225}{N_0 D}} = \sqrt[3]{\frac{29.225}{6.02\times10^{23}\times2.16}} \approx 2.82\times10^{-8}(\mathrm{cm}) = 2.82\times10^{-10}(\mathrm{cm})$$

n 能由实验测得的弹性模量 K 和晶体结构算出。NaCl 晶体弹性模量 K：

$$K = \left(\frac{\partial^2 U}{\partial V^2}\right)_{V_0} \cdot V_0 = \left(\frac{\mathrm{d}r}{\mathrm{d}V}\right)^2_{r_0} \cdot \left(\frac{\partial^2 U}{\partial r^2}\right)_{r_0} \cdot V_0 \tag{C-23}$$

由式(C－22)，得

$$\left(\frac{\mathrm{d}V}{\mathrm{d}r}\right)_{r_0} = 3Nr_0^2 \tag{C-24}$$

在 $r=r_0$ 处，对式(C－20)求二次偏导

$$\left(\frac{\partial^2 U}{\partial r^2}\right)_{r_0} = -\frac{N}{2}\left(\frac{2Me^2}{4\pi\varepsilon_0 r_0^3} - \frac{n(n+1)B}{r_0^{n+2}}\right) = -\frac{N}{2}\left(\frac{2Me^2}{4\pi\varepsilon_0 r_0^3} - \frac{n(n+1)B}{r_0^3 \cdot r_0^{n-1}}\right)$$

把 $r_0 = \left(\frac{4\pi\varepsilon_0 nB}{Me^2}\right)^{\frac{1}{n-1}}$ 代入

$$\left(\frac{\partial^2 U}{\partial r^2}\right)_{r_0} = -\frac{N}{2}\left(\frac{2Me^2}{4\pi\varepsilon_0 r_0^3} - \frac{n(n+1)B}{r_0^3}\cdot\frac{Me^2}{4\pi\varepsilon_0 nB}\right) = -\frac{N}{2}\,\frac{Me^2}{4\pi\varepsilon_0 r_0^3}[2-(n+1)]$$

$$= \frac{N}{2}\,\frac{Me^2}{4\pi\varepsilon_0 r_0^3}(n-1) \tag{C-25}$$

把式(C－24)、式(C－25)和 $V_0 = Nr_0^3$ 代入式(C－23)，得出

$$K = \left(\frac{1}{3Nr_0^2}\right)^2 \cdot \frac{N}{2} \cdot \frac{Me^2}{4\pi\varepsilon_0 r_0^3} \cdot (n-1)r_0^3 N = \frac{1}{9r_0^4} \cdot \frac{Me^2}{8\pi\varepsilon_0}(n-1)$$

所以

$$n = 1 + \frac{72\pi\varepsilon_0 r_0^4}{Me^2}K = 1 + \frac{72 \times 3.1416 \times 8.85 \times 10^{-12} \times (2.82 \times 10^{-10})^4 \times 2.41 \times 10^{10}}{1.7476 \times (1.602 \times 10^{-19})^2}$$

$$\approx 1 + 6.8 = 7.8 \tag{C-26}$$

故由式(C－21)得到 1 mol NaCl 晶体的结合能应为(注意，$N = 2N_0$)

$$U_0 = -\frac{2N_0}{2} \cdot \frac{Me^2}{4\pi\varepsilon_0 r_0}\left(1 - \frac{1}{n}\right) = -\frac{N_0 Me^2}{4\pi\varepsilon_0 r_0}\left(1 - \frac{1}{n}\right)$$

$$= -\frac{6.02 \times 10^{23} \times 1.7476 \times (1.6 \times 10^{-19})^2}{4 \times 3.1416 \times 8.85 \times 10^{-12} \times 2.82 \times 10^{-10}} \times \left(1 - \frac{1}{7.8}\right)$$

$$\approx -7.51 \times 10^5 (\mathrm{J/mol}) = -179.3(\mathrm{kcal/mol})$$

同时也计算出每离子对间的相互作用能

$$E_b = -\frac{Me^2}{4\pi\varepsilon_0 r_0}\left(1 - \frac{1}{n}\right) = -\frac{1.7476 \times (1.6 \times 10^{-19})^2}{4 \times 3.1416 \times 8.85 \times 10^{-12} \times 2.82 \times 10^{-10}} \times \left(1 - \frac{1}{7.8}\right)$$

$$= -1.24 \times 10^{-18} (\mathrm{J})$$

与实验值 -1.27×10^{-18} J 相当接近。

第3章

第6题

解 根据爱因斯坦模型，固体比热

$$C_V = 3Nk_B f\left(\frac{\Theta_E}{T}\right) \tag{C-27}$$

式中：$f(\Theta_E/T)$为爱因斯坦比热函数。

$$f_E\left(\frac{\Theta_E}{T}\right) = \left(\frac{\Theta_E}{T}\right)^2 \left[\frac{e^{\Theta_E/T}}{(e^{\Theta_E/T} - 1)^2}\right]$$

如考虑1 摩尔质量的比热，把下列数据代入式(C－27)：

$$3Nk_B = 25 \times 10^7 \mathrm{erg/(mol \cdot K)}$$

$$\Theta_E = 1320 \mathrm{~K}$$

当 $T = 2000$ K 时，

$$C_V = 25 \times 10^7 \times \left(\frac{1320}{2000}\right)^2 \frac{e^{1320/2000}}{(e^{1320/2000} - 1)^2} = 25 \times 10^7 \times (0.66)^2 \frac{e^{0.66}}{(e^{0.66} - 1)^2}$$

$$\approx 24 \times 10^7 (\mathrm{erg/mol \cdot K}) = 24(\mathrm{J/mol \cdot K})$$

当 $T = 0.2$ K 时，因为 $T \ll \Theta_E$，

$$C_V \approx 3Nk_B\left(\frac{\Theta_E}{T}\right)^2 e^{-\Theta_E/T} \approx 25 \times 10^7 \times \left(\frac{1320}{0.2}\right) e^{-1320/0.2} \approx 4.6 \times 10^{-2849} \approx 0$$

其次，按照德拜模型，晶格比热为

$$C_V = 3Nk_B f_D\left(\frac{\Theta_D}{T}\right) \tag{C-28}$$

$f_D\left(\frac{\Theta_D}{T}\right)$是德拜比热函数，即

$$f_{\mathrm{D}}\left(\frac{\Theta_{\mathrm{D}}}{T}\right)=3\left(\frac{T}{\Theta_{\mathrm{D}}}\right)^{3}\int_{0}^{\Theta_{\mathrm{D}}/T}\frac{e^{x}}{(e^{x}-1)^{2}}x^{4}\mathrm{d}x$$

式中：$x=h\nu/k_{\mathrm{B}}T$；Θ_{D} 为德拜温度。$f_{\mathrm{D}}(\Theta_{\mathrm{D}}/T)$的值可以查表，从而得到 Θ_{D}。

当 $T=2000\ \mathrm{K}$，$\Theta_{\mathrm{D}}=1860\ \mathrm{K}$ 时，$x=\Theta_{\mathrm{D}}/T\approx0.93$，查表得到$f_{\mathrm{D}}(\Theta_{\mathrm{D}}/T)\approx0.9606$，于是

$$C_{\mathrm{V}}=3Nk_{\mathrm{B}}f_{\mathrm{D}}\left(\frac{\Theta_{\mathrm{D}}}{T}\right)=25\times10^{7}\times0.9606\approx23.9\times10^{7}[\mathrm{erg/(mol\cdot K)}]=23.9[\mathrm{J/(mol\cdot K)}]$$

当 $T=0.2\ \mathrm{K}$ 时，由德拜 T^3定律可得

$$C_{\mathrm{V}}=\frac{12}{5}\pi^{4}Nk_{\mathrm{B}}\left(\frac{T}{\Theta_{\mathrm{D}}}\right)^{3}=(3Nk_{\mathrm{B}})\times\frac{4}{5}\pi^{4}\left(\frac{T}{\Theta_{\mathrm{D}}}\right)^{3}=25\times10^{7}\times\frac{4}{5}\times(3.14)^{4}\times\left(\frac{0.2}{1860}\right)^{3}$$
$$\approx23.8\times10^{-3}[\mathrm{erg/(mol\cdot K)}]\approx23.8\times10^{-10}[\mathrm{J/(mol\cdot K)}]$$

第7题

解 根据德拜晶格热容量理论，低温下晶体的比热

$$C_{\mathrm{V}}=\frac{12\pi^{4}Nk_{\mathrm{B}}}{5}\left(\frac{T}{\Theta_{\mathrm{D}}}\right)=bT^{3} \qquad (\mathrm{C}-29)$$

但在低温下，晶体电子对热容量的贡献不可忽视，其贡献大小与温度成正比，所以实验测得的晶体热容量除晶体原子热容量外，还应当加上电子热运动的贡献，即

$$C_{\mathrm{V}}=aT+bT^{3}$$

由题意，知

$$\begin{cases}C_{\mathrm{V}}^{(1)}=aT_{1}+bT_{1}^{3} & (\mathrm{C}-30)\\ C_{\mathrm{V}}^{(2)}=aT_{2}+bT_{2}^{3} & (\mathrm{C}-31)\end{cases}$$

[式(C-31)×T_1]-[式(C-30)×T_2]得

$$b=\frac{C_{\mathrm{V}}^{(2)}T_{1}-C_{\mathrm{V}}^{(1)}T_{2}}{T_{2}^{3}T_{1}-T_{1}^{3}T_{2}}=\frac{0.18\times20-0.054\times30}{30^{3}\times20-20^{3}\times30}=\frac{1.98}{30\times10^{4}}$$

令 $N=N_0$(阿伏加德罗常量)，由式(C-29)，得

$$\Theta_{\mathrm{D}}=\left(\frac{12\pi^{4}R}{5b}\right)^{\frac{1}{3}}=\left(\frac{12\times3.1416^{4}\times8.134}{\frac{5\times1.98}{3\times10^{5}}\times4.186}\right)^{\frac{1}{3}}=413(\mathrm{K})$$

第8题

解 一维单原子晶格中，原子运动方程可写成

$$m\ddot{x}_{n}=\beta(x_{n+1}-x_{n})-\beta(x_{n}-x_{n-1})=\beta(x_{n+1}+x_{n-1}-2x_{n})$$

式中：m、β 和 $x_n(n=1,2,3,\cdots)$分别代表原子质量、恢复力常数和原子离开平衡位置的位移。

运动方程的解为

$$x_{n}=A\mathrm{e}^{\mathrm{i}(\omega t-2\pi naq)}$$

代入运动方程，即得到其色散关系是

$$\omega^{2}=\frac{4\beta}{m}\sin^{2}(\pi aq) \qquad (\mathrm{C}-32)$$

利用周期性边界条件 $x_1 = x_{N+1}$，若取 $N=5$，即得

$$Ae^{i(\omega t-2\pi aq)} = Ae^{i[\omega t-2\pi(5+1)aq]} = A\varepsilon^{i(\omega t-2\pi aq)}e^{-i2\pi(5a)q}$$

满足上式的条件是

$$e^{-i2\pi(5a)q} = 1$$

即

$$5aq = s(\text{整数})$$

注意，格波波矢的取值范围为

$$-\frac{1}{2a} < q \leqslant \frac{1}{2a}$$

于是有

$$-\frac{5}{2} < S \leqslant \frac{5}{2}$$

即 S 只能取 -2、-1、0、1、2 这 5 个值，波矢 q 相应也只能取下面 5 个值：

$$-\frac{2}{3a}、-\frac{1}{5a}、0、\frac{1}{5a}、\frac{2}{5a}$$

将 $\beta = 1.5\times10^4$ dyn/cm，$m = 8.35\times10^{-24}$ g 和各个 q 值代入式(C－32)，得到对应的各个角频率如下(rad/s)：

$$8.06\times10^{18},\ 4.99\times10^{18},\ 0,$$
$$4.99\times10^{18},\ 8.06\times10^{18}$$

第 9 题

解 (1)设石墨晶体中，粒子分布密度最大的晶面层为 $x-y$ 平面，每边长为 L。设波速为 $v_i(i=l,\ t)$，则波动方程为

$$\frac{\partial^2\varphi}{\partial x^2} + \frac{\partial^2\varphi}{\partial y^2} = \frac{1}{v_i^2}\frac{\partial^2\varphi}{\partial t^2}(i=l,\ t) \tag{C－33}$$

此处 v_l 和 v_t 分别代表纵波和横波的波速。设波函数 $\varphi = X(x)Y(y)T(t)$，则在驻波边界条件下，式(C－33)的解为

$$\left.\begin{aligned}&\varphi = A\sin(2\pi k_x x)\sin(2\pi k_y y)\sin(2\pi\nu t)\\&k_x = \frac{n_x}{2L},\ k_y = \frac{n_y}{2L},\ (n_x,\ n_y = 0,\ 1,\ 2\cdots)\end{aligned}\right\} \tag{C－34}$$

将式(C－34)代回式(C－33)，得

$$n_x^2 + n_y^2 = \frac{4L^2\nu^2}{v_i^2},\ (i=l,\ t)$$

若令 $2/v^2 = [(1/v_l^2) + (1/v_t^2)]$，上式可写为

$$n_x^2 + n_y^2 = \frac{4L^2\nu^2}{v^2} \tag{C－35}$$

式(C－35)代表 $R = 2L\nu/v$ 的圆方程，由于 k_x 和 k_y 必须取正数值(包括零)，故在 $R\sim R+dR$ 的圆环内包含的振动模数

$$dZ = g(\nu)d\nu = \frac{1}{4}2\pi RdR = \frac{2\pi L^2}{v^2}\nu d\nu = \frac{2\pi A}{v^2}\nu d\nu$$

于是得到频率分布函数

$$g(\nu)=\frac{2\pi A}{v^2}\nu=B\nu \tag{C-36}$$

式中：$A=L^2$ 为石墨层面积；$B=\dfrac{2\pi A}{\nu^2}$为常数。

(2)依题设，应有

$$\int_0^{\nu_D} g(\nu)\mathrm{d}\nu = \int_0^{\nu_D} B\nu\mathrm{d}\nu = 3N$$

完成上述积分，得出截止频率

$$\nu_D=\sqrt{\frac{6N}{B}}=\sqrt{\frac{3Nv^2}{\pi A}}=\frac{v}{L}\sqrt{\frac{3N}{\pi}} \tag{C-37}$$

并按定义求得德拜温度

$$\Theta_D=\frac{h\nu_D}{k_B}=\frac{h}{k_B}\sqrt{\frac{6N}{B}}=\frac{hv}{k_B L}\sqrt{\frac{3N}{\pi}} \tag{C-38}$$

式中：k_B 是玻耳兹曼常数。

(3)根据德拜理论，晶体的热容量

$$C_V = k_B\int_0^{v_D}\left(\frac{hv}{k_B T}\right)^2\frac{e^{hv/k_BT}}{(e^{kv/k_BT}-1)^2}g(v)\mathrm{d}v$$

令 $x = hv/k_B T$，并把式(C-36)、式(C-37)、式(C-38)代入上式，得

$$C_V = 6Nk_B\left(\frac{T}{\Theta_D}\right)^2\int_0^{\Theta_D/T}\frac{e^x}{(e^x-1)^2}x^8\mathrm{d}x \tag{C-39}$$

低温时，$k_B T \ll hv$，$e^x \gg 1$，$\Theta_D/T\to\infty$，式(C-39)可近似地计算：

$$C_V\approx 6Nk_B\left(\frac{T}{\Theta_D}\right)^2\int_0^\infty x^8e^{-x}\mathrm{d}x\approx 6Nk_B\left(\frac{T}{\Theta_D}\right)^2\times 3!\approx 36Nk_B\left(\frac{T}{\Theta_D}\right)^2$$

可见，在低温极限下，C_V 正比于 T^2。

第4章

第4题

解 晶格原子对比热的贡献由德拜比热公式给出：

$$C_V^a=\frac{12}{5}\pi^4 Nk_B\left(\frac{T}{\Theta_D}\right)^3$$

对于1 mol 金属钠，$N=N_0$(阿伏加德罗常数)，$N_0k_B=R=8.31$ J/(mol·K)。当 $T=30$ K 时，摩尔热容为

$$C_V^a=\frac{12}{5}\pi^4R\left(\frac{T}{\Theta_D}\right)^3=\frac{12}{5}\times(3.14)^4\times 8.31\times\left(\frac{30}{150}\right)^3\approx 4.9(\mathrm{J/K})$$

当 $T=0.3$ K 时，

$$C_V^a=\frac{12}{5}\times(3.14)^4\times 8.31\times\left(\frac{0.3}{150}\right)^3\approx 4.9\times 10^{-6}(\mathrm{J/K})$$

钠是1价金属，1个钠原子贡献1个电子，由电子比热公式知，钠的摩尔电子热容量

$$C_V^e=\frac{\pi^2}{2}R\left(\frac{k_BT}{E_F^0}\right)$$

式中：E_F^0 为晶体在绝对零度时的费米能级。对于钠，$E_F^0=3.23\ \text{eV}\approx5.17\times10^{-19}\ \text{J}$。当 $T=30\ \text{K}$ 时，由上述公式得

$$C_V^e=\frac{(3.14)^2}{2}\times8.31\times\left(\frac{1.38\times10^{-23}\times30}{5.17\times10^{-19}}\right)\approx1.1\times10^{-3}(\text{J/K})$$

当 $T=0.3\ \text{K}$ 时，则

$$C_V^e=\frac{(3.14)^2}{2}\times8.31\times\left(\frac{1.38\times10^{-23}\times0.3}{5.17\times10^{-19}}\right)\approx1.1\times10^{-5}(\text{J/K})$$

对比上述结果可知，在 $T=30\ \text{K}$ 时，钠的比热主要来自晶格原子的贡献(德拜比热)；而在 $T=0.3\ \text{K}$ 时，比热则变成以电子的贡献为主了。

第 5 题

解 对于自由电子，动量 $\boldsymbol{p}$ 和波矢 $\boldsymbol{k}$ 的关系为

$$\boldsymbol{p}=\hbar\boldsymbol{k}$$

在外力 $\boldsymbol{F}$ 作用下的运动方程为

$$\boldsymbol{F}=\frac{\mathrm{d}\boldsymbol{p}}{\mathrm{d}t}=\hbar\frac{\mathrm{d}\boldsymbol{k}}{\mathrm{d}t}$$

即由于外力作用，所有电子的 $\boldsymbol{k}$ 值在平行于力 $\boldsymbol{F}$ 的方向上有所增加。但是，电子又通过碰撞回复到他们原来的状态而达到平衡态，如果碰撞的弛豫时间为 τ，则波矢 $\boldsymbol{k}$ 的平衡位移 $\delta\boldsymbol{k}$ 为

$$\delta\boldsymbol{k}=\frac{\tau}{\hbar}\boldsymbol{F}$$

相应地，速度变化为

$$\delta v=\frac{\delta\boldsymbol{P}}{m}=\frac{\hbar}{m}\delta\boldsymbol{k}=\frac{\tau}{m}\boldsymbol{F}$$

若外加电场为 $\boldsymbol{\varepsilon}$，则作用在每个电子上的力为

$$\boldsymbol{F}=-\mathrm{e}\boldsymbol{\varepsilon}$$

由此引起的电流密度为

$$j=-ne\delta v=\frac{ne^2\tau}{m}\boldsymbol{\varepsilon}=\sigma\boldsymbol{\varepsilon}$$

对于铜，若认为每个原子贡献一个导电电子，因此，

$$n=8.5\times10^{22}\ \text{cm}^{-3}$$

由此得，铜电子弛豫时间

$$\tau=\frac{m\sigma}{ne^2}=\frac{m}{ne^2\rho}=\frac{9.11\times10^{-31}}{8.5\times10^{22}\times(1.6\times10^{-19})^2\times1.7\times10^{-8}}=2.5\times10^{-14}(\text{s})$$

第 5 章

第 5 题

解 金属自由电子 $E-k$ 关系为

$$E(k)=\frac{\hbar^2k^2}{2m}$$

一维下 $E-k$ 是抛物线，二维等能线是圆，而三维等能面则是球。

(1)一维情况

$E\sim E+\mathrm{d}E$ 电子数目相应于一维 k 轴在 $\pm k$ 方向($2\mathrm{d}k$)范围内的状态数(见图 C-5)，计入电子自旋，一维金属长度为 L，则

$$g(E)\,\mathrm{d}E=2\times\frac{L}{2\pi}\cdot 2\mathrm{d}k$$

由自由电子色散关系

$$\mathrm{d}k=\frac{m}{\hbar}\times(2mE)^{-\frac{1}{2}}\mathrm{d}E$$

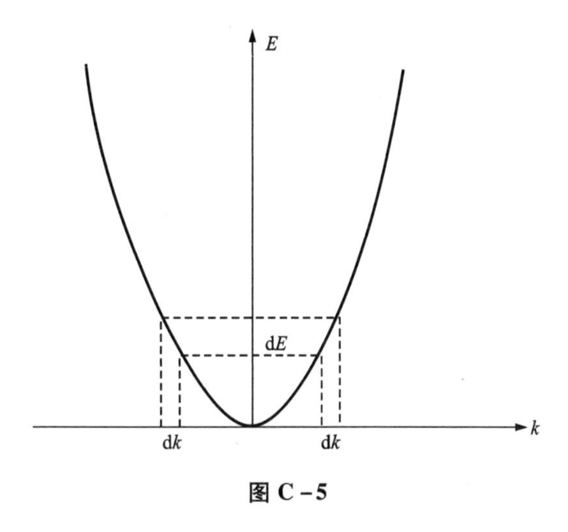

图 C-5

代入得

$$g(E)=\frac{2L}{2\pi}\frac{2m}{\hbar}\times(2mE)^{-\frac{1}{2}}=\frac{L}{\pi}\left(\frac{2m}{\hbar^2}\right)^{\frac{1}{2}}E^{-\frac{1}{2}}\propto E^{-\frac{1}{2}}$$

(2)二维情况

$E\sim E+\mathrm{d}E$ 电子数目相应于如图 C-6 二维 $\boldsymbol{k}$ 平面上半径为 k、宽度为 $\mathrm{d}k$ 的圆环内的状态数目，设二维金属面积为 S

$$g(E)\,\mathrm{d}E=2\cdot\frac{S}{(2\pi)^2}\cdot 2\pi k\cdot\mathrm{d}k$$

由自由电子色散关系

$$\mathrm{d}E=\frac{\hbar^2}{2m}\cdot 2k\mathrm{d}k=\frac{\hbar^2}{2m\pi}\cdot 2\pi k\mathrm{d}k$$

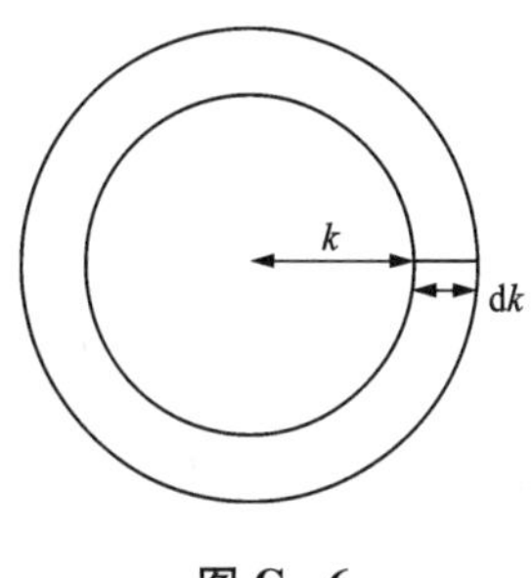

图 C-6

代入得

$$g(E)=\frac{2S}{(2\pi)^2}\cdot\frac{2m\pi}{\hbar^2}=\frac{Sm}{\pi\hbar^2}=\text{常数}$$

(3)三维情况

$E\sim E+\mathrm{d}E$ 电子数目相应于如图 C-7 三维 $\boldsymbol{k}$ 空间半径为 k、宽度为 $\mathrm{d}k$ 的球壳内的状态数目。考虑电子自旋，对体积为 V 的三维金属

$$g(E)\,\mathrm{d}E=2\cdot\frac{V}{(2\pi)^3}\cdot 4\pi k^2\cdot\mathrm{d}k$$

由色散关系

$$\mathrm{d}k=\frac{m}{\hbar}\times(2mE)^{-\frac{1}{2}}\mathrm{d}E$$

与色散关系一起代入上式

$$g(E)=2\frac{V}{(2\pi)^3}\cdot 4\pi\cdot\frac{2mE}{\hbar^2}\cdot\frac{m}{\hbar}(2mE)^{-\frac{1}{2}}=4\pi V\cdot\left(\frac{2m}{h^2}\right)^{\frac{1}{2}}E^{\frac{1}{2}}\propto E^{\frac{1}{2}}$$

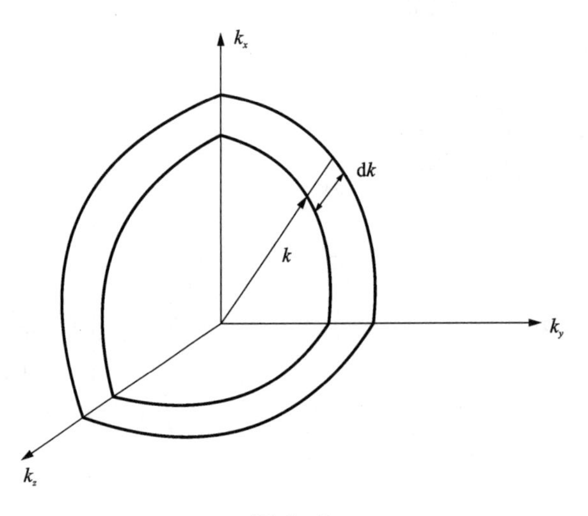

图 C－7

第 6 题

解 (1)铜是面心立方晶体，设晶格常数为 a，一个晶胞中有 4 个铜原子，故铜密度

$$\rho=\frac{4\times\frac{64}{N_0}}{a^3}$$

N_0 是阿伏加德罗常量，则晶格常数 a

$$a=\left(\frac{4\times64\times10^{-3}}{N_0\rho}\right)^{\frac{1}{3}}=\left(\frac{4\times64\times10^{-3}}{8000\times6.02\times10^{23}}\right)^{\frac{1}{3}}=3.76\times10^{-10}(\mathrm{m})=3.76(\text{Å})$$

设铜晶体体积为 V，包含有 N 个铜原子，每一个铜原子贡献一个电子，则共有 N 个传导电子，设费米球半径为 k_F，有

$$2\times\frac{V}{(2\pi)^3}\cdot\frac{4}{3}\pi k_F^3=N$$

即

$$k_F=\left(3\pi^2\frac{N}{V}\right)^{\frac{1}{3}}=(3\pi^2 n)^{\frac{1}{3}}$$

电子浓度 $n=\frac{N}{V}$，对于面心立方晶体

$$n=\frac{N}{V}=\left(\frac{4}{a^3}\right)$$

故

$$k_F=\left(3\pi^2\frac{4}{a^3}\right)^{\frac{1}{3}}=\frac{(12\pi^2)^{\frac{1}{3}}}{a}$$

对绝对零度的费米能

$$E_F=\frac{\hbar^2k_F^2}{2m}=\frac{(1.055\times10^{-34})^2\times(12\pi^2)^{\frac{2}{3}}}{2\times9.11\times10^{-31}\times(3.76\times10^{-10})^2}=1.042\times10^{-18}(\mathrm{J})=6.5(\mathrm{eV})$$

(2)下面估算铜导带宽度。采用自由电子模型，假定铜自由电子从 $k=0$ 能级起向上填满整个布里渊区，显然第一布里渊中最大波矢相应的电子能量应是铜导带宽度，其最长波矢是原点至正方形与两个正六边形相交的棱角顶距离 OB，如图 C－8，$AB=\frac{1}{4}\times\frac{4\pi}{a}=OA=\frac{1}{2}\times\frac{4\pi}{a}=\frac{2\pi}{a}$。

$$|OB|=\sqrt{|AB|^2+|OA|^2}=\sqrt{\left(\frac{\pi}{a}\right)^2+\left(\frac{2\pi^2}{a}\right)}=\sqrt{5}\frac{\pi}{a}$$

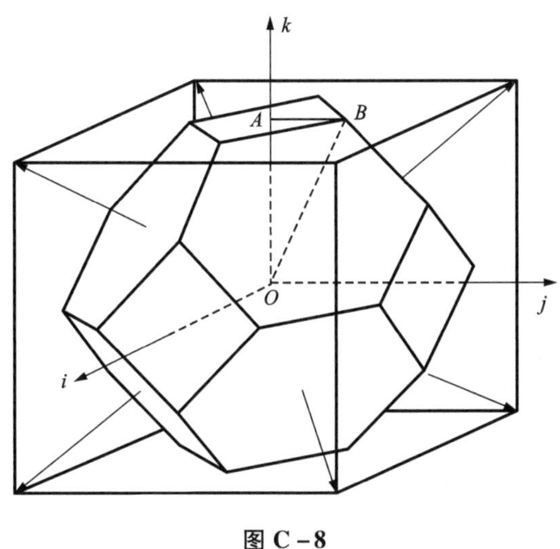

图 C－8

以铜晶体导带宽度

$$E=\frac{\hbar^2|OB|^2}{2m}=\frac{\hbar^2\cdot\left(\sqrt{5}\frac{\pi}{a}\right)^2}{2m}=\frac{(1.055\times10^{-34})^2\times5\pi^2}{2\times9.11\times10^{-31}\times(3.76\times10^{-10})^2}$$

$$=2.13\times10^{-18}(\mathrm{J})=13.3(\mathrm{eV})$$

所以，与本题解(1)绝对零度下费米能的计算进行比较，该结果表明固体能带理论预测电子只填满半个铜导带是正确的。

附录 D　常用物理常数表

常用物理常数表见表 D－1。

表 D－1　常用物理常数表

物理量	符号	数值	CGS	SI
光速	c	2.997925	10^{10} cm · s^{-1}	10^{8} m · s^{-1}
质子电荷	e	1.60219	—	10^{-19} C
		4.80325	10^{-10} esu	—
普朗克常数	h	6.62620	10^{-27} erg · s	10^{-34} J · s
	$\hbar = h/2\pi$	1.05459	10^{-27} erg · s	10^{-34} J · s
阿伏加德罗常数	N_0	6.02217×10^{23} mol^{-1}	—	—
原子质量单位	amu	1.66053	10^{-24} g	10^{-27} kg
电子静止质量	m	9.10956	10^{-28} g	10^{-31} kg
质子静止质量	M_p	1.67261	10^{-24} g	10^{-27} kg
质子质量/电子质量	M_p/m	1836.1	—	—
电子半径 e^2/mc^2	r_e	2.81794	10^{-13} cm	10^{-15} m
电子康普顿波长 $\hbar/mc$	$\hbar_e$	3.86159	10^{-11} cm	10^{-13} m
玻尔半径 $\hbar^2/me^2$	r_0	5.29177	10^{-9} cm	10^{-11} m
1 电子伏特	eV	1.60219	10^{-12} erg	10^{-19} J
	eV/h	2.41797×10^{14} Hz	—	—
	eV/hc	8.06546	10^{3} cm^{-1}	10^{5} m^{-1}
	eV/k_B	1.16048×10^{4} K	—	—
玻耳兹曼常数	k_B	1.38062	10^{-16} erg · K^{-1}	10^{-23} J · K^{-1}

来源：B. N. Taylor，W. H. Parker 和 D. N. Langenberg，Rev. Mod. Phys. 41，375(1969). 还参考了 E. R. Cohen 和 B. N. Taylor，Journal of Physical and Chemical Reference Data 2(4)，663(1973).

主要参考文献

[1] 苟清泉. 固体物理学简明教程[M]. 北京：人民教育出版社，1979.

[2] 曹全喜，雷天民，黄云霞，等. 固体物理基础(第二版)[M]. 西安：西安电子科技大学出版社，2017.

[3] 陈长乐. 固体物理学[M]. 西安：西北工业大学出版社，1998.

[4] C Kittel. 固体物理导论(第八版)[M]. 项金钟，吴兴惠，译. 北京：化学工业出版社，2005.

[5] 吴代鸣. 固体物理基础[M]. 北京：高等教育出版社，2007.

[6] 文尚胜，彭俊彪. 固体物理简明教程[M]. 广州：华南理工大学出版社，2007.

[7] 华中，杨景海. 固体物理基础[M]. 长春：吉林大学出版社，2010.

[8] 韦丹. 固体物理[M]. 北京：清华大学出版社，2007.

[9] P Hofmann. Solid State Physics：An introduction[M]. Weinheim：Wiley-VCH Verlag GmbH & Co. KgaA,2015.

[10] 房晓勇，刘竞业，杨会静. 固体物理学[M]. 哈尔滨：哈尔滨工业大学出版社，2004.

[11] 方俊鑫，陆栋. 固体物理学(上)[M]. 上海：上海科学技术出版社，1980.

[12] 王矜奉. 固体物理教程[M]. 济南：山东大学出版社，1999.

[13] 黄昆，韩汝琦. 固体物理学[M]. 北京：高等教育出版社，1988.

[14] W H Qi. Nanoscopic Thermodynamics[J]. Accounts of Chemical Research，2016，49：1587－1595.

[15] 阎守胜. 固体物理基础[M]. 北京：北京大学出版社，2000.

[16] 翟学超，戚凤华，许亚芳，等. 二维六角晶体中的 Dirac 电子[J]. 物理学进展，2015，35(1)：1－49.

[17] 张跃. 计算材料学基础[M]. 北京：北京航空航天大学出版社，2007.

[18] 欧阳义芳，钟夏平. 凝聚态物质计算和模拟中使用的相互作用势[J]. 力学进展，2006，36(3)：321－343.

[19] 文玉华，朱如曾，周富信，等. 分子动力学模拟的主要技术[J]. 力学进展，2003，13：65－74.

[20] SQ Li, WH Qi, HC Peng, et al. A Comparative Study on Melting of Core-shell and Janus Cu-Ag Bimetallic Nanoparticles[J]. Computational Materials Science, 2015, 99: 125 - 132.

[21] 梁海弋，王秀喜，吴恒安，等. 纳米铜丝尺寸效应的分子动力学模拟[J]. 力学学报，2002, 34: 208 - 215.

[22] N Metropolis, A W Rosenbluth, M N Rosenbluth, et al. Equation of state calculations by fast computing machines[J]. The Journal of Chemical Physics, 1953, 21(6): 1087 - 1092.

[23] D Alloyeau, C Ricolleau, C Mottet, et al. Size and shape effects on the order-disorder phase transition in CoPt nanoparticles[J]. Nature materials, 2009, 8(12): 940.

[24] D S Sholl, J A Steckel. 密度泛函理论[M]. 李健，周勇，译. 北京：国防工业出版社，2014.

[25] R Schweinfest, A T Paxton, M W Finnis. Bismuth embrittlement of copper is an atomic size effect[J]. Nature, 2004, 432(7020): 1008.

[26] 谭兴毅，王佳恒，朱祎祎，等. 碳，氧，硫掺杂二维黑磷的第一性原理计算[J]. 物理学报，2014, 63(20): 207 - 301.

[27] 黄波，聂承昌. 固体物理学问题和习题[M]. 北京：国防工业出版社，1988.

[28] M A Omar. Elementary Solid State Physics: Principles and Applications[J]. Massachusetts: Addison-Wesley Publishing Company, Inc., 1993.

[29] 黄河，陈宏生. 人工智能将推动材料基因组技术加速发展[J]. 全球科技经济瞭望，2019, 34(11 - 12): 38 - 47.

[30] 沈自才，代巍，马子良. 航天材料基因工程及若干关键技术[J]. 航天器环境工程，2017, 34(3): 324 - 329.

[31] 林海，郑家新，林原，等. 材料基因组技术在新能源材料领域应用进展[J]. 储能科学与技术，2017, 6(5): 990 - 999.

[32] 孙中体，李珍珠，程观剑，等. 机器学习在材料设计方面的研究进展[J]. 科学通报，2019, 64(32): 3270 - 3275.

[33] 房亮. 机器学习在热电材料中的应用[D]. 哈尔滨：哈尔滨工业大学，2019.

[34] 吴炜，孙强. 应用机器学习加速新材料的研发[J]. 中国科学：物理学 力学 天文学，2018, 48(10): 10701.

[35] 林鸿生，章世玲，王冠中，等. 物理学大题典：固体物理及物理量测量(第 2 版)[M]. 北京：科学出版社 & 中国科技大学出版社，2018.

[36] http://www.fqs.pl/chemistry_materials_life_science/products/materials_explorer.

图书在版编目(CIP)数据

固体物理与计算材料导论 / 齐卫宏编著. —长沙:
中南大学出版社, 2020.11(2023.7 重印)

ISBN 978-7-5487-4213-5

Ⅰ.①固… Ⅱ.①齐… Ⅲ.①固体物理学—高等学校—教材②材料科学—计算—高等学校—教材 Ⅳ.①O48 ②TB3

中国版本图书馆 CIP 数据核字(2020)第 194121 号

固体物理与计算材料导论

GUTI WULI YU JISUAN CAILIAO DAOLUN

齐卫宏　编著

□责任编辑　胡　炜
□责任印制　唐　曦
□出版发行　中南大学出版社
社址: 长沙市麓山南路　邮编: 410083
发行科电话: 0731-88876770　传真: 0731-88710482
□印　　装　长沙鸿和印务有限公司

□开　　本　787 mm×1092 mm 1/16　□印张 12.25　□字数 309 千字
□版　　次　2020 年 11 月第 1 版　□印次 2023 年 7 月第 2 次印刷
□书　　号　ISBN 978-7-5487-4213-5
□定　　价　49.80 元